U0125797

刻意专注

分心时代如何找回
高效的喜悦

[美] 阿米希·P. 杰哈（Amishi P. Jha）著
刘清山 译

* * *

PEAK MIND

Find Your Focus, Own Your Attention,
Invest 12 Minutes a Day

机械工业出版社
CHINA MACHINE PRESS

图书在版编目（CIP）数据

刻意专注：分心时代如何找回高效的喜悦 /（美）阿米希·P. 杰哈（Amishi P. Jha）著；刘清山译 . —北京：机械工业出版社，2023.5（2024.4 重印）

书名原文：Peak Mind: Find Your Focus, Own Your Attention, Invest 12 Minutes a Day

ISBN 978-7-111-72928-0

I. ①刻… II. ①阿… ②刘… III. ①注意 – 能力培养 IV. ① B842.3

中国国家版本馆 CIP 数据核字（2023）第 057170 号

机械工业出版社（北京市百万庄大街 22 号　邮政编码 100037）

策划编辑：向睿洋　　　　　　　责任编辑：向睿洋

责任校对：梁　园　陈　越　　责任印制：李　昂

河北宝昌佳彩印刷有限公司印刷

2024 年 4 月第 1 版第 3 次印刷

147mm×210mm・10.5 印张・1 插页・225 千字

标准书号：ISBN 978-7-111-72928-0

定价：59.00 元

电话服务　　　　　　　　　　网络服务

客服电话：010-88361066　　机　工　官　网：www.cmpbook.com

　　　　　010-88379833　　机　工　官　博：weibo.com/cmp1952

　　　　　010-68326294　　金　书　网：www.golden-book.com

封底无防伪标均为盗版　　机工教育服务网：www.cmpedu.com

"请你注意一下，好吗？"

你正在错过一半的人生。[1] 你不是特例，每个人都是如此。

花一分钟来想象一下你的生活。回想一天、一周、一年和一生中出现的所有事件、交流和情况。将你的生活想象成一床被子，每个格子代表一小块时间。在这里，为自己倒一杯咖啡。在那里，给孩子读一本书。庆祝工作上的成功。在街区里散步，爬山，和鲨鱼一同潜水。平凡和不平凡的事情交织在一起，共同组成了你的人生。

现在，将被子上的一半格子拆掉。余下的那些不规则的拼凑物，破烂不堪，到处都是窟窿，无法保暖，这就是你真正经历的精神生活。其他部分消失了，你并没有真正经历这部分生活。而且，你可能不会记得这部分生活。

为什么？因为你没有注意。

你现在的注意力在我这里吗？希望如此。我们错过的生活竟然占有如此巨大的比例，这很令人吃惊。不过，虽然你现在的注意力在我这里，但我无法将其维持很长时间。当你阅读这一章时，你可能会忽略其中一半的内容。而且，当你读完这一章时，你会觉得你没有错过任何一段文字。

我对这种说法很有信心，尽管我并不知道你是谁，或者你的大脑与我们在迈阿密大学实验室测试过的上一位实验者有何区别——我在迈阿密大学研究注意力科学，教授认知神经科学课程。这是因为，在我研究脑科学的职业生涯中，我看到了人类大脑的一些普遍运转模式，包括大脑的强大专注力和面对干扰时的极端脆弱性，不管你是谁，也不管你是做什么的。我有机会用最先进的脑成像技术窥探活人大脑的内部情况。我知道，在任意指定时刻，你的大脑溜号的概率都很高。你可能正在对下一个待办事项进行规划。你可能在对某件一直困扰你的事情、某种担忧或遗憾进行思维反刍。你可能在思考某件兴许明天发生、后天发生或者永远不会发生的事情。不管怎样，你并没有活在当下经历你的生活。你的思想在别处。

这是生活的一部分吗？是身为人类的副产品，所有人都需要忍受的事情吗？它真的有那么重要吗？

经过 25 年的注意力科学研究，我可以回答这些问题。是的，它是生活的一部分。从许多方面来看，大脑的演化是由特定生存压力驱动的，因此我们的注意力会出现消长，[2] 我们很容易分心。当猛兽隐藏在每个角落时，分散注意力对我们有利。不过，在当今技术饱和、变化迅速的快节奏世界上，我们比过去更加强烈地感受到这种注意力分散现象。我们面对着新的猛兽，它们在依赖和利用我们的分心。不过，我们并不需要默默忍受。我们可以训练大脑，使之以另一种方式运用注意力。最后也是最重要的是，是的，这非常重要。

注意力的非凡影响

你是否经历过下面的情况：有时，你觉得自己很难集中注意力。你的思想在无聊和不知所措之间来回切换。你感到很蒙眬，仿佛你所需要的清晰思维已经离你而去。你很暴躁，很容易生气，压力很大。你发现自己犯下的错误：拼写错误，漏词，或者词语重复。（你发现了吗？）截稿日期近在眼前，但你很难从新闻和社交媒体推送中抽身。你浏览手机，打开一个又一个应用。过了一段时间，你抬起头，开始回想你最初打开手机的原因。你花了许多时间思考，忽略了你周围发生的一切。你发现你在不断反思人际交往方面的事情——有些事情你想说但是没说，有些事情你不应该说却说了，有些事情你应该做得更好。

你可能会吃惊地发现，所有这些可以归结为一件事：注意力。

- 如果你感觉自己处在认知迷雾中：注意力枯竭。
- 如果你感觉焦虑、担忧，或者被情绪淹没：注意力劫持。
- 如果你似乎无法专注地采取行动，或者投身于紧迫的工作：注意力碎片化。
- 如果你感觉失去步调，与别人不搭调：注意力不连贯。

在我位于迈阿密大学的实验室里，我们团队的研究和训练对象来自一些工作环境最极端、压力最大、要求最高的行业。我们研究的人员包括专业的医疗和商务人士、消防员、军人以及顶尖运动员。他们需要在风险极大的环境下运用注意力，而且需要运用得很好。在这些场合，比如重要手术、致命野火、救援行动、活跃战区，他们的决策可能影响许多人。一瞬间的表现可能成就或毁掉整个职业生涯，终结或拯救一条生命。对于其中一些人来说，能否集中注意力以及集中注意力的方式关乎生死。对于其他人来说，这种强大的力量对于生活的影响也远比我们想象的强烈。

你的注意力决定了：

- 你感知、学习和记忆的事情。
- 你感觉到的稳定性和敏捷性。
- 你会做出哪些决定和采取哪些行动。
- 你与其他人的交流情况。
- 最后，你的满足感和成就感。

在一定程度上，我们所有人都已经感受到了这一点。考虑我们在谈论注意力时使用的语言。我们会说："集中注意力。"我们会问·"可以请你注意 下吗？" 我们会看到和听到"吸引注意力"的信息。这些常见说法证明了我们已经拥有的本能认知：注意力和货币类似，可用于支付，亦可被盗；它极为宝贵，而且是有限的。

最近，注意力的商业价值受到了众人瞩目。[3] 正如关于社交媒体应用的流行语所说："如果你没有为产品付款，那么你就是产品。"准确地说，你的注意力是产品，是一种可以卖给最高出价者的商品。我们现在有了注意力商人和注意力市场。所有这些预示了全新的反面乌托邦，人类的"注意力期货"将会像牛、石油和金银一样被人交易。不过，注意力无法存储和借贷。你不能把它存起来，供以后使用。我们只能在此时此刻使用注意力。

到底什么是注意力

注意力系统的存在是为了解决大脑最大的问题：环境中有太多信息，大脑无法对其进行充分处理。为了避免过载，大脑用注意力滤除周围不必要的噪声和杂音，以及不断浮现在头脑中的背景思想和干扰。

你的注意力系统每天都在不间断工作。在拥挤的咖啡店，你专注于电脑屏幕和工作，似乎没有听见邻桌对话和意式浓缩咖啡机的嘶嘶声。在游乐场，在扫视滑梯和秋千上所有穿着五颜六色服装的儿童时，你可以迅速找出你的孩子。在与同事的对话中，即使在倾听和理解对方的言语，你也会将你想表达的观点放在心头。在穿越繁忙的街道时，你会注意到某辆速度过快的汽车正在朝你驶来，尽管其他许多分心的事物同时存在，比如人行道上的人潮、闪烁的人行横道信号灯、鸣叫的喇叭。

没有注意力，你会完全迷失在世界中。你要么大脑一片空白，既不能注意到周围发生的事情，也无法做出反应；要么被向你袭来的海量无关信息淹没，不知如何是好。加上你自己头脑中不断生成的思想洪流，你将失去行动能力。

为了研究人类大脑是怎样使用注意力的，我的研究团队使用了各种技术，包括功能性磁共振成像、电生理记录、行为任务等。我们把人们领进实验室，也跟随他们进入他们的世界——我们称之为"现场"实验。我们进行了几十项大规模研究，在专业期刊上发表了许多同行评议文章，以介绍我们的发现。我们有了三个重要发现：

首先，注意力很强大。我称之为"大脑的老板"，因为注意力会指导大脑中的信息处理过程。我们关注的任何事情都会被放大。[4] 我们感觉它比其他事情更明亮、更响亮、更清晰。你关注的事情在你当前的现实中变得最为突出。你会感受到相应的情绪，你会通过这种视角观察世界。

其次，注意力很脆弱。在某些情况下，它会迅速耗尽。遗憾的是，这些情况在我们的生活中很普遍。当我们经历压力、威胁和不良情绪时——我把这三大因素称为注意力的"氪石"[⊖]——宝贵的注意力资源就会流失。[5]

最后，注意力是可以训练的。我们可以改变注意力系统的运转方式。这是重要的新发现，因为我们不仅正在错过一半人生，而且会感觉到，我们真正经历的那一半人生困难重重。凭借训练，我们可以提高自己的能力，充分体验和享受我们所在的当下，开启新的冒险，更加有效地应对人生中的挑战。

我们正在面临注意力危机，但它和你想的不一样

我们正在面临注意力危机。我们在生活中精疲力尽，认知模

⊖ 氪石是《超人》故事中虚构的物质，会使超人失去超能力，这里指对注意力具有重大不利影响的因素。——译者注

糊，效率低下，对自己并不满意。这种危机在部分程度上具有系统性，是由注意力经济驱动的。在注意力经济中，以新闻、娱乐和社交媒体应用等形式存在的极具诱惑力、使人高度沉迷的内容使我们不断滚屏。在猎奇心驱使下，由于缺乏自律，我们的注意力受到了吸引并被采集。接着，像按揭和其他金融产品一样，每个人的注意力被集中、重新包装，然后出售以获得巨额利润。

如果说注意力的演化是因为我们需要处理过多的信息，那么我们现在的信息的确太多了。现在的信息流过于喧嚣，过于迅猛，过于强烈，过于有趣，过于无休止了。我们不仅是这种信息爆炸的接受者，而且是它的自愿参与者。我们正在加足马力迎头赶上，不想落伍，因为我们自认为应该这样做，旁人也觉得我们理应如此。

这种感觉并不好。那么，为什么改变如此困难？有人让我们"不插电"，与手机"分手"，靠持续时间更短、更加专注的干劲工作。不过，我们的大脑并没有胜算。我们无法胜过由软件工程师和心理学家设计的算法。这种人工智能的力量在于其适应性，它可以不断从我们身上学习如何更好地吸引我们的注意力，使我们沉醉其中。

我想澄清一点：你的注意力没有任何问题。实际上，它运转得很好，很有规律，计算机程序甚至可以预测它的反应。我们之所以面临危机，是因为我们的注意力运转得太好。它的表现完全符合它的设计：对某些刺激做出强烈反应。你无法击败社交媒体网站上的算法、手机铃声对你发出的条件反射式吸引力、收件箱耀眼的红色通知气泡以及为了升级再完成更多任务的愿望。不过，我们并非无能为力。我们可以化解这场注意力危机。

《孙子兵法》通常被认为出自公元前五世纪孙武的手笔，这本兵书对于敌强我弱的战斗提供了行动建议。当我们的力量和机动性不如对手时，我们应该：

> 是故百战百胜，非善之善者也；
>
> 不战而屈人之兵，善之善者也。[6]

换句话说，不要浪费精力，试图更好地对抗吸引注意力的事物。你无法赢得这场战斗。相反，应该培养注意力定向的能力和技能，以消除战斗的必要性。

这就是现有解决方案的问题，这些方案让我们对抗吸引我们注意力的力量。和在急流中逆水游泳类似，这种做法费力而低效。相反，我们需要摆脱这种与注意力做斗争的模式。有经验的游泳者在发现海洋的拉力时会从侧面游往安全地带。类似地，我们也需要能发现注意力受到的拉力。

关注你的注意力

考虑那些突然让你知道你在走神的事情。你可能在读到某一页结尾时意识到，你完全没有看进去——提示你的是书页的翻转，或者屏幕的滚动。当你陷入沉思时，你听到有人叫你的名字，并且生气地说："喂，你在听吗？"你这才意识到，你的心思早已不在对话上了——提示你的是对方的声音。你加载的应用程序超时时会屏蔽网站，限制访问权限，提示你的是"时间到了"的通知。不过，当这些外部提示在一天中反复出现在你面前时，你已经在消耗和降低注意力的大脑状态下停留了太长时间，因此你的认知资源越来越少，越来越无法提醒自己。这是一种指数式下行螺旋。

这似乎完全是一个当代问题，是一场诞生于高科技时代的危机。没错，在这个时代，我们的注意力的确受到了前所未有的争夺。不过，外部刺激并不是注意力危机的必要条件——人类一直在面对这种挑战。根据记载，中世纪僧侣曾抱怨说，他们无法像他们应该做的那样将思想集中于教义。他们说，他们一直在思考午餐等事情。他们感觉自己被信息淹没。当他们坐下来阅读一本书时，他们不安分的头脑立刻产生了阅读其他书籍的想法，这使他们很沮丧。[7]为什么他们无法保持专注呢？为什么他们的头脑不听话呢？他们甚至切断了与家人的联系，放弃了所有财产——其想法是，如果他们减少值得考虑的世俗羁绊，他们就不会像之前那样分心了。这种做法有效果吗？没有。

1000多年后，1890年，心理学家和哲学家威廉·詹姆斯（William James）阐述了这种注意力斗争及其解决方案的持续缺失：

> 不断将迷失的注意力主动拉回来的能力是判断力、品格和意志的基础。[8]缺乏这种能力的人无法成为自己的主人。提高这种能力的教育将是最好的教育。不过，定义这种理想很容易，为实现这种理想提供实践指导却很难。

即使我们可以挥动魔杖清除所有科技产品，包括深夜还在运转的笔记本电脑和吵闹的手机，我们也无法取得胜利。头脑的天性就

是寻找和处理信息 [9]——不管这种信息来自口袋里的手机还是头脑中翻腾的思绪。即使不沉浸在我们今天生活的这种数字海洋中，你也可以感受到注意力躁动和枯竭的痛苦并因此而难受。回顾 1000 年前，我们会发现，当时的人拥有同样的体验。

我们的问题既不是手机，也不是迅速被填满的收件箱。问题既不是我们时刻被吸引眼球的新闻和信息包围这一事实，也不是通过日夜和你形影不离的吵闹手机用更好的新方式来捕获你的注意力的软件工程师团队。真正的问题是，我们常常不知道自己的头脑中正在发生什么。我们缺少内部提示，不知道我们的注意力每时每刻都在哪里。对此，有一个解决方案：关注你的注意力。

你不能仅仅决定去注意：大脑不是这样运转的

如果你参加我们实验室的某项研究，就会出现下面的场景：我们会给你戴上一顶奇怪的小帽子，看上去像游泳帽一样，具有弹性，很舒适，上面覆盖着电极，用于捕捉脑电活动。当我们用计算机屏幕向你展示的某种图像使你足够多的神经元共同点亮时，电极就会捕捉到微弱的电压震动，并将其传输给放大器，然后传递到另一台计算机上，用于记录和处理。在这个过程中，我们的研究团队坐在那里，监视布满锯齿状弯曲线条的屏幕，这个屏幕向我们实时展示了你的大脑每毫秒发生的事情。与此同时，我们为你提供计算机上的测试，以探测与注意力有关的行为。

我们在一项又一项的研究中寻找人们集中注意力而不分心的场

景。我们发现，这种场景并不存在。在我们越来越有针对性的实验中，参与者在实验全程维持专注的情况是不存在的。现在，越来越多的研究发现，这并不是我们的研究参与者特有的现象，因为世界各地的研究发现了相同的模式。在被要求持续集中注意力时，研究参与者无法做到这一点。[10] 即使这非常重要，或者他们受到了激励，他们也无法做到这一点。即使可以获得报酬，他们也无法做到这一点！

让我们停下来，迅速反思一下。在这本书开头，我告诉你，你可能忽略这本书多达一半的内容。你可能将其看作认真读书的挑战，并格外关注。那么，你的表现如何？回想一下，看看你能否想起你在阅读这本书时想到的所有其他事情（你甚至可能为了想这些事情而停止阅读）。你甚至可以将它们写下来，以查看你高度活跃的大脑试图同时容纳多少任务、想法和待办事项。你是否曾经停下来发送电子邮件或短信？你的注意力是否转移到了对迫近的截止日期的担忧、对孩子或父母的担心、看望朋友的计划或者对财务状况的担忧上？你是否拍了狗狗的脑袋，意识到它需要散步、进食或者洗澡？你是否曾经完全停止阅读去查看新闻推送？

我们都会这样做。你根本无法决定"更好地"集中注意力。你的大脑运用注意力的方式无法单纯通过意志力得到根本改变，不管我怎样向你讲述注意力的运转方式及其原因，也不管你的动力有多强。我不管你是不是当今世界上自律性最强的人：这根本没有用。相反，我们需要训练大脑，使之以另一种方式运转。令人激动的是，最后，我们终于找到了方法。

新的注意力科学

科学家、学者和哲学家曾长期关注一些关键问题：什么是注意力？它是怎样运转的？为什么它会这样运转？我在职业生涯早期花了大量时间探索这些问题。不过，我知道，我们需要进一步提问：如何使注意力更好地运转？

我开始寻找加强注意力的方法。我们在实验室里尝试了各种技术，从提供脑力训练的应用程序到提振情绪的音乐，甚至还包括高科技声光耳机。不过，没有一种方法能够持续取得成功。更糟糕的是，在我们对于在注意力上有着高要求的个体的研究中，我们开始注意到一种令人不安的模式，这些个体包括军人、消防员以及其他在重要紧急场合开展行动的人。这些行业的人常常需要经历高强度准备期，以应对他们将要面对的任务。军人需要经历几个月的高强度训练，然后才能部署到战区。消防员需要经历严格训练，然后才能面对难以预测并且威胁生命的紧急情况。任何为重要事情做准备的人都是如此。学生需要为备考而学习；律师需要为出庭做准备；橄榄球选手在赛季前需要每天进行两次训练。我们发现，这些个体的注意力在这段准备期会耗尽。他们的注意力会一落千丈，而此时，他们恰恰需要以最佳状态外出执行任务。

这些人并不是特例。长期压力或持续要求会使你精疲力尽。当你最需要精力时，你的资源反而变少了。不过，在设计解决方案之前，我们需要弄清到底是什么在降低我们的注意力。

罪魁祸首之一是头脑的时间旅行。

我们一直在头脑中进行时间旅行。这种旅行从不停歇。在压力下，我们会进行更多的时间旅行。在压力下，我们的注意力会被回忆拉到过去，陷入思维反刍的循环。我们的思绪也可能被某种担忧发射到未来，使我们对无数世界末日般的场景进行灾难想象。这些情况的共同点是，某种压力将注意力从当前时刻劫走了。

这就是正念（mindfulness）作为可能的"脑训练工具"第一次进入我们实验室的原因。我想知道对于参与者的正念训练能否帮助他们更加有效地应对高压局面。**我们对正念的基本定义是：将注意力放在当前经历上，而不是概念精细加工或情绪反应。**我想知道，训练人们此时此刻集中注意力，而不做出评论或情绪反应，能否作为一种"头脑盔甲"。这种训练能否在他们最需要注意力的时候保护和加强他们的注意力？

我们与正念教师和佛学家合作，以找出数世纪流传下来的大脑训练的核心方法。我们向数百个参与者介绍了这种方法，在实验室、教室、运动场和战场上探索其效果。这项工作带来了一些激动人心的发现，我会在这本书中重点介绍其中的一些研究和故事。眼下，我会跳到结尾，直接回答极具含金量的问题：正念是否有效？正念训练能否保护和加强注意力？

答案是非常肯定的。实际上，在我们的各项研究中，正念训练是唯一可以持续有效地加强注意力的大脑训练工具。

从根本上说，我们的注意力危机并不是现代问题，而是一个古老的问题，而某种古老的解决方案加上一些极具现代色彩的更新，是最有希望帮助我们摆脱这场危机的科学途径。

新科学和古老的解决方案

作为研究人员，我的使命是从脑科学视角看待具有千年历史的正念冥想实践，以探索它能否训练大脑，以及它是如何训练大脑的。我们发现的新证据表明，通过训练，正念可以改变大脑的默认工作方式，使注意力这一宝贵资源得到保护，达到随时可以使用的状态，即使在面对很大的压力和很高的要求时也是如此。

我们生活在充满不确定性和变化的时代。许多人正在经历充满压力和威胁的氛围，这种氛围不断激活大脑精神旅行前往其他现实的倾向。我们面对的压力和不确定性越大，我们的大脑就越是喜欢前往理想或反乌托邦的精神目的地。我们常常处于快进模式。我们试图澄清一切不确定性。我们在头脑中为无法规划的事情进行规划。我们会设想可能永远不会出现的场景。

有时，我们的头脑之所以脱离当前时刻，是因为当前时刻很艰难。军人告诉我："我不想处在这种局面下。为什么我要留在当下？"所有人都有想要逃避的时候。不过，正如我们在后面几章看到的那样，逃避现实、正面思维和抑制（不去想这件事！）等心理解决策略在高压环境下对我们没有帮助。[11]实际上，它们会使情况更加糟糕。

我们正在错过此时此刻发生在我们眼前的事情。我们不仅要经历生活中的每时每刻，而且需要从当前时刻收集信息，观察和理解此时此刻发生的事情，以应对即将出现的真实未来，迎接未来出现的挑战，并在最重要的时刻全身心地投入其中。

有效的头脑练习

我在本章开头说过,你在整个阅读过程中会走神,无法持续保持专注。你会错过书中一半的内容。我承认,这是我对你发出的一个小小的挑战。不过,这并不公平,就像我要求你在没有任何警告和事先准备的情况下举起你能举起的最重的球,并在整个阅读过程中把球拿在手里一样。当然,如果不事先对这种任务进行训练,练习在越来越长的时间里提举重物,那么你不可能坚持太长时间。

我们往往认为,为了提高身体健康水平,我们需要参加体育锻炼。不过,不知为什么,我们对于心理健康和认知能力并没有同样的想法。这是不对的!特定类型的身体训练可以加强某些肌肉群。类似地,头脑训练可以加强注意力——前提是你要去实践。这本书将会介绍许多人,他们通过正念练习改变了人生和领导风格,沃尔特·皮亚特(Walter Piatt)中将就是其中之一。当我开始训练他的部队时,他认识到了身体训练和头脑训练之间的相似性。他说:"对我们的士兵来说,正念训练就像头脑俯卧撑一样。"

如果我只需要告诉你如何收回注意力,之后你能立刻进行实践,那就好了。如果你只需要阅读这个前言,那就好了。然而,就像我们反复看到的那样,光有知识是不够的,仅仅想要改变是不够的,仅仅尝试是不够的。你需要以特定的方式训练。我们的进化历史使我们的大脑形成了某种默认的工作方式——我们根本无法阻止它。相反,我们可以训练大脑,使之摆脱对我们不利的特定默认趋势。我们可以训练我们的注意力,使之在我们最需要的时候更好地为我们服务。

下面是你可能一直在等待的好消息：你每天只需要练习 12 分钟。

最有利的正念练习量是多少？哪种正念练习最有利？这方面的精确研究是一个正在快速发展的领域。[12] 不过，截至目前，我们的研究和对大脑训练方式的最佳理解表明，你只需要每天进行 12 分钟的定期正念练习，就可以减轻压力，并防止由压力导致的注意力下降。[13] 如果你能练习超过 12 分钟呢？那太好了！你做得越多，受益就越多。

这本书将带你深入探索大脑的注意力系统：它是怎样运转的？为什么它对你的一切行为如此重要？它是怎样枯竭的？为什么？当注意力枯竭时，你会面临何种后果？接着，和私人教练向你提供的细致入微的训练类似，我会带你进行具体的练习，以定位、训练并优化注意力系统的大脑网络。到最后，你会理解注意力的脆弱性，知道如何通过训练大脑克服这些脆弱性。我们会从"俯卧撑"入手，逐渐发展成完整的训练。

正念训练是大脑训练的一种形式。这种古老而悠久的头脑练习并不是抽象或纯哲学的。它是一种争夺生活资源的斗争。

你可以从现在开始，你拥有你所需要的一切

当我开始这项研究时，我需要招募面对高要求、时间紧迫、压力很大的专业人士。与我们合作的一个小组包含了即将部署到战区的现役军人。在激战中，他们需要经历多变、不确定、复杂而模糊（VUCA）的环境。他们帮助我们对正念训练进行了检验。我们想知道正念能否在最具挑战性的环境中帮助他们——答案是肯定的。不

过，当我在 2007 年开始这项工作时，我从未预料到，12 年后，整个世界会变成一个 VUCA 实验室。

我们都生活在高要求时代。这种生活可能很紧张、无法预测，甚至很可怕，但是我们仍然需要去应对。目前，这就是未来的面貌：信息将更加密集，互联性将更高，我们将更加依赖技术。当我们开始面对 21 世纪的挑战时，未来甚至可能变得更加分裂和混乱。如果这是我们未来即将面对的，那么我们需要进行训练，仿佛我们的生活依赖于此——因为事实本就如此。我们的目标不仅是生存，还要成功。我们需要继续前进，去做我们最想做的事情，成为我们最想成为的人，更好地领导其他人和我们自己应对无法避免的生活压力，应对充满不确定性的时代。

人们常常谈论适应力。我想把你在这本书中学到的东西称为"预适应力"。适应力意味着从逆境中反弹。我们的目的是通过训练大脑，使我们即使在经历挑战时也能保持自己的能力。这意味着我们需要某种可以立刻开始去做的事情。正念训练就是如此。你不需要任何特殊设备。你只需要拥有头脑、身体和呼吸。你可以立刻开始。

通过正念训练，我们可以学会保护和加强我们最宝贵的资源——注意力。你可以训练自己关注注意力，时刻知道你的头脑在想什么，并在这种想法对你不利时知道如何干预。通过训练，你不仅可以更好地迎接喜悦时刻，更充分地体验敬畏感，而且可以更加熟练甚至轻松地应对挑战时刻。如果你对抗急流，你会被卷到离岸更远的大海中；而如果你知道如何驾驭水流，你甚至可以利用急流更有效地前往你想抵达的地方。

第 1 章

注意力是你的超能力

我一把推开卧室门。

"我的牙齿没有感觉了。"我说。我的语气中带有一丝恐慌。我的丈夫抬起头，吃了一惊。他正坐在床上，用笔记本电脑编辑家庭作业。

"你说什么？"迈克尔问道。

"我说我的牙齿没有感觉了！"

这是最奇怪的感觉，就像吃了奴佛卡因[⊖]一样麻木。我说话很吃力，而且感觉有点颤抖。我要怎样吃饭？我要怎样教学？我在那个星期晚些时候需要发表关于我们最新研究的重要演讲。我该怎么办？难道我要站在几百个人面前，像刚刚补过蛀牙一样含糊不清地说话吗？

迈克尔让我坐下来。他想和我把事情讨论清楚。他说，也许多休息休息，问题就会消失。我是不是吃饭时咬到了过于坚

⊖ 一种局部麻醉药。——译者注

硬的东西？我是不是哪里不舒服？

他抓起并握住我的手。"发生了什么？"他温柔地问道。

发生了什么？发生了许多事情。我们的儿子利奥快三岁了。和许多家庭的情况类似，在本已繁忙的生活中添加一个孩子的最初几年是很有挑战性的。我已经完成了杜克大学的博士后项目，并在宾夕法尼亚大学获得了第一个教学职位。我们搬了家，在费城西部购买了拥有百年历史的待修廉价房，迈克尔立刻开始了翻修。现在，作为助理教授，我建立了自己的实验室，正在为获取终身职位而努力。这个过程很辛苦，你需要不断证明你的价值，为你的研究辩护。我全身心地持续投入实验室的工作中：撰写经费申请书，开展研究，教课，监督学生，发表论文。身为全职计算机程序员的迈克尔也开始在宾夕法尼亚大学计算机系攻读要求很高的研究生学位。我感觉非常凌乱，仿佛有无数力量将我朝不同方向拉扯。同时，我觉得我应该可以应对这些事情。我们的生活当然很艰难，但这些都是我们想要做的事情。

当我去看牙医时，牙医说，我一定是在睡觉时磨牙了。

"这大概只是压力导致的，"他说，"你可以喝杯葡萄酒，放松一下。"

在一天晚上的睡觉时间，我开始给利奥读他最喜欢的书《一条鱼，两条鱼，红鱼，蓝鱼》。苏斯博士这本经典图书的一小段是讲乌姆普的——乌姆普来到这里，乌姆普去了那里，乌姆普做了这件事或那件事。读到一半时，我的儿子把小手放在书本上，不让我翻到下一页，并且问我："什么是乌姆普？"

我张嘴想要回答他，但是欲言又止。我不知道乌姆普是什么。我正在阅读一本书，这本书我大概读了一百次，但我却无法回答关于它的最简单的问题。我像一个毫无防备地面对突击测试的大学生一样，把注意力放在眼前的书页上，试图找回面子——乌姆普到底是什么？它看上去像是一种毛茸茸、疙疙瘩瘩的棕色生物，也许是大号豚鼠？不管它是什么，我之前完全没有注意到它，尽管我在翻动书页，阅读书中的文字，我的儿子也坐在我的大腿上。

"哦，不，"我想，"我还在错过什么？我是否正在错过我的整个人生？"

我的儿子现在还不到三岁，是个小不点，不会惹事，因此照顾他的任务相对轻松，比如让他睡觉，哄他吃蔬菜，帮他寻找他最喜欢的玩具。如果我现在以这种方式对待儿子，那么当未来某一天抚养孩子的任务真正具有挑战性时，会发生什么呢？我能应付得了他吗？

这很讽刺。我曾在多年时间里专心学习人脑的注意力系统。现在，我在顶级大学开设的实验室专门用于研究注意力。我们的任务是研究注意力是怎样工作的，什么会使注意力变差，什么会使注意力变好。当我们大学的媒体团队接到采访注意力科学专家的申请时，他们会找我。不过，我现在却无法明确回答我自己的问题。我在分心，无法集中自己的注意力。我在职业生涯中学到的一切知识都无法在这种局面下为我带来帮助。我习惯于通过学习取得成功。我会阅读我能找到的一切资料，以追踪某个问题的答案。我会从事研究，以获得科学发现。这种策略使我在生活、教育和工作中取得了很大成功，但它现在不起作用了。

我第一次无法运用逻辑解决某个问题。不管我怎样努力，我都无法通过分析和思考摆脱与生活脱节的感觉。我思考如何改变以使事情变得更加轻松。我思考职业生涯中令我兴奋的事，包括在脑科学前沿工作，与聪明同事的合作，使用最先进的神经科学工具，指导下一代科学人才前进。我思考我自己的家庭，包括身为母亲给孩子全方位的爱，以及与我爱慕的配偶共同养育后代。从许多方面看，这样一种生活正是我想要的。不过，当我回顾我的生活时，我感到的不是快乐，而是不安，就像我给儿子读书时那样。一个不安的想法冒了出来：我并没有生活在当下。

　　喧嚣而永无止息的杂念一直在我的大脑里盘旋，比如我们上次在实验室里进行的实验需要改进的地方，或者我最近发表的演讲，或者工作、育儿和装修的下一项要求。我感觉这是一场将人淹没的完美风暴。不过，我想要这种生活。这些非常真实的要求没有一个会在短期内神奇消失——我也不想让它们迅速消失。在那一刻，我意识到一件事：如果我不想改变生活，我就不得不改变我的大脑。

从改变大脑到关注注意力

　　我出生在印度西部边界古吉拉特邦艾哈迈达巴德市。这里是圣雄甘地的隐修之地，因此很有名——他在那里留下了很大一笔遗产。不过，当我还是婴儿时，我的父母搬到了美国，以便我的父亲完成工程研究生学业。我们住在芝加哥郊区。在那里，整洁、笔直的城市街道网格延伸向弯曲细小的死胡同。从许多方面看，我和我姐姐都是成长于20世纪80年代的典型美国儿童。我们听威猛乐队和赶时髦乐队的歌曲，极力模仿《翘课天才》中的角色。不过，在家里，我们生活在被美国海洋包围的小岛上。我们的父母保留了20世纪70年代的印度文化和传统，当我们回家时，我们就生活在这样的世界里。每天早上离开家门去学校时，我们似乎是在穿越通往另一个世界的桥梁，这个世界的规则和节奏与家里的情况截然不同。

作为印度儿童，作为受过教育、辛苦工作的移民的孩子，我和姐姐知道，我们只有三个能被父母接受的最终职业选项：医生、工程师和会计。这当然是近乎滑稽、极具限制性的成见，但我也知道，他们的确期待我们追求并取得职业成功。我觉得医生是最激动人心的职业。所以，我在十几岁时宣布，我想获得医学博士学位。第一步是在医院里当志愿者。

在做护士助手的第一天，我意识到，我绝对不可能成为医生。我感到不舒服，被疾病和死亡包围的想法令我不安。我的朋友觉得在这种环境里工作很有意义，但我不得不承认，这不适合我。我不喜欢各种坏消息还有不确定性、漫长的等待、荧光灯和刻板的走廊。不过，我已经签约了，因此我只能默默忍受这份志愿工作，几乎每次上班都让我讨厌——直到他们把我派到脑损伤病房。

我在那里的工作是把正在进行脑创伤康复的人带到户外呼吸新鲜空气。大多数患者存在不同程度的瘫痪。一个护工会把他们放到轮椅上，我会推着他们穿过弥漫着漂白剂和餐厅食物味道的长长的没有窗户的走廊，通过双重门来到户外呼吸新鲜空气。我和一个患者熟识起来。他叫戈登，经历了摩托车事故。起初，我以为他是颈部以下完全麻痹的四肢瘫痪病人。不过，随着时间的推移，他的一条手臂开始恢复功能。一开始，在我们外出时，我需要推着他的轮椅。渐渐地，他可以用手按下电轮椅扶手上的小控制杆，在没有我帮助的情况下让轮椅向前移动。我会走在他旁边，以免他遇到麻烦，但他表现得越来越好。在他接受理疗以促进恢复期间，他向我讲述了其他一些事情——当他晚上在黑暗中躺在床上试图入睡时，他会在头脑中生动地想象按压控制杆的手部运动。在理疗时段结束后，他每天晚上会用更多时间在头脑里想象这种运动，记忆肌肉活动，并且不断重复这种想象，就像重复他永远不想忘记的好歌的歌词一样。

当我们在人行道上磕磕绊绊地前行时，他会对我说："这样做可以锻炼我的大脑！"他的手需要不断按压控制杆，使轮椅向前移动。

这一刻，我看到了曙光。我想，哇，他在通过训练改变他的头脑！

后来，我在本科学习神经科学时发现，专业运动员也在使用这一策略。在运动心理学中，这是一种被称为"心象训练"的著名策略。即使在不进行身体训练时，运动员也会在头脑中想象某种动作或运动，作为一种练习形式。高尔夫球手会设想挥棒情景。投手会想象投球过程，包括其中的所有肌肉运动。超级游泳明星迈克尔·菲尔普斯在赢得某次奥运会金牌后表示，他一直在头脑中想象游泳姿势，包括他不在水里的时候。脑成像研究显示，这种头脑排练对运动皮质的激活作用与真实的身体运动类似，[14] 可以练习并加强控制运动的神经网络，就像体育运动可以锻炼肌肉一样。

我在脑损伤病房的短期志愿经历结束后，我对大脑更加着迷了。我惊叹于它的脆弱性、适应力和改变能力。我在想：大脑是怎样运转的呢？它是怎样控制各种不同功能的呢？它怎么能做出如此迅速的适应和改变呢？它是怎样成为这种可以进行自我改写，以调整并更新道路和边界的不断变化的地图的呢？——要知道，所有这些地图元素看上去都极为稳固，就像刻在石头上一样。

最终，所有这些问题使我走上了现在的职业生涯，我开始热情地研究大脑的注意力系统。

超级强大的注意力

注意力系统可以执行大脑最强大的一些功能。它可以对大脑的信息处理进行非常重要的重新配置，使我们能在日益复杂、拥有密集信息、迅速变化的世界上生存发展。你的注意力可以像 X 射线一样，穿过茫茫人海、嘈杂的声音和令人眼花缭乱的光线，找到你的朋友和你在音乐会上的座位。注意力为你提供了放慢时间的能力。你可以做各种事情，比如观看太阳慢慢沉下地平线，在登山旅行前仔细检查装备，为你即将执行的复杂工作核对检查表或说明书——就像手术前的医疗团队那样——而且不会错过任何一件事情。正如我的军人朋友所说："慢就是平稳，平稳就是快。"

注意力可以使你进行时间旅行。你可以回想快乐的时光，选择某段回忆来分析、重温和回味。你可以用它窥探未来，就像拥有千里眼一样，规划、梦想和想象接下来可能发生的有趣或激动人心的事情。当然，我们不能用注意力移动山峰、飞行或者穿墙，但它可以在我们看电影、读书或放飞想象时将我们转移到这些令人激动的替代现实（alternative reality）中。如果你现在还不相信注意力是一种超级力量，请考虑一下，如果你的头脑无法做到这些事情，生活会变得极度无聊。

注意力可以强化重要的事情，弱化令人分心的事情，使我们可以深入思考、解决问题、规划、划分优先顺序和创新。它是学习和摄取新信息的入口，使我们得以记忆和使用这些信息。它在情绪管理中扮演着关键角色——我指的不是压抑和克制情绪，而是意识到我们的情绪，根据我们的感觉产生相应的反应。注意力是工作记忆（working memory）的入口。工作记忆是另一个重要系统，是你做几乎任何事情都要使用的动态认知工作空间。（我们将在后面几章更加深入地讨论这一点。）不过，下面也许才是注意力最大的威力：它能将每时每刻的颜色、味道、材质、思想、记忆、情绪、决定和行动编织在一起，形成生活的基本结构。

你所关注的才是你的生活。

有这样一个著名的注意力实验。[15] 一群研究参与者观看两支球队在篮球场上练习传球和截球的视频。一个球队身穿白色球衣，另一个球队身穿黑色球衣。参与者被告知，他们的任务是统计白色球衣球员在几分钟时间里的传球次数。场上有两只球，每队一只。每个黑色球衣球员来回移动，不停出现在队友的前方和后方，同时相互传球，白色球衣球员也在做同样的事情。跟踪白色球衣球员之间的传球有点困难，但是如果你真正保持专注，你可以做到这一点。视频播放完后，研究人员问参与者："你统计了多少次传球？"

正确答案是 15 次。不过，还有一个问题。

"你看到大猩猩了吗？"

回答通常是充满了困惑的。"什么大猩猩？！"

在回放视频时，事实很明显：视频放到一半的时候，一个装扮成大猩猩的人悠闲地走上篮球场，站在那里挥手（甚至进行了不同形式的舞蹈——这项研究开展了许多次），然后悠闲地离开屏幕。没有人看到他。如果你认为"我会看到他——我绝不会看漏一只大猩猩"，请考虑下面的事实：一群来自美国宇航局的航天员曾接受这项测试，他们可以说是世界上最聪明、最专注的人。他们之中有人看到大猩猩吗？没有。

当科学家谈论这项研究时，他们常常将其看作注意力的失败。在这项活动的结尾，你发现你错过了你应该注意到的事情——可真是失败啊！不过，我认为它证明了注意力可以达到多么强大的地步。它说明你的注意力系统可以非常有效地屏蔽干扰。在这个例子中，你的任务是统计传球次数，因此你专注于白色球衣，过滤掉一切黑色事物，包括大猩猩。在我看来，这是注意力难以置信的力量。它可以极为有效地突显相关事物，屏蔽不相关事物，甚至可以让跳舞的大猩猩消失。

不过，重要的是下一点：你的注意力系统一直在这样做——它一直在突显某些事情，屏蔽其他事情。在牙齿麻木到令我痛苦的那几个月，困扰我的正是注意力系统的这种能力。我选择关注某些事情，包括对工作、房屋和未来的担忧，忽略了其他所有事情，包括我的丈夫、儿子和生活中的其他部分。

我们都需要问自己：

我的注意力目前在关注哪些事情？

它在屏蔽哪些事情？

这对我的生活经历有何影响？

专注的大脑

你的大脑是为偏差设计的。这听起来可能不是好事。我们会立刻想到基于种族、性别、性取向、年龄或者其他核心人格特征的偏见，它们会导致不公正的对待或特权。不过，我现在谈论的不是这种偏见。我的意思是，大脑不会平等地处理它所遇到的全部信息。实际上，你也不会。也许你更喜欢绿色而不是蓝色，更喜欢黑巧克力而不是牛奶巧克力，更喜欢深浩室舞曲（deep house）和乡村音乐而不是古典音乐。对于这些特定偏好，你大概可以想出许多解释，包括你的过去、你的人际关系、你的经历等。不过，说到大脑的运转方式，它的许多偏差其实来自进化压力。

下面是一个例子。人类的视觉优于嗅觉，而狗的嗅觉优于视觉。为什么？对于我们千万年前的祖先来说，视觉对生存的帮助几乎一定比嗅觉大，而"汪星人"则恰好相反。你认为专门用于负责视力的大脑比例是多少？[16] 猜一下。不要忘了，除了视力，大脑还有许多其他功能。百分之五？百分之十？百分之二十五？

答案是百分之五十。整整一半的大脑专门用于一项任务：视觉感知。所以，从一开始，你的大脑就偏向视觉线索，而不是其他感官输入。别忙，后面还有更令人惊讶的消息。

　　请暂时抬起头，让头和眼睛朝向正前方。你可以感受到你的"视野"：你在任意时刻能够看到的世界的范围。对于拥有两只正常眼睛的人类来说，这个视野大约有200度。所以，如果画一个围绕自己的360度大圈，你可以感知到这个大圈一半多一点的范围。你拥有最佳视觉敏锐度的地方恰好位于视野中心。只有在这个小小的楔形范围内，我们才拥有双眼2.0的视力。我所说的"小小的"并不是夸张。在你可以感知的200度视野里，你只在2度视野里拥有很高的视觉敏锐度。

　　试试下面的实验。举起双手，在体前伸直。并排伸出两只大拇指，让它们靠在一起。相邻两个拇指指甲的宽度大约就是两度。这就是你的视野中拥有很高敏锐度的狭窄区域。如果你不相信，可以慢慢把两只大拇指分开，同时眼睛保持不动。你很快就会发现，大拇指会变模糊。为了使两只大拇指的形象保持清晰，你的眼睛需要来回反复扫视，这相当于迅速转变视野，使每只大拇指再次短暂地处于视野中心。

　　这两度拥有很高视觉敏锐度的视野依赖于脑视觉皮质中50%的细胞。我之所以提到这一点，是为了说明大脑中的偏差有多大。你的大脑偏向于视觉信息，这种偏向是时刻存在的，不管你在做什么。大脑对于视野中间这片狭小区域的偏向更加强烈。这宝贵的两度范围内的一切事物都会在大脑里得到强烈的过度呈现。

　　你的身体在大脑里的呈现也具有高度偏向性。和前臂相比，用于处理指尖触觉感受的神经元要多得多，对此你不会感到特别吃惊。你更愿意用指尖还是前臂去感受可爱的兔子的软毛？请你现在伸手触摸某种有纹理的事物——毯子、毛衣，什么都可以。用手背抚摸它，然后用指尖抚摸它。体会二者的差异。这是你与某种大脑偏差的直接接触。同双手和胳膊的其他部位相比，当指尖接触毛衣时，会有更多神经元参与进来并被点亮。

大脑中的这些内在结构偏差非常重要。它们源于人类祖先经历的进化压力，对生存有利。我们一直在依赖这些功能。例如，你会把视线移到门口，以查看进门的人是谁。我们的视线和注意力紧密相连，就像时刻保持同步的舞伴一样。我们常常通过移动视线来转移注意力，告诉其他人（包括你的狗）我们的注意力在哪里。注视是一种极为重要的社交线索。

不过，眼睛看着一个地方并不能保证你的注意力也在那里或者信息处理是有效的。考虑你上次在交谈中走神的情景，你就明白了。换句话说，当你抚摸小兔时，你可能并没有感受到它的软毛。当你盯着孩子的脸时，你可能并没有听到他在说什么。为什么？因为你的大脑内部一直在进行一场战斗，战斗的焦点是哪些信息应该得到处理，哪些信息应该得到抑制。注意力是可以起决定作用的强大力量。

大脑是个战区，注意力操纵着战斗

大脑是个战区，不同神经元、节点（神经元集群）和网络（互连节点，类似于拥有换乘站的地铁线路图）在相互战斗，抑制对方的活动，争取脱颖而出。有时，它们会组成联盟，加强彼此的活动。有时，它们会相互对抗。节点的影响力强于单个神经元，尤其是当节点连接成网络时。此时，它们像在全国各地开设办公室的机构一样，可以将其影响力统一成连贯的消息和强有力的共同行动。每时每刻，你的大脑中都有许多网络在为"突出"而竞争。

你使用的大脑容量只有10%的说法仅仅是一种谣言。此时此刻，你的全部大脑均处于活跃状态，所有860亿个神经元组织成了不同的节点和网络，它们相互协调，相互加强，或相互抑制。当一个网络的活动变强时，另一个网络会受到抑制。这通常是一件很好的事情。如果手臂向上移动的网络活动不能抑制手臂向下移动的网络活动，你的手就无法移动。实际上，某些认知、运动、视力等功能受损的神经退行性疾病就会导致这种情况，此时神经元会失去清晰的行动顺序，不再以应有的方式相互协调。[17]

在大脑战争中，我们希望在时刻变化的大脑运转过程中有明确的胜利者和失败者，以便去做各种事情，比如移动身体、探索某些思路而不是其他思路。

在实验室里，我们用人脸和场景等复杂的视觉元素探索感知和注意力。人脸很特殊。通过在你的头皮上安装电极，我们可以探测到一个独特的脑电信号。在你看到人脸图像170毫秒后，我们的记录设备可以可靠地发现这个信号。这个信号很强。换句话说，大量神经元一起对人脸做出反应而产生的电压很高。这是一个强烈而可靠的脑信号。我们称之为N170。

如果在向你展示人脸图像的同时记录大脑正在进行的电活动，我会看到你所发出的强烈的N170信号。如果半秒后向你展示第二张人脸，我会看到另一个强烈的N170。不过，如果我同时向你展示两张人脸，N170会突然衰减，幅度变小。[18] 它会立刻减弱。

这似乎很奇怪。为什么更多视觉信息会导致更弱的大脑反应？答案是大脑战争。处理每张人脸的神经元群体会相互抑制。我们会得到更弱的信号，因为这些人脸在竞争神经活动。其结果是，两张人脸都无法得到很好的处理。

那又怎样？考虑这对我们体验世界的影响：神经活动量决定了感知体验的丰富程度。我们感受细节以及根据感受行动的能力与感知神经元的活动相联系。考虑你上次的 Zoom 通话。如果是与一个人通话，你大概可以敏锐地感知到他的表情和外貌。不过，如果是 15 人的会议，你可能会感到模糊和不知所措。当人脸更多时，你的感知丰富性会受到更大的抑制和损害。这适用于一切——不只是面孔。我们周围的一切一直在竞争大脑活动。

在这里，注意力成了超级英雄。

让我们回头来看这两张人脸。这一次，请关注左边的人脸。你不可以移动眼球——你的眼球必须保持不动，同时将注意力转到左边的人脸。我们在实验室里看到，虽然屏幕上仍有两张人脸，一切都没有改变，但你却可以更好地感知和报告关于左边人脸的信息。关注人脸促进了相应神经元的活动，更多的活动意味着更加丰富的感知。左边的人脸赢得了战斗！注意力决定了胜利者。

总结：注意力可以使脑活动发生偏向。它为它所选择的信息提供了竞争优势。不管你关注什么，与之相关的神经活动都会增加。不夸张地说，你的注意力可以在细胞层面改变大脑的运转。它的确是超级力量。

注意力的三个组成部分

根据我到目前为止的描述，你可能觉得注意力是一个单一的脑系统，你可以将其指向某个地方，有选择地加强信息处理。不过，这只是注意力的一种形式。实际上，有三个注意力子系统，在它们的协作下，我们得以灵活而成功地在复杂的世界上生活。[19]

◉ 手电筒

你的注意力可以像手电筒（flash light）一样。它所指向的地方会变得更加明亮、突出、明显。在手电筒光束照不到的地方，信息会维持抑制状态，维持昏暗、模糊、受到屏蔽的状态。注意力研究人员称之为**定向系统**，你用它来选择信息。你可以将这种手电筒光束指向任何地方：向外指向外部环境，向内指向你自己的思想、回忆、情绪、身体感觉等。我们可以随心所欲地选择手电筒的照射方向，这是一种奇妙的能力。我们可以将其照向身边的人，照向过去或者未来——只要愿意，我们可以用它照亮一切。

◉ 泛光灯

泛光灯（flood light）在某些方面与手电筒相反。手电筒的光线狭窄而集中，而被称为**"警觉系统"**的泛光灯子系统则宽泛而开放。我的车库门上方有一个巨大的泛光灯。它不经常打开，但是当运动探测器被触发时，它会被点亮。当我看向车窗外面时，我可以扫描环境，观察发生了什么。有没有包裹、浇熊或访客？任何事情或任何人都会引起我的注意。考虑你在驾驶中看到闪亮的黄灯时会发生什么。你的注意力系统会点亮泛光灯，你会立刻进入警惕状态。这种泛光灯发散而方便使用。它很宽泛，可以接收一切信息，就像我在家里观察窗外时那样。此时，你处于警惕状态。你不确定你在寻找什么，但你知道你在寻找某样东西，而且可以随时做出反应，将注意力迅速投向任何方向。你所警惕的事情可以是环境中的事物，也可以是你内心产生的思想或情绪。

◉ 杂耍演员

杂耍演员（juggler）的任务是指导、监督和管理我们每时每刻的行为，确保我们的行动与我们想要做的事相符。这个子系统就是人们所说的**"执行功能"**，其正式名称是"中央执行系统"。它是确保我们维持正轨的监督者。我们可能想要完成短期的小目标，比如读完这一章，写一封电子邮件，清理厨房。我们也可能拥有宏大的长期目标，比如马拉松训练，培养快乐的孩子，赢得晋升。不管目标多大，多么遥远，我们总要在前进道路上应对挑战，回避干扰，对抗竞争力量。所以，我们需要同时应对许多要求。

中央管理者像杂耍演员一样，让所有球同时停留在空中。杂耍演员的任务不是亲自去做每件事，而是确保整个过程流畅地进行下去。它需要将目标与行为相匹配，以确保这些目标得以完成。假设你的目标是在下午六点前完成紧急项目。不过，你却在群里聊到了下午五点，以规划六个月后的活动。这是中央执行系统的失败。你的杂耍演员忘记了你当前的目标。当消息提醒一个接一个地迅速到来时，它没能控制住手机对你的吸引力。很快，你的行为不再与你想要完成的事情相匹配。如果你每天、每个星期、每个月需要完成的所有事情都是如此……

重要的是，你通过杂耍演员控制自动倾向（比如每次手机响铃时都去查看），根据新出现的信息更新和修改目标，并且通过刷新目标想起你想做的事情，即控制、更新和提醒。每次做这些事情时，我们都在使用中央执行系统。你规划和管理的任务越多，你就越依赖于这种形式的注意力。有时，在表演杂耍时，某人向你抛来另一只球（任务）——你别无选择，只能去面对。它可能把另一只球碰出轨道。你也可以选择不断接越来越多的球，认为你可以处理所有这些球——也许你可以，这取决于你的杂耍演员对行为和目标的协调能力。

虽然你的注意力在这三种模式中都很有效，但它通常不会同时运行于多种模式中。例如，它不能同时充当手电筒和泛光灯。考虑你专心投入于某项活动的时候。如果有人此时走过来和你谈话，你可能需要多花几秒钟才能意识到有人对你说了什么，然后才能开始解析对方的谈话内容。（在你看书、看手机、玩视频游戏、使用笔记本电脑时，你是否常常抬起头，说："什么？"）这是高度定向、警惕性很低的运转模式：你的手电筒聚焦在照射目标上，其他一切都变暗了，包括周围的景象和声音，以及你内心产生的随想。

现在，假设你在回家时抄近道，选择一条昏暗荒凉的小巷。你之前在沉思，以规划明天的行程，但是现在，你放下了这种思想活动，开始高度警惕地环视四周，以防范可能的威胁。这是高度警惕、执行性很低的运转模式——你开启了泛光灯，杂耍演员只得到了一项任务：确保人身安全。

如果你出于某种原因处于警惕状态（你不一定受到威胁，只要感觉受到威胁就够了），你将无法专注和规划。这似乎是注意力的失败，但事实并非如此。这正是注意力应有的工作方式，它可以使我们：

- 在需要专注时专注。

- 在需要留意时留意。

- 在需要规划和管理行为时规划和管理行为。

当我们让某人"注意"时，我们通常指的是专注。不过，注意力的内涵远远不止于此。注意力是一种货币，是一种多功能资源。我们在生活中的几乎每个方面都需要它，它的每一种形式（手电筒、泛光灯、杂耍演员）与我们的所有行为都有关系。我们已经谈论了注意力是如何使你感知周围环境的。除了感知，注意力的三种形式还可以在三种信息处理领域运行：认知、社交和情绪。表1-1、表1-2、表1-3可以帮助你了解注意力在每种领域中的使用。这些领域基本囊括了你在一天和一生中进行的所有"信息处理"。

表 1-1　认知（思考、规划、决策）

手电筒	你可以跟踪和维持一系列思想
泛光灯	你拥有态势感知（situational awareness）——你可以注意到与任务相关的思想、概念和视角
杂耍演员	你拥有目标，可以将其放在心里，知道为了完成这个目标接下来需要做什么。你可以回避干扰和"自动驾驶"行为（比如查看手机），以免偏离正轨

表 1-2 社交（联系、交流）

手电筒	你可以将手电筒的光束照向其他人，倾听他们谈话，与他们交流
泛光灯	你可以感知其他人的说话语气和情绪状态
杂耍演员	你可以协调与许多人的对话，将相关的观点放在心里，并在别人表达冲突观点时对其进行过滤和评估

表 1-3 情绪（感情）

手电筒	你可以将手电筒照向你自己的情绪状态，先是认识你的情绪状态，然后是判断它何时在影响你做其他事情的能力
泛光灯	你的情绪反应可以使你意识到自己的感受。你可以看到它们是否"合适"（适合当前局面）
杂耍演员	你可以在必要时修正情绪方向

在做所有这些事情时，你还会用到另一个重要的脑系统。它不是注意力系统的组成部分，却是它的"近亲"——工作记忆。工作记忆是大脑中的一种临时"工作空间"。在这里，你可以在最短几秒钟、最长一分钟的时间段里处理信息。

注意力和工作记忆相互合作。[20] 每当我们通过某种方式使用注意力时，不管是以狭窄、宽泛还是杂耍形式，待处理信息都需要在某个地方暂时存放足够长的时间，供我们处理。注意力和工作记忆不仅构成了我们有意识的经历的当前内容，而且使我们有能力在未来生活中使用这种信息。[21]

当注意力遇到问题

到目前为止，我们花了许多时间讨论注意力多么强大。你可能会产生疑问——如果我的注意力一直是一种超级力量，我又何必去改进它呢？

注意力的确很强大。当你读完这本书时，我的确希望你能真正理解和充分认识到注意力系统的内在力量。我希望你能意识到注意力为你所做的一切，你之前可能没有意识到这些。我们常常将注意力的超级力量看作理所当然的事情，就像我们将身体和头脑每时每刻为我们所做的其他神奇的事情看作理所当然的那样。当你无所事事时，你可能不会想到，你的心脏每天要输送两千加仑⊖血液，[22] 但这是事实。它一直在为你工作，让氧气和养料在你的全身循环。类似地，你的注意力也会受到忽视。我们通常不会探索头脑和身体的力量，直到一些事情出于某种原因出现问题。

此时，我们需要请一位更好的老板。

当我本人经历注意力危机时，我出现了非常罕见的症状。（我之前从未听说过某人的牙齿失去知觉。）不过，注意力危机并不罕见。环顾四周，你会发现，你所认识的每个人似乎都处在注意力危机之中。你的关注点似乎一直在从一件事情跳到另一件事情上，因此你的注意力分散而低效。你甚至可能在阅读这本书的过程中意识到这一点，因为你会放下书本查看手机。如果注意力果真如此强大，为什么你会遇到这些困难呢？

使注意力变得如此强大的一些因素也可能对你不利，比如约束和限制感知内容、穿越时空、模拟虚幻未来及其他现实的能力。有几个重要原因使它们对你不利。一个是人脑拥有数千年以来形成的自然倾向，其中一些倾向可能令人沮丧，尽管它们完全有理由存在，因为它们有利于生存。而另一个原因与我们所生活的世界有关。

⊖　1 加仑 =3.785 升。

注意力的优势有时会成为劣势

　　想象你的祖先在采集浆果或打猎。突然，他们透过一团灌木丛发现了一张脸。这是猛兽还是潜在食物？他们需要逃跑还是冲锋？他们需要迅速做出决定。

　　在实验室里，我们向人们展示图 1-1。我们一边监视他们的脑电活动，一边向他们询问关于场景的问题（室内还是室外？城市还是乡村？）以及关于人脸的问题（这个人是男是女？是快乐还是悲伤？）。同我们要求他们关注场景时相比，当人们关注人脸时，N170 要强烈得多。注意力可以加强人脸感知。这有助于参与者很好地完成任务，正如它有助于我们的祖先再生存一天，而不是被吃掉。不过，我们的祖先有时的确会被吃掉。为什么注意力有时会辜负我们呢？

图　1-1

　　在类似的实验中，我们展示了相同的人脸和场景图像。不过，我们不时在屏幕上闪现出另一张负面图像，含有暴力或令人不安的内容。[23] 这些图像来自媒体——就是你可能在 24 小时新闻网、脸书推送或者其他提供负面消息的媒体上看到的那种东西。我们的参与者做的是同样的"注意"任务，但他们区分"相关"和"不相关"的能力几乎消失了。一直围绕在我们身边的那种让人紧张的图像足以削弱注意力。

每一种超级力量都有相应的氪石——使之迅速失效的事物。当注意力崩溃时，这些神奇力量会迅速变得对你不利。你的注意力会转变成出了故障的德罗宁跑车[⊖]，漫无目的、不受控制地进行时光穿梭，沉湎于悔恨中，设想可能永远不会到来的灾难，专注于毫无意义的事情，在工作记忆中塞满不相关的内容。

注意力很强大，但并不是无敌的。某些情况是注意力的"强力氪石"。遗憾的是，它们恰好存在于我们的生活中。

⊖ 在电影《回到未来》中，主人公驾驶德罗宁跑车进行时光穿梭。——译者注

第 2 章

注意力也存在弱点

2007 年，在佛罗里达州墨西哥湾沿岸，美国海军陆战队上尉杰夫·戴维斯（Jeff Davis）刚刚从伊拉克返回故土，正开车行驶在一座长长的桥上。桥上风景如画。水面反射出明亮的阳光，晴朗的天空万里无云，呈现出不可思议的湛蓝色彩。不过，戴维斯对此视若无睹。他的脑中不断回想着尘土飞扬的公路和田野，那些深邃的阴影似乎在向前移动。他的身体里充斥着大量压力激素，他也感受到了之前在土路上开车时常常感受到的那种焦虑。他的身体在佛罗里达的那座桥上，他的脚越来越用力地踩着油门，汽车在危险地加速。然而，他的思想和注意力却在地球另一边的伊拉克，他无法将其拉回现实。他很想轻轻转动方向盘，从桥上冲下去。他不得不竭力克制这种冲动。

戴维斯上尉此时的经历叫作注意力劫持（attentional hijacking）。这个例子当然比大多数人的经历更加极端，更加重要，但注意力劫持现象其实非常普遍。作为大脑创建的聚光灯，你的注意力一直在被拉向其他事情，拉向你的复杂大脑认为更加"重要"而"紧迫"的事情——尽管这些事情可能既不重要也不紧迫——而远离你想要注意的事情。

上一章提到，注意力是一个强大的系统，可以决定大脑内部战争的胜利者。其实，大脑外部也有一场争夺注意力的战争。

注意力是一件热门商品

在实验室，注意力研究是一种严格受控的活动。我们保持环境昏暗，指定精确的光通量。我们让参与者坐在屏幕前刚好56 英寸[⊖]的地方。我们检查你的眼球运动，确保你的视线按照我们的要求固定在正前方。最重要的是，为确保我们知道所有测试参数，我们会告诉你精确的关注位置，这是一种高度人为的非自然情况——现实世界更为复杂，充满未知，变化莫测，而现实世界才是注意力真正重要的地方。

在大脑内部，注意力会使大脑活动出现偏差。大脑重视的事情会"获得奖励"，对正在进行的大脑活动产生更多影响。在大脑外部，在"注意力市场"上，打开钱包才是大奖。注意力商人在竭尽全力，带领设计师和程序员团队优化算法，以赢得你的注意力，让你打开钱包。他们的做法很有效。

最近，我在为我家的新电磁炉寻找一套平底锅。我搜索"电磁炉平底锅"，然后浏览相关网页。我看了我喜欢的某个食品博主的视频，查找了几个看上去不错的网页，但是没有找到

⊖　1 英寸 =2.54 厘米。

我想要的那种锅。第二天，我打开邮箱，看到一条广告："你好，厨具爱好者！"我打开社交媒体应用，发现推送信息全都是平底锅。我相信，你对这种情形并不陌生。广告商经常以这种方式追逐你，像警犬一样跟踪你的数字轨迹，在你面前投放产品，希望你去点击。我的确点击了。我在某个广告里看到了熟悉的公司，于是点了进去。我点击的另一条广告拥有红色闪烁文本："阿米希，我们会为你提供优惠！但是请快点，再过七分钟就结束了！"

商家一直在追逐我们的注意力。广告商比其他人更清楚注意力有多宝贵，并且知道怎样捕获你的注意力。神经科学文献指出，决定注意力何时被调动的因素主要有三点：[24]

1. **熟悉度**。我之所以点击第一条广告，是因为我之前听说过那家公司的名字。我的过往经历使我的注意力立刻产生了明显的偏向。那个熟悉的名字特别显眼，像磁石一样把我注意力的手电筒拉了过去。

2. **特征**。在我点击第二条广告时，我受到了广告的物理特征的吸引。颜色、闪烁、文本大小——那则广告的各种物理特征似乎都在大喊："看看我吧！"特征（新奇、吵闹的噪声、明亮的光线和颜色、运动）把我们拉向刺激源，使我们无法抗拒。这些特征是为每个人量身定制的，比如我的名字"阿米希"会吸引我的眼球。这正是许多应用程序要求我们填写个人资料的原因。我们会被与自己有关的事情吸引。我们的注意力会迅速移动，而且有迹可循，很容易受到吸引。

3. **我们自己的目标**。最后，我们自己选择的目标会影响注意力。我的目标是寻找质优价廉的平底锅，所以我最后调整了搜索的关键字，以屏蔽其他商品。这正是我们心中拥有目标时注意力的工作方式：它会根据目标限制我们的感知。同时，我寻找平底锅的例子也突显了目标的缺点：它是所有"注意力拉力"中最弱的一项。熟悉度和特征很容易把我的注意力吸引过去。

这是对于个人定向系统（手电筒）的争夺。我的定向系统受到了熟悉度的吸引，就像被磁石吸引一样，并且受到了特征的引导。最终，我的目标赢得了这场战斗。但是，在得到我想要而且需要的商品之前，我花费了许多时间，走了不少弯路。当然，这不限于购买平底锅，它可能发生在我们想做的任何事情上面。注意力是一种强大的力量，但我们常常不太清楚它在哪里，受哪些人和事物的控制，更不要说调动注意力的方式和时间了。而且，不只是上网，在我们人生中的很多时间里，在我们的职业生涯中，在我们的人际关系中，当生活向我们投来各种"曲线球"时，我们会遇到影响注意力这一超能力的情况，它们就像氪石一样。

破坏注意力的三大因素

有三大因素会降低我们的注意力：压力、不良情绪和威胁。我们有时并不能将其区分开。它们常常共同发挥作用，影响注意力系统。不过，我还是要逐一介绍这些因素，以便让你知道它们对注意力带来灾难性影响的方式和原因。

◉ 压力

压力是一种令人无法抵抗的感觉，它会促使人的头脑进行时间旅行。我们会突然经历注意力劫持现象，就像戴维斯上尉在大桥上经历的那样。我们的头脑很容易被某种记忆或担忧牵着鼻子走，不停地编故事。随着压力的上升，它会使我们远离当下生活。你会对一件发生在过去的事情进行思维反刍，尽管这早已失去任何意义。或者，你所担忧的事情不仅尚未发生，而且可能永远不会发生。这只会加重你的压力。当长时间承受过大的压力时，你会陷入注意力下降的恶性循环：注意力越差，你就越难控制它；你越难控制注意力，压力就越大。

多大的压力才算"过大"呢？这件事非常主观，因人而异。我接触的许多人一开始并不认为压力是一个问题——你可能也是这样想的。他们认为压力是强大的动力，可以激励和鼓舞他们克服困难，努力前进，追求卓越。我理解这种想法。图 2-1 显示了压力和工作表现的关系。[25] 根据这条曲线，当我们的压力较小或没有激励因素时，比如没有近在眼前的截止日期，我们的表现不太好。随着压力的上升，我们会迎难而上。这种"良好"的压力叫作良性压力，是良好表现的强大引擎，它一直上升到图像顶部，达到最优水平（我亲切地称之为"甜蜜点"）。在这里，压力是驱动我们、使我们关注眼前工作的积极动力。

如果我们可以永远停留在这里，就没有问题了。不过，现实是，如果经历足够长的时间，即使是这种最优的压力水平也会将我们推下山峰，使我们进入长长的下滑坡道。在那里，良性压力变成了不良压力。

尽管压力最初具有激励性质，或者能够带来效益，但我们处在高要求条件下的时间越长，这种持续压力对我们的影响就越大。我们会越过最优压力点，在压力曲线的另一侧下滑。我们会迅速失去压力带来的一切好处，压力会变成一种侵蚀和降低注意力的力量。你的手电筒会越来越多地陷入负面思想之中。你的警觉系统会活跃起来，你会感觉自己看到的一切都是明晃晃的警告标志，这使你进入一种过度警戒模式，使你无法深入关注任何事情。你的中央执行系统（杂耍演员）也接不住所有的球了，因此你想做的事情和你正在做的事情不再匹配，你的行动和目标也脱节了。所有这些事情有一个自然的后果：情绪急转直下。

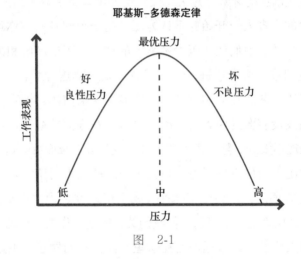

图 2-1

◉ 不良情绪

从慢性抑郁到听到坏消息后的感受，很多事情都可以被视为不良情绪。不管来源如何，这些坏情绪都有可能让你陷入负面思想的怪圈之中。在实验室里，当我们为研究参与者诱发负面情绪时，他们在注意力测试中的表现会下滑。

我们是怎样"诱发负面情绪"的呢？有时，我们向参与者展示令人不安的图像，这与前面提到的研究类似。我们也可以让他们回想负面记忆。接着，我们为他们布置一些需要使用注意力和工作记忆的认知任务，比如记忆几个字母，然后做一些口算。在诱发负面情绪后，他们的表现总会出现下降，包括准确率、回答速度和回答稳定性的下降。[26]

◉威胁

当你受到威胁或者感觉受到威胁时，你既不能专注于手头的任务，也不能完成任何目标和计划。至于我在第 1 章向你介绍的手电筒，以及随心所欲关注任何事情的强大能力——它们当然全都消失了。想一想吧，那个稳定明亮的光束正在不规则地颤抖，灯光的焦点变得模糊不清。你还想做点事情？那是不可能的。

受到威胁时，注意力会以两种方式受到重新配置：①对威胁的警惕性上升；②注意力转变成刺激驱动型注意力，任何与威胁有关的事情都会吸引和占据注意力。这里有一个明显的生存逻辑：在人类进化的重要时刻，高度警惕性是必不可少的，否则你就无法存活下来，并将基因传下去。如果你太过专注于一项任务，没有注意到向你逼近的猛兽，你可能就会被吃掉。你需要有一种受到威胁的意识，以便迅速转换为"高度警惕"模式。而且，在进化过程中，这种额外生命保障的优势会被放大，因此威胁性的刺激会吸引并占据你的注意力，确保你坚定而不受控制地专注于这种刺激。这样一来，你可以时刻提防猛兽，并在看到猛兽以后时刻留意它的位置。这大概无数次挽救了我们祖先的生命。不过，它还有其他一些影响，可以解释为什么人类祖先从未写出精彩的著作，从未设计出复杂的机器。如果你感觉自己每时每刻都在遭受威胁，你就无法深入参与到其他任何任务或经历中，[27] 不管这种"威胁"是否性命攸关。

当我们在实验室里研究威胁时，我们不会让人们置身于真正的危险之中，让他们感受到自己的人身安全正在遭受威胁。这是不符合伦理的。不过，我接触的许多人在人身安全方面的确正在面临威胁。有的军人即将奔赴战场或者参加实弹演习，有的空降消防员需要在强风中面对危险的大火。对于大多数人来说，威胁没那么严重——但这并不意味着它对注意力的影响会有所减轻。与上级领导关于绩效评估的谈话，与保险公司的纠纷，在城市官员出席的公开听证会上就影响你所在街区的新法令做证——它们虽然不会对我们的人身安全造成威胁，但它们仍然是一种威胁。我们的名声、财富和正义感都会遭受威胁。

即使你的智商在周围人之中是最高的，你也需要知道，在某些方面，人类的大脑和 35 000 年前相比并没有发生变化。[28] 如果大脑认为自己正在遭受威胁，它就会相应地调整注意力，不管你面对的到底是不是真正的威胁。

隐蔽的破坏因素

即使你没去过神经科学实验室，没见过各种科学研究证据，你大概也能理解，压力、不良情绪和威胁会影响你的注意力。你会觉得：既然这样，那我就要减少压力，留意自己的情绪，确保自己在面对不是威胁的事物时不会感受到威胁。

但是，我们并不擅长识别那些降低注意力的因素，即使我们身在其中。我们常常无法看清它们的真面目。而且，如果没有接受过培训，对于自己的思维拥有更强的意识，那么我们对于这些影响并不是很敏感。

刻板印象威胁就是一个很好的例子，它是指关于性别、种族、年龄等身份特征的社会成见对我们工作和生活的不利影响。在一项关于亚裔女大学生的研究中，研究人员使用了两种相反的刻板印象：[29] 一是女性天生不擅长数学，二是亚洲人天生擅长数学。一组学生需要在接受数学测试前写下自己的性别，她们只需要写下"女性"两个字。另一组学生只需要写下她们的种族。事先被"启动"想到自身种族的小组在测试中表现得很好，而事先意识到自身性别的小组表现得就要差一些。

事情并没有这么简单。妨碍人们表现的并不只是负面的刻板印象。在一项与此相关的研究中，研究人员强调了参与者将在测试中取得良好表现的预期（"亚洲人擅长数学"），但参与者的最终表现却很糟糕。在这里，基于刻板印象的高预期也构成了一种威胁，因为参与者可能无法满足这种预期，无法证实正面的刻板印象。刻板印象威胁有两种形式：你可以强调较低的预期（"女性不擅长数学"），也可以强调较高的预期（"亚洲人擅长数学"）。这两种情况都会对你的某些核心身份产生威胁，降低你的专注力。最后，在所有研究中，只有知道刻板印象的参与者才会表现出这种模式——只有当你认为自己是某个群体的成员时，这种刻板印象才会伤害你。

为什么这很重要？因为它提醒我们，刻板印象之所以会对注意力产生威胁，是因为它具有先入为主的特点。"我在变老，所以我会变得行动迟缓，丢三落四"或者"我太年轻了，不会成为受人尊重的领导者"——这些想法会分散我们的注意力，因为它们对大脑的注意力系统产生了威胁。当我们担心自己会证实他人的较低预期，或者无法满足他人的较高预期时，我们会背上很大的认知负担。

刻板印象威胁在我本人的一个重要人生节点扮演了重要角色。作为学习神经科学的大学生，我曾在一个关注心理理论的实验室工作，研究如何在自己和他人身上寻找某些心理状态的原因，理解为何其他人拥有不同于自己的感受。我觉得这个方向很有趣，希望在研究生院继续研究这一课题。负责实验室的教授是系里一位很有资历和威望的教员。在我读完大三时，我已经在他的实验室里待了一年，我找到他，就我可以申请的研究生项目向他寻求建议。我还记得他当时的表情。他很吃惊，继而面露疑色。

"你想读研究生？"他说，"你们印度裔女生通常不会去做专家。"

我还记得这句话对我的打击有多大。当他面对我时，他看到的是我的性别和对于印度裔群体的某种陈旧观念。他并没有把我看成一个颇具潜力的青年才俊。

在我那个学期离开他的实验室后，我再也没有回去。我刚刚学完了一门精彩的课程，那是我所在专业里我最喜欢的课程之一。任课教授是帕蒂·罗伊特-洛伦兹（Patti Reuter-Lorenz）博士，我觉得她口齿清晰，才华横溢，爽朗风趣。坦率地说，在我眼中，她就像摇滚明星一样。她很强势，充满活力，无所畏惧。在大四那年开始时，我联系了她，问她的实验室里有没有位置。她的实验室研究的是……注意力。

那次事件使我走上了现在的人生轨道。我感受到了刻板印象威胁的重击，我不愿意在这种不利条件下生活。我知道，这些刻板印象无益于学习和成功。如果我现在可以和第一位教授说话，我会感谢他，因为他提醒了我，使我及时看清了他的真面目，并且改变方向，找到了现在的工作，这份工作在许多方面改变了我的人生。

考虑你可能对自己进行的所有分类——性别、种族、性别认同、健全或残疾、体重、外表、社会经济背景、教育背景、国籍、宗教、工作经验。不管导致刻板印象威胁的历史力量或偏见是什么，当我们感受到这种威胁时，它都会影响我们的表现、目标的实现甚至我们的整体心理健康状况。这是我们所处的文化环境。虽然抛弃这些刻板印象是一件很好的事情，但是我们做不到。刻板印象威胁会使我们不断进入"警戒状态"，使我们的注意力变得分散而流于表面，无法集中。

压力也可以很隐蔽。

隐藏的压力也有破坏性

最近，我向迈阿密大学校长胡利奥·弗伦克（Julio Frenk）博士介绍了我的工作。他听说过我们团队的研究，想让我们为他的领导班子提供正念培训。不过，在他的团队成员花时间接受这类培训之前，他需要更加深入地了解他们可以获得的收益。

于是，我进行了一对一介绍，首先描述了高压力带来的认知成本。他听得很专注。不过，当我介绍完这些降低注意力的因素可能造成的危害时，他提出了一个问题。

"如果我没有压力呢？"

他承认，他正在经历许多事情，但他觉得这不是压力。他并没有感受到压迫、紧迫、恐慌或者与压力相关的其他常见情绪。相反，他将其描述为"发生在背景中、将我往回拉的许多事情"。

我点了点头。在他这种层次上的人感受到的"压力"和平常人不一样，这合乎情理。通常，成就很高、表现很好的领导者不会认为他们的经历很紧张。他们懂得一个人的注意力被思虑劫持的概念，但他们并不认同"压力"这一说法。

根据我的实验室研究经验，即使你没有感到紧张，你的注意力也可能受到影响。领导者处理的许多事情也会降低注意力，包括高认知要求、评估的压力、紧张的社交活动和不确定性。[30]在最近一项研究中，一些参与者被告知，在完成一项持续几分钟、对注意力要求很高的任务后，他们可能需要发表一个演讲。[31]另一些参与者被告知，他们不需要发表演讲。结果，前者在任务中的表现不如后者。这也许不会使你感到惊讶。不过，下面才是重点。第三个小组被告知，他们一定会发表演讲，而"不确定"小组在任务中的表现不如第三个小组。这意味着不确定性本身就是一种令人分心的认知负荷，会进一步消耗注意力。

这项研究告诉我们，即使没有感觉到压力，我们的注意力也可能受到影响。我的个人经历也可以证明这一点。在我牙齿麻木那段时间，我并不认为我所经历的是"压力"——我永远不会为它贴上"压力"的标签。

你可能只是感觉你的桌面非常拥挤。你可能开始注意到，在与外界分离和专注于最重要的优先任务方面，在维持掌控局面所需要的头脑清晰度方面，你遇到了一些困难。

　　每个人拥有不同程度的压力容忍度（又叫"痛苦容忍度"）。你也许不觉得生活很紧张。不过，你要知道，当你面对苛刻而持续（从数星期到数月）的要求时，它们很可能会对你的注意力产生影响。如果你觉得合适，你可以称之为"高要求"。在这里，我们谈论的是处于临界点的要求，过了这个临界点，你就不再感到舒适和高效。当事情超出注意力系统当前状态的处理范围时，你很容易产生不适，无法正常运转。

　　不管怎样称呼，持续的高要求都会对你的注意力产生侵蚀作用。那么，显而易见的解决方案是回避令人不安的情况吗？是降低预期吗？是减少成就吗？是降低要求吗？

　　我的回答是坚定的"不"。许多压力的来源是无法回避的，另一些压力的来源则是通往成就和成功的必经之路。如果消除这些因素，我们就是在限制自己。在这里，我不想让你改变人生，转换职业，或者降低你作为职业人士、父母、社区组织者、运动员或者你想成为的某种角色的自我预期。我不想这样做。我敢打赌，你也不想这样做。这本书的目的不是让你为了优化注意力而降低要求，或者学习如何说"不"。我是想告诉你如何在面对压力、挑战和高要求时进行优化。值得去做的事情要求都很高：我们的工作要求很高，养育子女要求很高，取得成功要求很高。

　　拥有你想实现的巨大的人生目标会带来压力。我们的生活远非完美。如果我没有在开始第一份终身教职工作和开设第一所研究实验室时生下第一个孩子，我的牙齿也许就不会麻木。不过，我想成为母亲、教授和科学家。根据生物学法则和极具挑战性的学术生涯路径，这些事情不可避免地需要同时做，而我又不愿意放弃其中的任何一个。

这是经典的"第二十二条军规"：你需要长期面对很高的要求，这意味着你需要在很高的水平上运转，而这种运转所需要的认知资源又会在你所处的高要求时段内被迅速耗尽。

注意力流失程度的区间

还记得吗？注意力不仅仅会影响工作表现。它是一种多功能资源，你做任何事情都要用到它。这意味着当注意力开始崩溃时，受到影响的不仅仅是你撰写电子邮件和报告的能力，还有你与其他重要人物的关系，以及你追求重要人生目标的能力，不管这些目标是什么——它们可能很遥远，但是要想实现目标，你需要缩短与它们的距离，而注意力问题可能会使你走上错误的方向，或者原地踏步。同时，你在重要时刻做出良好反应的能力也会受到影响，比如威胁生命的紧急情况，或者决定重要事件或人际关系如何向前发展的情感、人际交往危机。

在所有信息处理领域，所有三种注意力模式都会非常敏感地受到压力、不良情绪和威胁以及其他不利条件的消耗性影响，注意力流失可能具有任意的表现形式，包括低到令人不适的体温和死亡提醒（想到自己的死亡）。[32]

图 2-2 形象地概括了注意力最佳时的状态以及注意力受到影响时的状态。

从本质上说，左边一列是一个人成功使用注意力时的状态。此时，注意力是强大、灵活、训练有素的。不过，真相是，没有一个人可以可靠或单独地归入这一列。（我自己的实验室以及整个研究领域越来越多的证据可以支持这一观点。）

最佳	**认知**	**受影响**
你可以跟踪一系列思想，制定战略，做出规划和决策。你拥有态势感知，可以对各项任务进行鉴别和排序		你的思想火车会脱轨，你会频繁转换轨道。你会深陷细节之中，或者为看似无法解决的任务而分心
你可以直接而有意义地与他人联系和交流	**社交**	你无法理解别人，或者与别人不合拍。你会错过重要的交流提示和机会
你会注意到你自己的反应。你的反应很真实，而且与事件相适应	**情绪**	你拥有过度的情绪反应，无法意识到自己的情绪状态

注意力区间

图 2-2

包括学生。

包括律师。

包括总裁。

包括将军。

包括美国宇航局、波音和 SpaceX 的顶级科学家。

包括所有人。

为什么破坏因素如此强大

有一个面向所有年龄群体的注意力测试：你坐在计算机前，屏幕上一个接一个地出现一系列字母。你的任务是用最快的速度说出每组字母的字体颜色。[33] 听上去很简单，不是吗？

试试图 2-3。快速向下浏览，尽可能迅速而准确地说出字母的墨水颜色。

很容易，不是吗？没问题。现在，我希望你对图 2-4 中的词语做同样的事情。你的任务是相同的：向下浏览词语，逐一说出每个词语的墨水颜色。看清楚：是墨水颜色，而不是词语本身。预备，开始！

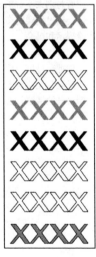

图　2-3　　　　　　　图　2-4

还是很容易吗？未必。

如果你在我们实验室接受这项测试，计算机会测量你的反应时间。不过，你可能已经注意到，和第一组词语相比，你这次的速度要慢一些。在遇到第四个词语时，你可能会犹豫，花费更长的时间。你说出"黑色"的冲动可能已经很强了。你甚至可能会说出这个答案，然后将其纠正成"灰色"。

我的要求很简单。那么，为什么会这样？因为我在你的大脑内部开启了一场战斗。这是自动发生的事情（阅读词语）与我的要求（报告墨水颜色）之间的战斗。这种失配导致了我们所说的"冲突"时刻。

在大脑中，这种时刻意味着存在问题。作为回应，大脑会召唤执行注意力，以"提升功率"。有了注意力，你可以更加轻松地克服自动阅读和说出词语的倾向。你的行为会更加符合你的目标。我们可以在实验室跟踪这种现象。相比于无冲突试次后，在冲突试次过后，参与者对于其他冲突试次的反应更加迅速准确。[34] 这听上去是一件好事。有时，这的确是好事。不过，它也可能成为消耗注意力的根源。

在生活中，我们所认为的有挑战性的局面常常是"冲突状态"。[35] 我们感知到的现实和应该出现的现实之间存在失配。我们的头脑会以不同方式体验这些冲突：

- 抗拒的头脑：我们可能想让正在发生的事情停下来——它们使我们充满恐惧、悲伤、忧虑、愤怒甚至仇恨。

- 怀疑的头脑：我们可能不相信我们对于正在发生的事情或者应该发生的事情的评估，这增加了我们的怀疑感。

- 不安的头脑：我们不安而焦虑，对于正在发生的事情感到不确定，而且感到不满。

- **渴望的头脑：我们可能想让正在发生的事情更多地发生，这使我们对它产生欲望和渴求。**

这些冲突状态意味着问题的存在。我们会召集注意力，以解决问题。不过，生活中的问题并不像数学题那样，可以在解决之后从待办清单中划掉。这些通常是长期而复杂的问题，或者根本就是身为一个人必须面对的问题，无法通过这种方式有效解决。

冲突状态消耗注意力的原因在于，它们会不断召集注意力。这种对注意力的连续使用会将注意力耗尽。当你的注意力耗尽时，你会进入自动驾驶模式。你的头脑很容易被最明显的事物"劫持"和带走。

当你带着冲突状态生活时，它们会竞争和占领你的头脑工作空间和注意力资源。你在忙于承担这种负荷，剩下来用于克服自动倾向的注意力资源就很少了。任何明显的事物都会抓住你的眼球，使你停留更长时间。所以，如果你度过了漫长而劳累的一天，经历了令人紧张焦虑或者需要花费心思的事情，那么你很可能会去追求鲜艳光亮的事情，你会抓起饼干而不是胡萝卜，你会点击闪亮的广告，你会把你想要存起来的钱花掉，你会把更加宝贵的事情——你的注意力——浪费在你从未想过的地方。

在这些情况下，我们往往会求助于一些常见策略。它们常见而自然，因此常常是我们的首选。问题是，它们没有效果。

我们在使用失败的策略

正面思维，关注美好事物，做一些轻松的事情，设置目标并将其形象地呈现出来，抑制不安的思想，专注于其他事情——我们都听说过这些在压力下解决问题和集中注意力的建议。其中一些建议是表现心理学和职业领导力培训的主要内容。当我们思维涣散，或者陷入负面思维循环时，我们常常求助于这些策略。**问题是，所有这些策略的实施都需要更多的注意力资源。它们会消耗而不是加强注意力。**人们常说，通过戴上更加乐观的眼镜，我们可以而且应该改变思想，从而改变经历。不过，这种策略和其他策略类似，需要付出高昂的代价。更糟糕的是，在高压下，它通常没有效果。

试试这个实验：不要想北极熊。我是认真的！不要去想。这是你现在的任务。不要想北极熊！[36]

你在想什么？

我可以猜到答案。

我们对现役军人进行了一项研究，以考察正面培训能否在高要求的军事训练期间为他们提供帮助。答案是否定的。它不仅无法提高或保护注意力，而且会使注意力随时间的推移而下降。

为什么？部分原因在于，在令人痛苦或要求很高的经历中，正面构想这种经历需要许多注意力。当注意力已经开始下降时，你很难建立这种头脑模式，整个思维框架会像沙堡一样在满潮时崩塌。接着，你投入大量认知资源，进行重建和修复，这就像是不断修复沙堡，以免它被冲毁一样。你做不到。最终，你的头脑和注意力资源会耗尽，却没有任何成果。

大量研究表明，正面思维在许多情况下是有利的，但正面思维和抑制等策略在高压和高要求期间不仅无效，而且具有很强的破坏性。我称之为"失败策略"，因为我们想用它们解决注意力问题，但它们只会进一步降低注意力，就像你的关节已经扭伤，但你还想跑步一样。这是一种恶性循环。当我们的注意力下降，被其他事情分心时，我们试图从好的一面看待事情，抑制和逃离杂念，将杂念推开，摆脱困境。这种努力会吸干认知资源。压力会上升，情绪会恶化。降低注意力的力量会加强。当注意力更加迅速地进一步恶化时，你会更加依赖这些无效策略，消耗更多认知资源。你处于下行螺旋之中，认知资源消耗殆尽，更加无法解决问题和正常运转。

你根本无法做到不去想北极熊，不去迅速消耗自己。这些策略会提高注意力的参与度。使用这些策略就像用汽油灭火一样，只会使情况变得更加糟糕。在控制注意力的斗争中，我们将所有认知资源投入了根本不起作用的方法中。

那么问题来了：什么方法有效呢？

第 3 章

头脑俯卧撑：注意力训练与正念

当我的儿子很小时——当我与注意力的斗争达到高潮时——他很喜欢"水蛇"这种玩具。这是一个透明而光滑的塑料管，里面装满水，两端密封。当你试图捡起并抓住它时，它会回缩，弹出你的手心。你无法抓住它。当利奥试图用双手抓住水蛇时，它会弹向空中，在地板上跳跃，带来无尽的乐趣。

与此同时，我没有任何乐趣。我被锁在同样的循环中。不过，我试图抓住的不是水蛇，而是我的注意力。我抓得越紧，它就离我越远。

我曾命令头脑平静下来，我曾越来越努力地试图控制它，但效果适得其反。令人痛苦和分心的内心独白变得更加响亮了。我感到绝望。我越努力，情况似乎就越糟糕。同时，这种绝望混杂着不断增长的渴望。我渴望真正地体验生活，而不是生活在快进或倒带中。

许多人体验过这种存在渴望。一些事件会促使我们思考自己对于现实生活的参与程度，比如健康危机、离婚、悲剧或丧失、全球传染病。就连好事也可能成为这种契机，比如成功、升职、与爱人的甜蜜时刻。它也可能是一种逐渐的认识，比如你感觉到一定可以通过某种途径提升你的表现和幸福水平。不管契机是什么，它都会提醒你，你并没有像你希望的那样专注、协调，与他人维持良好关系，你并没有达到最佳生活状态。我们尝试过所有现有的技巧和策略，从数字解毒式周末到帮你更好地生活的应用程序。我们需要通过真正的解决方案摆脱这个困局，通过某种方式变得更加专注，表现得更加沉稳，与他人建立更好的联系。

我们现在知道，注意力是强大而脆弱的，我们天生容易分心，我们周围的世界会不断对此加以利用。我还说过，你可以对此采取某种行动。不过，有一个挑战是，人们普遍相信，大脑不会发生太大变化。人们常常认为，他们在某些方面已经"定型"了，这种定型相对稳定，是他们基因结构或性格的一部分。

神经可塑性：通过训练改变大脑

神经科学家过去常常认为，大脑的连接相对稳定。我们认为，在你成年后，在你脱离具有可塑性的青少年成长期之后，你的大脑就不会改变了。当然，当你学习某样东西或者拥有新的经历时，大脑会建立新的连接，但那只是连接现有地标而已，就像建立连接两块陆地的桥梁或者用一条通道连接两条公路一样。大脑的整体面貌并没有发生改变。成年后，你的大脑已经用半永久的墨水画好了地图。

直到我们意识到我们错了。在科学领域，这种事情经常发生。人脑拥有让人难以置信的神经可塑性，包括完全发育的大脑和成年人的大脑，甚至也包括受伤的大脑。这意味着大脑可以根据它所接收的输入信息和它经常参与的处理过程进行自我改良和重组。下面是一个简单的例子。古老的伦敦市拥有令人难以想象的复杂的城区地图。在这里，研究人员对公共汽车司机和出租车司机的大脑进行了比较。[37] 他们发现，出租车司机的海马体比公共汽车司机大得多。海马体是大脑中的一个重要区域，负责记忆和空间导航。这两个群体的工作基本相同，都是开车在市内行驶。原因何在？公共汽车司机只需要记忆和使用一条特定线路，出租车司机则需要把整个城市装在心里，在脑海中灵活地搜索每条新线路。显然，这些人并不是从小开始驾驶公共汽车和出租车的，他们这些大脑变化是最近发生的。

这项关于神经可塑性的研究已经发表了许多年，但是它还没有完全渗透到公众的意识中。我们仍然认为，我们的大脑已经"定型"。我们仍然相信，我们对情境的认知和情绪反应是不可改变的事实，是我们性格和身份的一部分，是我们需要应对或回避但无法改变的事情。在我的"注意力危机"期间，我之所以想到我可以改变大脑而不是我的整个人生，是因为迫不得已，因为这就是我选择的职业生涯。当你面对类似的危机时，自然的做法可能是想办法改变生活，以便更好地应对它，比如转换工作，放弃责任等。不过，对我来说，任何事情都是不可协商的。我已经走上了正确道路，正在做我喜欢的事情。我什么也不想改变，除了我在危机中的感受。作为神经科学家，我深知大脑拥有惊人的神经可塑性。像我多年前在医院做志愿者时遇到的截瘫患者戈登那样的脑损伤病例使我首次认识到了神经可塑性的无限可能。受伤后，大脑可以戏剧性地将它看似丧失的部分功能恢复过来。这需要时间、练习和坚持，但是是可能的。这件事告诉我，大脑可以改变。从损伤中恢复的下一步，是为已经恢复健康的人提供重复练习的机会，使他们通过重复优化部分功能。我们能否利用大脑的神经可塑性使大脑变得更加健康，更加适应我们这个时代的挑战？

我可以改变我的大脑——这一点我可以肯定。不过，我并不清楚改变的方法。

在我牙齿麻木的那个春天，著名神经科学家理查德（里奇）·戴维森［Richard(Richie)Davidson］恰好来到我们学校，在我们系发表演讲。今天，里奇在威斯康星大学麦迪逊分校领导着蒸蒸日上的心理健康中心，专注于冥想研究。不过，当他在 21 世纪初来到宾夕法尼亚大学时，他还没有详细介绍他近来对于冥想的研究。在演讲结尾，他在屏幕上并排展示了两张功能性磁共振大脑图像，其中一个人被诱导到了积极情绪中，另一个人被诱导到了消极情绪中。为获得这些图像，研究人员让参与者生动地回忆快乐或悲伤的时刻，让他们听快乐或忧伤的音乐，或者让他们观看具有不同情绪的电影片段，以激发他们的情绪反应。与此同时，巨大的磁共振成像仪嗡嗡作响，随着射频脉冲发出哔哔声，以捕捉大脑激活数据。

你在膝盖或脚踝受伤时可能会使用磁共振成像技术。它会提供静态解剖图片，即内部情况的快照。功能性磁共振成像则不同，它利用了大脑和血液在磁环境下的特性。当神经元被点亮时，它们需要更多含氧血液，而富含氧气的血液和不含氧气的血液拥有不同的磁力特征。功能性磁共振成像可以显示大脑不同时间不同区域含氧血液的持续流量。[38] 这意味着它可以间接跟踪每时每刻大脑中神经元最活跃的地方。里奇向我们展示的两张幻灯片上的图像拥有完全不同的活动模式，就像罗夏测试中相反的墨迹一样。消极大脑与积极大脑的运转是不同的。

在提问环节，我举起了手，问道："如何将消极大脑转变成积极大脑？"

里奇毫不犹豫地回答道："冥想。"

我无法相信他会说出这个字眼。这是脑科学讲座，他怎么会提到冥想？这很奇怪，就好像在一群天体物理学家面前提及占星术一样。冥想不是一个值得科学探索的话题！没有人会认真对待这一话题。而且，我的怀疑还有一些个人原因。

在我成长过程中，我的父亲一直坚持冥想。我还记得，当我一大早睡眼惺忪地走进父母的卧室时，我看到已经沐浴更衣的父亲手持念珠，紧闭双眼，像雕塑一样一动不动。虽然我不会经常返回我出生的那座印度城市，但是在十岁左右的那个夏天，我们回到了印度。那一年，我们家最重要的一件事是为某个亲戚举行印度教仪式，这个亲戚是和我一样年纪的男孩。仪式期间，祭司在他耳边轻轻说了什么。我后来了解到，祭司说的是很特别的咒语，是一小段古代梵语。男孩需要用念珠上的108颗珠子每天专心地将咒语默默重复108次。

我很感兴趣。这就像是被邀请进入非常重要的神秘成人俱乐部一样。我问母亲那段咒语是什么，我什么时候能得到我的咒语。此时，母亲把坏消息告诉了我：我无法获得提供给所有男孩的咒语……因为我是女孩。在印度教传统中，只有男孩才能获得这种仪式，只有男孩才能获得咒语。这使我的母亲很不满，因为她一直想让女儿获得公平对待，但这是文化现实。

这就是我的故事。我与冥想的缘分结束了。如果冥想不接受我，我也不会接受它。我把这段经历收起来，封装好，将它连同关于性别角色的其他过时的态度以及令我受伤的其他所有古老的传统尘封在我的脑海中。我不会学习烹饪印度菜肴，不会成为完美的印度妻子。我当然也不会冥想。所以，当里奇·戴维森在那个学期说出冥想一词时，我身上的各种角色都在抗拒他的观点，包括科学家角色、教授角色以及被家庭传统拒之门外的愤怒小女孩的角色。我没有理会里奇的说法，但它不断闪现在我的脑海中。

与此同时，在实验室，我们正在寻找改善注意力、情绪和表现的新途径。我们尝试了许多事情，包括使用各种设备、大脑训练游戏以及情绪诱导等策略。在一项研究中，我们考察了被许多学生称为"学业成功法宝"的新设备。据说，它可以使人感到更加专注。这是一款小型手持设备，与耳机和眼镜相连。打开设备时，使用者可以看到闪烁的灯光，听到舒缓的声音。你不需要做任何事，只需要被动地倾听声音，观看灯光。这款设备非常流行。在一个热衷于科技产品的亚洲国家，人们正在为孩子购买这款产品。大学生表示，使用这款产品是他们通过全国联考的唯一原因。制造商宣称：它可以提升专注度，改善记忆，降低压力。那么，事实的确如此吗？

尝试过这款产品的人说的确如此。不过，我们不需要听信他们的话。我和我的团队可以在实验室进行测试，找出明确的答案。

我们开展了一项最基本的注意力研究，然后又进行了一项研究，以确保万无一失。在两项研究中，我们为参与者提供了计算机测试，以评估他们的注意力，然后让他们带着这款设备回家，告诉他们在两周时间里每天使用 30 分钟。当参与者回来重新接受测试时，我们发现，这款设备对其注意力表现的影响是零。他们没有发生改变，甚至没有丝毫的改变趋势。

我们还进行了其他尝试，但结果也不是很好。在 21 世纪最初几年，大部分大脑训练游戏似乎都没有效果。我所说的"没有效果"指的是科学界没有形成稳定的共识。除了使游戏者更加擅长特定游戏之外，大多数此类游戏似乎不会带来任何益处。[39]在练习两个星期后，你当然可能在这个游戏上获得更高的分数，但你无法在另一款同样需要注意力的游戏中取得更好的表现。任何益处都是暂时的，或者只限于特定游戏环境，无法迁移到其他领域，也无法持续。原因何在？关于大脑训练的应用程序甚至被动传感设备的研究数量正在稳步增长，人们还在对这一主题进行激烈辩论。不过，我的强烈直觉是，它们只要求你以某种方式使用注意力，没有训练另一件非常重要的事情，那就是对于注意力每时每刻所在位置的感知。

我们尝试了许多新事物。也许，是时候尝试一些老办法了。

在听了里奇·戴维森的演讲后不久，我买了一本书，叫作《初学者的冥想书》（*Meditation for Beginners*），作者杰克·康菲尔德（Jack Kornfield）常年任教，写过一些正念图书。书中附有光盘，可以指导读者练习冥想。第一次播放光盘时，我的期待并不高。我之前从未参加过任何指导课程，并不认为它真的适合我。不过，这和我之前想象的冥想完全不同。我很喜欢康菲尔德的声音和风格，以及他不断引导我关注呼吸、注意走神现象的解说。这里没有特殊咒语，没有颂歌，没有我担心会出现的扭曲身体和想象能量的指导。奇妙的是，康菲尔德似乎了解我的思想！他预测说，我的思想会游荡、抵制、反抗、批评和厌倦。他的建议是：当你注意到你"正在进行思考时，只需要把注意力重新放在呼吸上"。这种练习既不过度认真，也没有宗教属性。相反，它是普通、脚踏实地、实事求是的。

"冥想"是人类活动的一个大类。它是一个笼统的称谓，就像"运动"一样。如果有人问你有什么爱好，你不会只说"我喜欢体育运动"。你会说，你喜欢打网球、打篮球，或者玩极限飞盘。当然，它们都需要一般性的身体训练，但你还需要为你选择的特定项目培养专门的运动技能和能力。体操训练与曲棍球训练是不同的。冥想也是类似的。你需要进行一系列特定的练习，以培养特定的头脑素质。在人类历史上，世界各地的智慧传统提出了许多冥想形式，有哲学冥想、宗教冥想和灵性冥想。具体的练习方法（"头脑体操"）取决于你所选择的特定冥想类型，比如超觉冥想、慈悲冥想、正念冥想等。例如，在超觉冥想中，你的目标是实现"超越"状态，与某种比你更加宏大的事物相联系；而在慈悲冥想中，你需要培养对于他人苦难的关心，致力于减少这种苦难。我所阅读的康菲尔德的书关注的是正念冥想，即将注意力固定在当前时刻，不加"编辑"地体验当下，即不去想象正在发生和将要发生的事情。

接下来的一个月，我每天练习，每个星期增加几分钟时间，最终可以每天练习 20 分钟。我开始感到口腔知觉的逐渐恢复，我的下巴不再持续疼痛，我的牙齿又有感觉了，我可以轻松地谈话了，这使我非常欣慰。接着，我注意到，我又可以看到丈夫的脸了。我指的是真正看到他，注意到他的表情，迅速意识到他的感受以及他想表达的意思。我也可以看到我的儿子了。我感到，我可以几乎毫不费力地与他们建立非常紧密的联系。在工作上，我感到更加专注，更加高效。我感到，我拥有高度清晰的意识，而且我与我的身体和生活绑定在一起。之前我都把心思放在了哪里？

我的生活没有发生其他变化。我仍然拥有高要求的工作，仍然需要撰写经费申请书，教课，辅导学生，管理实验室，与同事辩论，每天晚上给儿子阅读关于乌姆普的睡前故事（当我留意时，我发现乌姆普更像是骆驼和驴的杂交品种，而不是豚鼠）。不过，某些事情发生了改变。我的感觉完全不同了。我的注意力重新回到了我的身体里，回到了我的头脑里，回到了我的环境中。我感到精力充沛，状态良好，相信我可以面对工作，克服挑战。我感到生机勃勃，充满力量。

我对于这种改变感到很好奇。通过冥想练习，我的感觉在短短一两个月内发生了巨大变化。我似乎是奇迹般地获得了这种更加良好的感觉。不过，我知道，这不是奇迹。我的注意力系统发生了某种变化，我需要弄清这种变化。我非常熟悉注意力脑科学，但我还没有在科学文献中读到过它与正念练习之间的联系。我想，我需要把这项工作带进实验室。

正念效果实测

我知道，设计真正的科学实验与我在自己身上进行的颇具成效的小型实验区别很大。在个人实验中，我每天进行正念练习，以"测试"自己是否感觉更好，更清晰，更敏锐。而我所要进行的科学实验与我的个人感觉没有任何关系。我需要采用严格的方法，确定陌生人的客观表现是否发生了改善。在开展注意力科学实验时，我们首先要从涉及详细参数和控制条件的具体问题着手。在提出具体研究问题之前，我们首先需要知道，为了能追踪到正念对于客观指标的影响，我们需要让实验者花费多少时间进行正念练习。几个小时？几天？几个星期？

我决定，最好的办法是从大处着手。

科罗拉多州丹佛市郊的香巴拉山中心被银色与绿色的白杨和白桦、冰蓝色的西部天空和尖利的落基山紫色山脊围绕。这里是真正意义上的隐修场所，与外部世界相阻隔，与生活俗事相阻隔，甚至没有手机信号。对我们来说，最重要的是，这里会举行持续一个月的高强度冥想隐修，参与者每天 12 小时参加各种正念活动，其中大部分时间用于正式冥想。如果我们真的能看到正念练习对于实验室里的注意力指标的影响，我们就会在这里看到；如果在这里也看不到，那么这种影响很可能并不存在。

我的研究团队带着装满笔记本电脑的手提箱飞往丹佛，每个笔记本电脑里都装有我们在实验室里使用的注意力测试题目。我们在隐修中心入口支起一张桌子，并在访客到来时分发传单，征集志愿者。传单上写着："欢迎参加注意力和正念冥想研究！"许多人兴奋起来，他们对此很感兴趣，其中大部分人已经冥想多年。第二天上午，在隐修开始前，志愿者以五人一组的形式赶了过来，他们坐在笔记本电脑前，接受一系列测试。这些测试的目的是收集数据，以了解他们的起始状况，即他们在注意力功能方面的"正常水平"，为研究提供基准。

其中一项测试叫作持续注意反应任务。这项测试是在 20 世纪 90 年代末被提出的。顾名思义，它用于测试一个人维持注意力的能力。下面是测试方法：参与者坐在计算机屏幕前，屏幕上出现一个数字，持续半秒钟，然后消失；半秒钟后，屏幕上出现另一个数字，然后消失。这种模式持续 20 分钟。参与者的任务是在出现数字时按下空格键，除非数字是 3。如果是 3，则不要按键。根据设计，数字 3 的出现频率是 5%——不是很高。

这项测试需要使用所有三种注意力子系统。你需要"定向"注意力，关注屏幕上出现的每个数字。你需要对数字 3 保持"警觉"。你还需要使用"执行注意力"，以确保你的行为符合要求，只在你应该跳过的时候跳过。这很简单。

也许很简单，但是并不容易。大多数人的表现很糟糕。为什么？是不是数字闪动得太快了，使他们很难看清？不是。半秒钟的时间足以供大脑对视觉信息进行处理。也许他们的视线离开了屏幕？我们做了检查。我们在参与者眼睛周围安装电极，以跟踪他们的眼球运动，发现参与者可以很好地把视线保持在屏幕上。我们真正了解到的是，虽然他们眼睛看着屏幕，但他们的注意力不在屏幕上。他们处于自动驾驶模式，不管出现什么数字都会按下空格键。他们的注意力手电筒指向了别处，泛光灯处于离线状态，杂耍演员也掉球了。

正是出于这个原因，我选择了持续注意反应任务。在深入研究哪个注意力子系统得到加强之前，我想知道正念培训能否最大限度地弥补所有子系统都存在的基本弱点，即注意力劫持。

为期一个月的隐修能否加强注意力，使其专注于眼前的任务？为了找到答案，我需要一项可以用到所有注意力类型且可以用分心、无聊和走神挑战注意力的测试。持续注意反应任务是完美之选。

在后续测试中，我们会询问更加具体的问题，将各个注意力子系统区分开来，比如研究正念训练对泛光灯的改善效果是否强于对手电筒的。随后的研究证实了这一点。

科罗拉多深山中的研究参与者完成了最初的测试，并在接下来的四个星期里沉浸在正念中，用心地生活，并在每天大部分非睡眠时间里进行正规的正念练习。（我在数月后进行了简短版的类似隐修，对它的最佳描述应该是"大脑版军训"——这种训练强度很高！）从早上起床到晚上睡觉，他们要不断进行每节 30～55 分钟的静默练习。他们就连吃饭时也要保持静默，主办者还会告诉隐修者如何在吃饭时继续练习。一个月后，我们会回到这里，再次进行持续注意反应测试，看看情况是否有所改变。这有点像为鱼儿做好标记，然后放回大海——他们会跟随群体中的其他成员在隐修环境下的冥想大海中游泳。

与此同时，我们还对一群非冥想者进行了两次持续注意反应测试，间隔也是一个月。当我们一个月后回到科罗拉多"拦截"那些即将离开的资深冥想者时，我们发现，他们的注意力得到了改善。他们在隐修后的表现要好得多。隐修前，参与者在不应该按键时按键的比例大约是 40%，这是他们的起点。非冥想者的犯错比例也是 40%，他们在一个月后的测试成绩并没有发生改变。不过，冥想者在隐修之后错误按下空格键的比例下降到了 30%。[40] 所以，他们整体上改善了 10%。

如果你觉得 10% 听上去并不多，或者错过数字 3 听上去无关紧要，那么请考虑现实世界中的类似场景。持续注意反应任务的其中一个版本是用实弹模拟进行的。[41] 这意味着闪现在屏幕上的不是数字 3，而是虚拟的人肉标靶；被试者不是按下空格键，而是用模拟武器开枪。不过，在"实弹"版本的持续注意反应任务中，参与者的表现并没有太大区别。他们经常在不应该开枪的时候开枪。我对此深感震惊，因为这意味着注意力及其改善在现实世界中生死攸关。

我们深受鼓舞，因此又深入研究了正念训练对于注意力子系统的影响。[42] 我们开展了注意力网络测试，以考察手电筒、泛光灯和杂耍演员对正念的反应。我们发现，冥想者拥有更好的杂耍演员。在开始隐修前，隐修参与者就已经拥有了更好的执行注意力。隐修后，他们的警惕性提高了——他们的泛光灯可以迅速探测到新信息。

我们还向校园里的医学和护理学生提供了相同的测试。我们发现，在参与了全球 750 多家医疗中心提供的那种八个星期的正念减压课程后，他们的"定向"能力有所进步。他们可以更好地把握手电筒。

在我的个人经历中，在我开始正念训练的最初几天，我最先注意到的现象之一是：我感觉更糟糕了。 当我把儿子留在日托并离开时，我注意到了腹部的下坠感。与随之而来的焦虑和悲伤类似，这种下坠感会持续几个小时。我注意到紧绷的下颌出现隐隐约约的疼痛，它常常与整个工作日各种要求给我带来的压迫感同时出现。在我从实验室回到家很久以后，我的思绪还在继续旋转。这些现象当然一直存在，但现在似乎加重了，因为我在关注它们。

　　接着，由于我对身体感受和同时出现的负面思想的意识加强了，我逐渐开始提前捕捉这种思想。我可以注意到它，承认它，任它自行消失。这种与头脑的交流为我带来了更强的控制感。我开始意识到身体的紧绷和注意力的漂移，而不是不断感觉自己遭到痛苦思想与情绪的劫持和绑架。很快，我开始感觉到，如果愿意，我可以改变自己的思维方向。我可以跳出负面思维循环，而不是深陷其中——就像陷在瀑布底部的水花里一样。

　　现在，这些最初的研究数据似乎证实了我的经验，即正念冥想可以切实改变注意力（"大脑的老板"）的行为方式，而我们迄今研究过的其他方法都做不到这一点。不过，我们还需要切实证明这一结论。

正念真的是秘密武器吗

　　在四个星期的时间里，我们每星期都有四天将结束负重训练的迈阿密大学橄榄球队截住。[43]我的实验室助理向他们分发带有耳机的苹果音乐播放器（当时，苹果音乐播放器仍然很流行）。我的同事斯科特·罗杰斯（Scott Rogers）舒缓而坚定的12分钟录音可以指导球员进行正念练习或者放松练习。球员在不知情的情况下被分成两个小组，一组接受正念训练，另一组接受放松训练。在不经意的旁观者看来，两个小组同时进行的练习非常相似。例如，他们只是躺在地板上的垫子上，闭着眼睛。实际上，他们的注意力在接受完全不同的指导。正念小组的练习会磨炼他们的注意力，使之处于观察的姿态，比如呼吸感知和身体扫描（我很快就会带你进行这些练习）；而放松小组则用注意力操纵思想，指导肌肉运动，就像渐进式肌肉放松练习一样。随后，在结构化训练环节之外，我们让所有参与者将相同的练习录音下载到智能手机上，用于在每个星期我们看不到他们的那几天指导他们独自练习。

我们没有设置常常存在于科学研究中的无训练对照组——所有人都参与了训练。这些橄榄球员正处在季前训练阶段，这是一段非常重要的高压时期。训练结束后，所有人都会前往训练营。在那里，他们的表现将决定他们整个赛季甚至职业生涯的轨迹。总教练知道，任何没有接受某种训练的人都会处于不利地位，因此他坚持要求所有人接受训练。这使测试结果变得更加有力，因为它提出了一个迫切的问题：如果正念训练有帮助，它是否比放松训练或者其他事情更有帮助？

我们知道，在科罗拉多隐修的资深冥想者以及我们在校园里训练的医学和护理学生出现了明显进步。我们现在需要弄清，正念是不是起到帮助作用的关键因素？放松练习能否产生同样的效果？

我们的预期是，参与者的注意力在季前阶段会下降。根据我们之前对于注意力和高要求阶段的观察结果，每个人的注意力都会下降，[44] 包括学生、军人、精英运动员和其他人。所以，我们想知道的是，正念训练和放松能否帮助他们延缓注意力的下降？

实验结果是，两种训练在一些方面都有所帮助，比如情绪健康。不过，在注意力方面，两个小组存在差异，而且坚持每星期至少练习五天的人差异最大。

正念组的注意能力没有下降，而是保持稳定。正念训练的确"保护"了他们的注意力，尽管他们正处在高要求阶段。

而放松组的注意力变差了。

我绝对不是在说"不要放松"。我是在说，通过放松解决注意力下降问题是没有用的，因为它并没有真正消除注意力下降的原因。科学研究也证明了这一点。

就像前面讨论的那样，一些策略虽然在许多情况下有利，但在注意力紧缺的高要求阶段反而会使情况变得更加糟糕。还记得"不要去想北极熊"吗？我们听到的常见建议是抑制，即现在不要去想某件事情（而去设想某件积极的事情）。新的注意力科学说："不，你应该接纳和允许。"抑制会产生反作用，它会使相关内容在你的工作记忆里停留更长时间，因为你需要主动提醒自己不断抑制。关于正念实践的许多研究显示，如果你接纳和允许，而不是抵制[45]（我们会在接下来的几章学习如何做到这一点），紧张的内容就会消失。

我们知道了，正念练习是训练注意力的关键。下一个问题是：它的有效性如何？即：它能否在受控的大学环境和宁静的隐修地点以外为我们提供帮助？它能否在极端压力、时间压力和很高的要求下提供帮助？我们已经在理想条件下对正念进行了测试，其他条件呢？换句话说，现实生活呢？

压力下的正念

在实验室里，我们开始考虑压力等不利条件对注意力的影响，这种影响似乎可以有许多形式。其中，一个共同因素是：

压力会使你的注意力游离于当前时刻以外。

头脑时间旅行会使我们脱离当前时刻，同时独占我们所有的注意力。注意力劫持现象的普遍存在使我想到，训练头脑停留在当前时刻也许是注意力训练缺少的重要一环——是我们尝试过的各种设备、大脑训练应用程序和其他方法忽略的催化剂。为了弄清我是否取得了重要发现，我们把目光投向了压力最大、要求最高的群体之一：军人。

当飞机在西棕榈滩上空盘旋，等待降落时，我抓紧了扶手。我很紧张，但我并不惧怕飞行。我即将与一支海军预备队的领导者见面。我和我的同事正在兜售一项专门面向军队的正念训练试点研究。我们的联系人是海军预备队的两位上尉，他们初步同意让我们开展研究，冒着风险允许我们来对海军士兵进行正念冥想培训。他们是军人。正念冥想并不是他们擅长的事情。

科罗拉多隐修中心的研究得到了充满希望的结果。参与者有所进步，这意味着正念在理想情况下可以加强注意力。那么，不太理想的情况呢？如果不是在平静偏僻的地点进行整整一个月的高强度连续冥想，结果如何呢？在宁静的深山里隐修听上去不错，但我们大多数人需要在日常生活中、在压力下、在同时面对许多任务时加强注意力。而且，每天冥想12小时对于大多数人来说都是不现实的。正念能否为我们这些人提供帮助？

当我们在实验室里思考这些问题时，我接到了另一所大学的安全学教授打来的电话。她是退伍军人，在亲身经历了部队部署的困难之后转向了正念，希望向其他军人提供这种培训。她没有神经科学和实验研究背景，因此正在寻找研究合作者。里奇·戴维森在宾夕法尼亚大学发表演讲后一直和我保持联系，他建议这位教授找我试一试。

我很感兴趣，开始浏览关于注意力和军事部署的现有研究报告。我立刻投身到这项工作中。坦率地说，我很担忧。军人需要持续应对要求极高的局面，这显然造成了负面影响。在出征前，军人需要接受高强度训练，每天全天在性命攸关的模拟场景中行动。接着，他们需要部署到性命攸关的真实场景中。我们之前讨论的降低注意力的强大力量是军人每天都在面对的事情。此外，还有其他降低注意力的因素，比如睡眠障碍、不确定性、极端温度和死亡提醒（想到自己的死亡）。更糟糕的是，那是"9·11"事件之后美军在伊拉克增兵的时代。那是2007年，美国已在海外进行了六年战争。各部队正在进行背靠背的海外部署。军人自杀和出现创伤后应激障碍（PTSD）的比例正在攀升。在巨大的压力下，战士们陷入了心理障碍的怪圈。而且，许多人受到了精神损伤。当他们对环境做出的反应中出现违反道德准则的行为时，他们需要与悔恨、自责和内疚做斗争。

对于与军队合作，我是否产生过犹豫？当然。我认真想了很久。这些战士遇到的许多问题源于战争。不参战不是更好吗？

不参战当然更好。不过，从根本上说，这个问题与其他人在个人生活中面对压力时应该采取的行为是类似的：我们应该改变生活，还是我们的头脑？我本人无法改变世界，停止战争。不过，我也许可以帮助那些执行军事任务的人更好地应对巨大压力，避免注意力下降，更有效地管理情绪，让他们即使身在战争迷雾之中也能将道德准则保持在头脑中最重要的位置上。

最后，我们可以从这个群体中获得许多信息。正念能否帮助人们在世界上最紧张、压力最大、时间最紧迫的局面下维持注意力？它能否帮助那些被要求去做某项工作并因此受到伤害的人？如果可以，那么它大概也可以帮助其他人。我们能否将正念从深山搬到战壕里呢？让我们拭目以待。

对军队的正念研究

当我和贾森·斯皮塔莱塔（Jason Spitaletta）走进佛罗里达州西棕榈滩的海军陆战队预备队中心时，他对我说了上面这句话。斯皮塔莱塔很和善。他微笑着和我握手，愉快地告诉我，我们的研究大概不会有好结果。他说，海军陆战队根本不会支持这种事情。他们不会把时间花在正念上——"正念"听上去太柔和了。（这是 2007 年。当时，正念还是一种非常新鲜的事物。）

不过，斯皮塔莱塔上尉和他在预备队基地的同事已经同意支持这项研究了。他的同事就是第 2 章介绍过的杰夫·戴维斯上尉。这是我第一次和他见面，我不知道结果如何。当我几个月前在电话里和戴维斯交谈时，他似乎存在疑虑，但他很开放，承认他们需要尝试新事物。

斯皮塔莱塔和戴维斯留着锅盖头，看上去与我对海军陆战队员的想象完全相同。我承认，我在那一刻感到了认知失调。我很难想象这两个身穿沙漠迷彩服的壮实硬汉坐下来冥想的样子。如果连我都难以想象，那么军队领导层产生疑虑也就不足为奇了。此时，我们的研究还处于初期，并没有将正念冥想作为"认知训练"的先例。我们需要将其付诸实践，然后观察结果。我的主要目标是为强有力的实验设置条件：提出合适的问题，选择足够敏感、可以探测到注意力细微变化的评价指标。凭借精心规划和运气，我们会得到明确的答案。

与戴维斯和斯皮塔莱塔合作是幸运的。虽然他们是海军预备队上尉，但他们完全可以在我的实验室里读研究生。在谈话时，我发现他们非常聪明且充满好奇心，对神经科学和实验研究很着迷。我可以感觉到他们充满同情心的领导力——他们真的很关心海军陆战队员，希望帮助他们。他们即将带领这些队员进入艰难、复杂、危险的环境。家中尚有幼子的戴维斯即将开启第四次背靠背的出征。这都是不利因素啊！

他在电话中说，他们需要尝试新事物，这是事实。我们都需要尝试新事物。

在校园里，在我们的实验室里，当研究志愿者接受注意力测试时，我们会向他们呈现令人不安的图像，以模拟高压局面。在这里，在海军陆战队预备队中心，我们的实验参与者即将面对的不是实验室里的图像，而是强烈的现实压力。这不是宁静的隐修中心。正念能否在这里发挥作用？

我和我的团队设置好笔记本电脑，为海军陆战队员布置了各种认知任务。我们还测试了他们的情绪和压力水平。接着，在随后八个星期的出征前训练中，他们参加了一个为期 24 小时的项目，这个项目是模仿成熟的正念减压技术设计的，曾在医学环境下接受过测试，而且专门为军人群体做了背景调整。这些军人在引导下进行一组基本练习，包括关注呼吸、扫描身体等，以便以"不评判"的方式将注意力引导到当前时刻。我们知道，我们需要以军人群体能够理解的方式训练他们，使他们能够接受。

他们的家庭作业是：每天进行 30 分钟正念练习。

八个星期后，我们回到这里，再次对他们进行测试。一些人在几天时间里每天进行了 30 分钟的正念练习，但大多数人的练习时间远远没有这么多。他们的练习情况五花八门。现场数据常常如此，参与者之间的波动性很大。这与结束隐修的冥想者区别很大。为绘制结果图像，我们将参与者分为两个小组。"强练习"小组平均每天练习 12 分钟左右，"弱练习"小组的练习时间则要少得多。结果是，在注意力、工作记忆和情绪方面，弱练习小组在八个星期时间里的表现越来越差，而强练习小组则保持稳定。培训期结束时，同弱练习小组和无练习对照组相比，强练习小组表现得更好，而且感觉更好。我们在之前的研究中发现的现象在更高的要求下依然成立，即正念的确可以稳定注意力。

在这个研究阶段结束后，海军陆战队员出征了。当他们返回时，我们再次对他们进行测试。和之前一样，结果最初看上去很混乱，任何一项指标都没有取得统计显著性。我们的样本太小了，一些人退出了研究，离开了军队，或者调到了新岗位。许多人在出征期间停止了训练。

不过，有一个模式很明显。在观察出征前被分入弱练习组的队员时，我们发现，一部分参与者的表现比出发前还要好。这一结果与之前的数据相矛盾，而且说不通——为什么他们表现得这么好？毕竟，在出征前，和其他人相比，他们的练习就已经很少了。

我给设计和提供培训的同事打电话，试图查明真相。她也无法解释——直到我说出弱练习组参与者的名字。她的记忆被唤醒了。原来，他们曾经从伊拉克给她发电子邮件，比如"出征前接受你培训的伙伴整晚都能熟睡，请帮助我实现他那种状态"。他们开始在培训师的远程指导下参与正念练习。

可以说，这个弱练习小组将自己转变成了强练习小组。在出征伊拉克期间，在我只能通过想象猜测的变化无常的时间安排和要求很高的环境下，他们主动加强了正念练习，因为他们清晰地看到了正念练习的效果。

这项研究是我们第一次尝试在军事环境下提供正念培训，它看上去充满希望，但它并没有取得惊人的结果。实验规模很小，数据也不稳定。虽然结果并不突出，但它的意义是巨大的。首先，高要求群体可以通过基于正念的培训来保护注意力。其次，这并不属于那种"任何程度的培训都有帮助"的范畴。要想获益，你必须定期练习。

我们为了开启这项研究经历的所有困难都是值得的。我们已经拿到了活生生的证据，证明正念训练创造了一种"头脑盔甲"，可以在世界上压力最大的场景中有效保护个体的注意力资源。

开始正念注意力训练

想象一个需要运用体力的时刻。比如，你想帮朋友移动家具。你伸手去搬沉重的沙发，发现你无法完成这项任务。然后……你趴在地板上，开始做俯卧撑，以获得你所需的力量。

听上去是不是很愚蠢？不过，在面对认知挑战时，许多人每天都在做同样的事情。我们不是设置训练计划，使之成为习惯，每天做一点练习，以增进个人能力，而是在遇到压力或危机时趴在地上，试图做一两个"头脑俯卧撑"，并且一直相信这是有帮助的，可以让我们站起来，"举起沙发"。然而，我们只会变得更加疲惫。

我们需要现在开始训练，这不仅是为了应对我们当前可能面对的高要求，也是为了应对我们未来将要面对的要求。

好消息是，你可以从小处着手。而且，你可以立刻开始。实际上，你已经开始了。此刻，你正在走上训练注意力的道路。你知道你的力量（注意力的力量），你知道你的敌人（主要的不利条件，比如压力、不良情绪和威胁，以及它们如此具有破坏性的原因）。我们接下来将要谈论大脑内在的走神方式和原因，以及我们的应对办法。实际上，注意力问题不能完全归咎于外部压力源，比如我们在前文讨论的压力源。我们很容易将困难的环境看作主要挑战。我们觉得，只要消除这些环境，问题就解决了。

不过，归根结底，降低注意力的因素是内心环境（我有时称之为"头脑环境"）中的杂草，它们与不利的外部因素关系不大，而与注意力的工作方式具有更加密切的关系。如果你拔掉这些杂草（摆脱压力源和"威胁"），它们又会长出来。在周末的温泉度假或深海钓鱼之旅期间，你的头脑环境中可能没有长出任何杂草，但这并不意味着它们不会在你回归正常生活之后重新出现。实际上，期待下次愉快假期的愿望本身可能就是一种杂草，它会使你在周一面对另一种痛苦。

在我的注意力危机期间，我发现，我并不了解自己的头脑环境。我当然在苏格拉底的意义上认识我自己，了解我的性格、价值观和爱好。然而，我既不知道也不重视我的头脑中每时每刻发生的事情。我的注意力此刻在哪里？现在占据我头脑的思想、情绪和记忆是什么？哪些故事、假设和思维模式正在展开？

我之前一直认为，我是一个以行动为导向、专注于结果、具有竞争力的实干家，拥有很高的目标和奋发努力的优势。不过，当我开始正念之旅时，我所了解到的事情使我感到吃惊。**我第一次体验到了与头脑交流的感觉，第一次了解了我的头脑环境。这一次，我头脑中想的不再是奋发努力、更好更快地思考、做更多事情，而是存在一是接受，是好奇，是体验生活中的时刻。**之前，我一直认为，我可以通过思考解决我所面对的任何难题。我想，大多数人都持有同样的观点，即学习某样东西、评估某种局面或管理某种危机的唯一和最佳途径就是把事情想清楚，把谜题解开，用逻辑解决问题，然后采取某种行动。心理学家称之为"推论思维"，即判断、规划、制定策略等。我们并不知道其他方法。事实上，思考和行动本身是不够的。

注意力科学强调行动。这是因为，在我们看来，我们最初之所以进化出注意力系统，就是为了对信息处理进行限制，滤除不相关的噪声，以便专注于某项任务，完成重要目标。换句话说，我们需要通过注意力去行动，与世界交流。这种狭隘的研究关注点也是我在为注意力危机寻找答案时一无所获的原因。虽然它最初使我感到沮丧，但它也促使我研究了另一种注意模式，这是一种接纳模式，涉及注意、观察和存在。

笛卡尔得出了"我思故我在"的结论，以解决他的存在焦虑。不过，大多数人由于思考变得更加焦虑，即"我思故我分心"。我们大家长期对思考和行动上瘾。所以，大多数人并不容易转换到存在模式。这需要训练。关于这种新的注意力科学，越来越多的文献表明，通过训练，我们的思考和行动可以变得更加有效和有意义。

巅峰头脑是不将思考和行动置于存在之上的头脑。它精通两种注意模式，它专注而包容。凭借这种平衡，我们可以克服和摆脱注意力挑战。这样一来，我们就可以赢得不公平的战斗。

前面说过，戴维斯上尉曾在佛罗里达大桥上遭遇注意力危机。最近，他遭遇了另一种完全不同的危机。

48岁那年，他在乘坐优步汽车时突发心脏病。当他向我讲述这件事时，他说，他在十多年前参与我们的研究时开启的正念训练派上了用场。他没有陷入恐慌，而是迅速观察并评估了形势，然后开始行动。他意识到，他是一个正在乘车并且需要紧急医疗护理的人。他专注而镇静，指导优步司机把车停下来。他亲自拨打急救电话，甚至可以在看到救护车驶来时示意对方停车。他看上去完全不像一个生命正在遭受威胁的人，救护车司机甚至不想理睬他，说："不，不，我要找一个突发心脏病的人！"虽然戴维斯的身体陷入危机之中，但他的注意力敏锐而集中。他仍然可以使用他的巅峰头脑。

当戴维斯上尉向我讲述这个故事时，我对于他的平安无事感到非常欣慰。而且，他的注意力发生的转变也使我感到吃惊。他的注意力系统之前非常糟糕，几乎让他从大桥上开着车子翻下去。现在，他的注意力系统已经转变成了敏锐的领导者、向导和盟友，挽救了他的生命。

现在，你已经拥有了改善注意力所需的一切知识。你知道了我们对正念进行初步研究后知道的事情：

注意力很强大。

注意力很脆弱。

注意力是可以训练的。

现在，在训练一开始，我们要从一项重要的基本技能入手：如何在花花世界里集中注意力。

第 4 章

聚焦：找到注意力焦点

最近，在前往加利福尼亚的旅途中，我飞到圣何塞，然后租了一辆汽车，往南行驶。亮蓝色的天空非常清新，驱散了我的时差反应。公路有四条车道，非常开阔，几乎没有其他车辆，我的注意力也很开放。我以平稳的速度行驶，产生了各种想法……我在头脑中为我正在撰写的论文打草稿，思考新实验的想法，在脑中过了一下晚上给孩子打电话时需要问的问题。当我扫视从混凝土隔音墙上方露出头来、与迈阿密家乡风景完全不同的高高的常青树时，我随着音乐唱起了歌。我的头脑像水中的游鱼一样，在各种思想潮流之间迅速切换，从这种思想跳到下一种思想，然后再跳回来。这没有任何问题——直到我进入17号公路。这是一条狭窄而曲折的道路，常常很危险。它在丘陵间蜿蜒前行，通往太平洋沿岸的圣克鲁兹。天空似乎突然被一片云遮住了。我的车子被雾气包围，雨开始倾盆而下，柏油路面开始打滑，车流量也变大了。道路缩减成了双车道，一个司机插到了我前面。在某个地点，泥石流冲到了路面上。我的思维随着道路变窄，缩减到了一个专注的目标上：活着抵达目的地！不过，忧虑潜入了我的内心，接着是对于忧虑的忧虑。我知道这对我不利。我需要将所有认知力量集中到前方的道路上。我需要专注。

显然，我并没有被17号公路的泥石流和冒失的司机难住，否则我现在就不会和你说话了。这段故事的意义在于，有时，你需要把握住注意力的手电筒，使其对准你所需要看向的地方，并且坚持住。其他时候，你的注意力会分散，会到处游荡，偶尔会集中到头脑中的某件事情上。不管怎样，你的手电筒都会受到影响。到目前为止，大多数人都没有特别意识到这一点，而且没有能力加以控制。

手电筒代表了你从所有外部信息中选择部分信息的能力。当你关注任何一件事情时，你所选择的信息会得到更好的处理，其质量高于周围的一切信息。还记得头脑内部的"战争"吗？当注意力指向某件事情时，不管是地点、人物还是事物，为其编码的神经元都会暂时获得对于大脑活动的影响力。关注一件事情会增加它的"亮度"，同时降低与当前目标无关的信息的"亮度"。没有这种能力，我们常常会发呆，陷入混乱，不知所措。

我们很少注意到注意力根据情况和环境要求从狭窄到宽泛的形态变化。不过，我敢打赌，你会注意到，你的手电筒的指示方向有时和你希望的不一样。此时，你需要专注于重要的事情，但很难专心。其他思想、强烈情绪和个人思虑可能会把你拉走。讽刺的是，需要专注于任务和要求的压力与紧张感也许正是导致你分心的原因。此时，你可能会试着以无效方式缓和情绪，转移注意力，这会使你陷入无意识的随想之中，更加难以完成任务。如果你曾为找回注意力而进行过抗争，你并不是特例。最近一项关于工作场所中社交媒体使用情况的调查发现，56% 的员工称，虽然社交媒体是一种"精神放松"，但它会使他们的注意力偏离需要完成的工作。[46]

我们知道，我们很难让注意力保持在手头的工作上。你在一天中有多少次抬起头，意识到你的思绪不在眼前的工作上？这很令人沮丧。你知道，注意力不集中的后果很严重，比如错过截止时间，没有注意到汽车正在向你靠近，或者更严重的事情。不过，你似乎根本无法将注意力保持在你需要它在的地方。

你的注意力手电筒有多稳定

在迈阿密大学，我们对大学生进行了一项研究。[47] 我们邀请他们进入实验室，坐在一台计算机前，静静阅读一本心理学教材的章节。屏幕上每次只显示一句话，大部分文本是按顺序显示的。不过，我们会抛出一些完全脱离上下文的句子。这种句子出现的频率很低，只有 5% 左右。不过，如果你在专心阅读，你就会明显看出这些句子的位置不对。参与者的任务很简单：在读完每句话时按下空格键，以阅读下一句话。如果某句话与段落上下文不符，按下上档键。"我喜欢吃橘子"——如果你在我们的实验室里进行这项实验，那么当你读到这句话时，你就会按下上档键。

我们鼓励参与者专心阅读，并且给了他们明确的激励：实验结尾会有一项测试，成绩计入学分。

他们的表现如何？一点也不好。他们错过了大部分与上下文脱节的句子。自然，他们错过的句子越多，他们在随后测验中的表现就越差——他们显然没有记住教材内容。

你可能会抗议说，这项实验太难了。你会说，教材非常枯燥难懂，而在 20 分钟里频繁按下空格键听上去又太无聊了。也许吧。不过，其他一些更加简单的实验发现了同样的现象。[48]在这些实验中，你需要阅读屏幕上的文字。如果是正常的文字，按下空格键；如果不是，按下上档键。

许多实验室重复了这项研究。在研究中，人们在 30% 的时间里没能注意到眼前的文字是没有意义的。在意识到他们在阅读无意义文字之前，他们平均错按了 17 次空格键。[49]

也许这不公平，因为我没有提出目标即将出现的警告。让我们试一试另一项练习，它的所有规则都摆在明面上。这项练习很简单，只需要几秒钟。你甚至不需要改变坐姿。

当我说"开始"时，你需要闭上眼睛，呼吸五次。如果你练习过冥想，那就呼吸十五次。规则而均匀地呼吸。你的任务是关注呼吸，仅仅关注呼吸——吸气，然后呼气。当你注意到你的思想转移到其他事情上时，或者另一种思想突然出现时，请停下来，睁开眼睛。

预备，开始。

好的，让我们评估一下。在你走神并停下来之前，你进行了多少次呼吸？我想，不到五次，甚至远远低于五次。

我承认，这只是一个压力很低的快速纸面游戏，不是特别重要。如果涉及严重的后果，你也许就可以在更长时间里专注于呼吸或者其他目标了吧。不过，我们在实验室的发现，以及注意力研究领域的发现是，即使利益攸关，结果也是相同的。不管怎样，人们都无法保持专注。即使他们能够获得报酬也不行，即使他们的任务只是享受乐趣也不行，即使走神会带来灾难性的后果也不行。[50]

神经外科医生和技师：专注于任务的挑战

一个寒冷灰暗的冬日早上，我手拿咖啡杯，下了出租车，走向一座大型学术医疗中心高耸的医院大楼。此时是六点半，我有足够的时间寻找报告厅。我即将于七点钟在那里发表大巡回演讲。你可能不熟悉"大巡回"一词，它是指医疗教学机构的每周活动，通常涉及特定疾病或患者档案的演讲。今天，我是主讲人，听众是一群神经外科住院医师，主题是正念和注意力。

我设置好幻灯片，耐心等待。时钟嘀嗒嘀嗒。到了六点五十五分，报告厅里一个人也没有。我把日期记错了吗？六点五十七分，门被推开，一阵嘈杂声突然响起，大约 40 个人冲进来寻找座位。屋子里很快坐满了人。我松了一口气。还好，我没有记错日期。

不过，当我开始演讲时，我的轻松感渐渐消失了。我不知道到底发生了什么，但我觉得听众显然对我不感兴趣。手机嗡嗡直响。聊天声在房间里此起彼伏。人们不停地调换座位，翻动纸页。我可以感觉到一种烦躁不安的氛围。我对我所演示的内容感觉良好，但是当我结束演讲走出报告厅时，我觉得这是我所做过的最糟糕的演讲。所以，当我在一个星期后接到神经外科主任的电话时，我非常诧异。他说，我的演讲引起了轰动。真的吗？我想。但是，他们当时看上去很不专心！接着，主任问我能否为所有住院医师提供正念培训。

"他们需要培训。"他说。

他还说，他也需要。他分享了最近的经历。他经常进行技术含量很高、要求很高的脑手术，这种手术一次可能持续八小时。他需要在如此漫长的时间里站在那里，以近乎显微镜级别的精度在暴露的人脑内部进行操作。问题是，他最近发现他在分心，不只是在讲课时，在手术时也会。听了我的演讲，他意识到，他的头脑经常走神。

他举了一个例子，这个例子不是他本人特有的问题，它代表了许多外科医生共同面对的问题。一天晚上，他与妻子发生了争执，这场争执非常激烈，而且没有得到解决。第二天，在手术中，一个护士走进来，向他传达电话留言。他经常在手术中接收消息，回答问题——他所进行的这类脑手术需要持续一整天。不过，这一次，消息是妻子发来的，与他们前一天晚上的争执有关。他可以感受到将注意力全部转回到他正在进行的极其重要的手术上有多困难。这条消息打扰了他。不过，在护士拿着纸条走进来之前，他的头脑已经回到了争执的时刻。为什么？因为我们所有人都有一种很常见的需求，这种需求被称为"认知闭合"。[51] 我们想要解决某件混乱、悬而未决甚至模糊的事情，这是一种强烈的冲动。虽然他把手术很好地摆放到了注意力前景（foreground）中，但是每当他走神时，他就会思考如何解决与妻子的争执。

在和手术室截然不同的环境里，华盛顿州轮渡系统工程师加勒特开始将正念训练看作应对漫长值班工作的潜在工具。在上长班时，他需要集中注意力，但他很难维持专注的状态。作为首席工程师，他需要在奥林匹克级渡轮内部值 12 小时的夜班。渡轮的最大速度接近 20 节，携带着多达 1500 名乘客和最多 144 辆车，重量超过 4000 吨。操作一艘渡轮既需要精确度，又需要事先规划。这些白绿色庞然大物的转弯和减速需要很长时间。加勒特需要经常站在各种仪表盘前，监控每一块仪表，以确保一切正确运转。他还会随时接到船长发来的改变航向和速度的命令。在夜里三点钟的最后一个航班上，这是很有挑战性的工作，头脑溜号的后果是极其危险的。错过一个问题可能意味着几百万美元的损失，甚至导致伤亡事故。加勒特告诉我："我正在从事重复而卑贱的任务，但是如果我把事情搞砸，后果却很严重。"

加勒特担心他不够专注，无法安全地完成重要的工作。于是，他发明了一套系统。他用手机设置了闹钟，每十分钟响一次。当手机响起时，他会从第一个显示器开始，逐个检查所有仪表。如果没有这套系统，他很容易陷入沉思，时间会像船底下的水一样一分一秒地溜走。

我对神经外科主任说："首先，告诉你的员工，不要在手术期间向你传递消息。除此以外，我们还可以做得更多。"

我对首席渡轮工程师说："你意识到你的注意力极限，设置了一个帮助系统，这很好。不过，我们还可以做得更多。"

期待某人在 8 小时的手术期间或者在黑暗水域的 12 小时

夜班期间始终保持专注是不现实的。即使期待他们在半小时的轮渡期间始终保持专注也是不现实的。我们的注意力——手电筒——很容易受到影响。如果你在前面的练习中没有做完所有五次呼吸，甚至连一次呼吸也没有做完，你也不要气馁。你的注意力就是这样设计的。为什么？答案存在于人脑的注意力系统一些最基本的工作方式之中。为回答这个问题，我会在这章介绍一些重要的神经科学概念，包括载荷理论、走神和警戒递减，以及这些概念对于注意力训练的意义。知道了这些事情，你就可以理解你的手电筒目前是怎样工作的，认识到它所面对的挑战，学着更加轻松地控制它。第一件需要弄清的事情是：当你开始产生"头脑疲劳"，感觉自己失去专注能力时，到底发生了什么。你的注意力资源似乎正在"泄漏"，你的认知油箱似乎即将耗尽。这符合直觉——你在一天中或一项任务中一直在消耗认知燃料，而现在你的燃料即将耗尽。不过，这并不是它真实的工作方式。

◉ 载荷理论：注意力不是油箱

注意力永远不会消失，尽管当你想要保持专注但无法做到时可能感觉注意力会消失。当疲劳、注意力开始降低时，你按照意愿关注某件事情的难度会变大。不过，注意力并没有消失。认知神经科学用载荷理论[52]来解释这一点。载荷理论可以归结为一句话：你所拥有的注意力总量保持不变。它会得到不同的使用，其方式可能不是你想要的。

以我在第 17 号公路上穿越圣克鲁兹山区的故事为例。在悠闲的驾驶阶段，我的要求（神经科学称之为"载荷"）很低；在危险路段，我的注意力则具有不同的分布。在低载荷驾驶阶段，我可以将一些注意力资源投入其他思想中，比如规划、畅想、欣赏风景、听音乐；当载荷很高时，我没有做这些闲事的带宽，我所有的注意力资源集中于眼前的任务，即安全驶向目的地。不过，注意力总量并没有改变。你可以这样想：你总是可以使用百分之百的注意力。注意力总会投向某个地方。问题是：投向哪儿？

◉ 警戒递减：对于正在进行的工作，你的表现会变差

你可以让某人在一段时间里完成任何一项任务，然后绘制图像。你会发现，他们的表现在下降：错误会增加，反应会变得更慢、更加不稳定。在实验室，为绘制警戒递减[53]图像，我们设计了一项考验准确率的漫长的重复性测试。参与者坐在计算机屏幕前，屏幕每半秒钟显示一张不同的人脸。[54]测试要求是，当你看到正常的人脸时，按下空格键；当你看到颠倒的人脸时，不要按键。

结果呢？

大家的表现非常糟糕！实验前5分钟，他们精神集中，不会在人脸朝下时经常按键。5分钟后，他们开始在不应该按键的时候按键。在45分钟的研究中，他们的表现越来越差。

你可能会说，这项实验很无聊——这是他们不再集中注意力的原因。

首先，我们在多年来的许多测试中都可以看到这种表现下降的模式，这些测试具有不同的复杂程度和要求。是的，比较简单的任务会更快地表现出这种模式，但是对于更加复杂多样

的活动，即使是短短 20 分钟的测试，警戒递减也会出现，此时参与者的表现开始稳步下降。考虑到我们经常需要在更长的时间窗口里完成任务（想一想 8 小时的重要脑手术，12 小时的夜间渡轮值班），20 分钟已经是实现准确性和良好表现的很短很短的时间窗口了。其次，"无聊"一词很主观。脑手术本质上是不是很无聊呢？

最后，你说得没错。这项实验的确很无聊。准确地说，我们就是想在实验室里尽快制造无聊，以研究注意力随时间的变化。我们过去常常认为，警戒递减源于某种头脑疲劳——大脑会劳累，正如肌肉在长时间使用后也会劳累。如果你需要连续做 100 个屈臂动作，你的表现一定会下降。不过，这与我们知道的大脑的工作方式并不相符。大脑不会像被过度使用的肌肉那样"疲劳"——它不是那样工作的。你可以这样想：如果你的眼睛睁开一会儿，你仍然可以看到事物；如果你用耳 20 分钟，你仍然可以听到声音。"大脑疲劳"的想法完全没有道理。我们发现的现象是，随着参与者表现的下降，走神现象开始增加。

◉ 走神：信息处理的暗物质

我把走神称为认知"暗物质"，因为它具有不可见性，而且一直存在。我们一直处于走神状态，但我们常常不会注意到这一点。这类大脑活动属于自发思维。顾名思义，自发思维是指不受限制的思维，它会产生并非由你有意识地主动选择的思想或想法。

自发思维非常好。当你不需要做其他事情时，你可以随意畅想，让思维自由驰骋。此时，自发思维具有创造性，可以激发你的活力，是一种生产力。当你散步时，你可以让思想自由流动，像被长长的绳子拴住的狗一样，可以探索花朵和篱笆。一些最好、最具创意的想法正是来自这种自发思维。科学家称之为有意识的内心反思，更简单的说法是白日梦。它不仅会带给你无法通过其他方式获得的思想和解决方案，而且可以为你的注意能力充电，改善情绪，缓解压力，从而有利于注意力。

走神与白日梦属于同一类别，但它们具有完全不同的性质。走神是另一种自发思维，是你想要或者需要完成某项任务时，使你的思想远离这项任务的思维。在实验室，我们将其归入"任务无关思维"。以带狗狗散步为例。在悠闲的漫步中，让狗狗到处游荡探索是一件放松而无害的事情。不过，如果你想去某个地方，却需要不断停下脚步，把狗拉回来，这很快就会产生问题。你会更加难以观察前进方向，抵达目的地所花的时间会变长。你会变得愤怒而紧张。

任务无关思维会带来巨大的成本。当我们走神时，这种现象会迅速带来三大问题：

1. **你会经历"感知脱节"**。[55]这意味着你会与周围环境脱节。还记得关于人脸和房屋的那项测试吗？我们要求你关注人脸。作为回应，你的注意力系统会放大人脸信号，将其他一切信号调暗。这里的情况也是如此，只不过被放大的是你所思考的事情（走神时，你通常会快进到未来，或者倒退到过去），而被调暗的则是你周围的环境。你似乎无法像平时那样清晰地看到和听到周围的事物。这会导致下一个问题……

2. **你会犯错**。伴随感知脱节而来的是错误。走神的头脑容易犯错。这很合理。如果你感知和处理周围环境的能力受损，你就会出现疏忽和过失。如果这听上去问题不大，请回忆这本书开头出现的比例：一半。这是我们没有完全投入到当前所做事情中的走神时间的比例。对于你在一天中所做的任何事情，你真正专心的概率只有一半。每当你与别人交谈时，即使你们有眼神交流，他们听你说话的概率也只有一半。还记得吗？各项研究表明，没有任何激励或惩罚可以说服人们减少走神现象。他们根本无法阻止自己，即使后果非常严重。实际上，一个人坐在沙发上看杂志和进行脑手术时的走神概率可能是相同的。[56]

最后……

3. 你的压力会增加。[57] 在试图做某事时产生与任务无关的想法可能会影响我们的整体心理健康和情绪。我们至少知道，不管你在想什么——即使是你所期待的精彩假期，或者某段快乐的回忆——你之后都会产生一点负面情绪。[58] 我们可以称之为"重新进入"成本，即回到现在、确定方向的成本。这是一种负面洼地。我们走神越多，它对情绪和压力水平的影响就越大。我们知道不利条件是怎样影响注意力的。更高的压力会使你更容易走神，而这又会导致更差的情绪……看到了吗？我们会陷入坏消息的下行螺旋之中。

总而言之，当你需要运用注意力完成任务时，不管是满足工作要求，与孩子或同伴对话，还是独自看书，大脑走神都不是无害的悠闲漫步。你会错过一些事情，你会犯错，你的情绪会恶化。你似乎心不在焉，没有认真对待你需要完成的任务，没有认真对待他人，甚至没有认真对待自己。

所有这些引出了一个问题：我们到底为什么走神？考虑到大脑是数万年演化来的成果，我们不禁要问：我们为什么要继承这种麻烦而具有破坏性的倾向？为什么人会演化出走神的头脑呢？

◉ 我们为什么走神

让我们倒退大约 12 000 年。想象你正在森林里。你也许在追逐动物，或者在寻找能吃的浆果。你需要集中注意力，以便找东西填饱今天的肚子。我们知道你的注意力系统在寻找特定事物时发生了什么：你的大脑此时偏向于（有选择地适应）一组特定的颜色、声音和味道。当你发现有东西在树叶后面一闪而过或者美味水果的特定色泽和形状时，你的关注范围会变小，其他一切都会被你忽略。你走过去。接着……你被之前没有发现的老虎吃掉。

走神的头脑能否拯救你？答案是肯定的。也许，一些早期人类不断转换关注点，容易被其他事情分心，经常抬头巡视。这些通过走神从眼前任务中抽离出来的人可以意识到自己处于遭到捕食的危险之中，并采取相应行动，存活下来，将容易分心的基因传递下去。

在实验室，我们在多项研究中观察人脑对于专注一项任务的主动抗拒。头脑似乎很喜欢畅想。为弄清原因，我们需要转换思路，将走神看作一种资产，尽管我们知道走神麻烦而具有破坏性。

为了向你介绍我们的研究方法，我首先需要指出主动注意和自动注意的区别。你大概可以猜到，主动注意是你选择手电筒的指示方向的注意方式，自动注意是你的注意力在没有主动选择的情况下被某件事情捕获和拉动的注意方式。吸引眼球是一种形象的说法，但是非常准确。考虑在黑暗中使用手电筒的情况。你选择将手电筒指向前方，以照亮道路，这是主动注意。如果你突然听到侧面传来某种声音，比如树枝折断的声音，会发生什么呢？你会本能地把手电筒指向那个方向。你甚至会不假思索地完成这一动作。这是自动注意。

下面是我们在实验室对此进行的测试：

计算机显示巨大的绿色空白屏幕，中间有一个加号。我们让你双眼注视这个加号。原因是，你的眼睛和注意力通常是捆绑在一起的，但你可以在某些情况下将它们分开。例如，当你在舞会上盯着和你谈话的人时，你的注意力会转移到你身后的对话上，这就是眼睛和注意力的脱钩。在这项实验中，我们想确保你只移动注意力，不移动眼球。

你的任务是在发现屏幕右侧或左侧的大 X 时按下空格键。当你发现 X 时，用最快速度按下空格键。难点是，有时，X 会紧随闪光出现。闪光出现的位置有时与 X 相同，有时与 X 不同。我们让你不要关心闪光，只需要在发现 X 时按键，不用管其他事情。就是这样。

很简单，不是吗？的确如此。不过，我们观察的是参与者在有闪光提示和没有闪光提示时的反应时间。你大概可以猜到，当闪光在目标即将出现的位置出现时，反应要快得多，而且更加准确。

这似乎没有什么特别之处。显然，闪光引起了他们的注意。是的，闪光得到了他们的注意。这告诉我们，在我们没有有意识或主动选择的情况下，注意力就会受到吸引。如果有人在繁忙的街道上喊你的名字，你的注意力就会转向他们的声音。

你并没有选择将注意力放在那里。重要的是，你没有任何办法阻止它。这大概是你通过直觉就能知道的事情。你不需要由我来告诉你听到独特的嗡嗡声的感受，你的关注点会立刻从你正在做的事情转移到发光的手机屏幕上。这项研究的重要之处在于，它证明了注意力的确是以这种方式工作的。阻止大脑关注这些干扰并不容易，这不只是感觉。事实上，你根本做不到这一点。

这使我们在一定程度上理解了为什么你的思想会远离某项任务。当来自环境（外部）或你内心（内部）的干扰突然出现时，你的自动注意力会立刻跳过去。这可以解释我们的一些走神现象。不过，事情还不止于此。让我们回到带有闪光和目标 X 的屏幕上。我想向你展示我们是怎样对这个实验进行细微的调整，以便更加深入地研究某个非常迷人的大脑现象的。

和之前一样，我们向你展示闪光，它可能出现在 X 即将出现的地方（提示），也可能不会。不过，我们不是在闪光后立刻展示目标，而是稍微停顿一下——只有几百毫秒——然后向你展示目标。你的速度会大大降低。闪光预警为你带来的速度优势消失了。

但是，为什么？如果闪光将你的自动注意力拉向目标即将出现的特定位置，你为什么会错过它呢？几百毫秒会有什么影响呢？

让我们按下慢动作按钮，仔细观察发生了什么：

1. 闪光出现在屏幕左上角。

2. 你的注意力被闪光吸引。

3. X 没有出现在那里。

4. 你的注意力不再将屏幕这片区域看作感兴趣的区域。用神经科学术语来说，这叫"不利化"。

5. 你的注意力转向屏幕另一边。

6. ……当目标随后出现在原始位置时，你对它的探测速度会变慢。不过，你可以更快地探测到另一边的 X。

我们将这种现象称为回归抑制，[59] 即你的注意力回归原始位置的动作受到了抑制。如果你的注意力手电筒被某个点吸引，但是那里什么也没有发生和出现，你会自动将这个位置不利化。换句话说，你不再将它作为感兴趣的区域。需要强调的是，这一过程非常迅速。所有这些步骤会迅速地连续发生，只需要500毫秒，你甚至不会注意到。这适用于所有感官输入。在我关于这一现象发表的第一篇研究报告中，我们对声音进行了研究，发现了同样的现象。

你的大脑为什么会这样做？这可能是一种扫描策略。你可以再次把自己想象成古老森林中的祖先。你在打猎或觅食，同时试图发现猛兽。你听到左边传来某种声响。于是，你的注意力自动转移到那里，开始扫描那个区域。如果你没有看到、听到或嗅到任何猛兽，你的注意力会迅速移开，开始扫描周围的其他区域，因为发出声响的东西很可能还在附近，很可能发生了移动。

显然，我们已经不是狩猎者和采集者了。你在日常生活中不需要寻找食物，也不会被老虎盯上。不过，你应该认识到，这种大脑活动的起源可能与我们的远祖有关，但是这种模式并不过时，它仍然可以在各种情况下为你服务。在实验室里，我们会构造具体场景，以研究自动注意和主动注意，但在日常生活中，我们会同时使用两种注意力，二者一直在相互作用。

人脑高效而富于策略。它一直在试图最大限度地开展活动，以获得最大收益。在人类机会成本[⊖]最大化的演化过程中，走神也许最终得到了选择。[60] 在大脑看来，它所放弃的事情（对于眼前任务的关注和跟进）从长期来看是值得的，因为它可以获得更大的潜在收益，比如生存、安全或者找到更好的东西。我说过，无聊具有主观色彩，任何事情都可能变得无聊。我们之所以演化出无聊，很可能是为了强迫自己寻找其他事情去做。我们过去常常相信，警戒递减完全是头脑疲劳导致的，因为我们在消耗认知资源。不过，我和其他一些人认为，事情不止如此。它可能与这种重要的生存机制有关。对于 21 世纪的现代人来说，所有这些意味着如果你试图长时间维持注意力，你就会开始感受到注意力的抵抗，最终以某种方式分心。

我之所以详细地向你介绍所有这些认知科学知识，是因为我觉得这是一个机会——你可以由此意识到你拥有走神的生物学倾向，并在一定程度上接纳它，将其作为你的一项必要"能力"。如果你的大脑没有这种倾向，你可能会走上错误的方向，或者找不到方向。一些被诊断出注意力缺陷多动障碍（ADHD）的人常常说，问题不是他们不能专注，而是他们专注于错误的事情。当我们过度专注时，我们会忽略当前的目标。我们无法感受到当前的行为是否与这些目标相符。当我们需要改变路径或者应对突如其来的难题（老虎）时，我们意识不到这一点。注意力的起伏具有切实的好处，我们后面会谈论这一点。不过，虽然这种头脑行为具有潜在利益，但这并不意味着它永远是正确的。虽然我们拥有这方面的神经倾向，但这并不意味着我们

⊖ 原文对"机会成本"一词的理解有误。——译者注

只能被动地接受它。

我们已经迅速接触了相当多的信息。我们知道，你可能错过其中的许多内容。这不是你的错。你应该感谢祖先明智的生存本能。让我们迅速回顾一下。

你一直在使用 100% 的注意力，因此它总会投向某个地方。所以，如果你没有专注于当前的任务，这很可能是因为你在走神，思考与任务无关的事情，头脑没有放在当前环境中，出现了感知脱节。走神是大脑的自然倾向，原因有很多，包括但不限于速度很快的剑齿虎（回归抑制）。这可能会导致警戒递减。所以，你做一件事情越久，你的表现就越差。走神的根源也许有用（机会成本，注意力循环 [61]），但它不利于我们在当前任务中取得良好表现，而且不利于我们的情绪。

我们已经知道了走神的原因。现在，我们需要谈一谈我们能做什么。第一步很简单：

◉ 学着意识到你在走神

在我经历注意力危机几年后，我丈夫也陷入了注意力危机。由于他已开始攻读研究生，难度很大，因此我们两人在尽最大努力协调工作和养育小孩的任务。接着，在女儿索菲之后，我们又生了两个孩子。当迈克尔开始学习有限数学序列时，他很难保持专注，因此他参加了我们对注意力缺陷多动障碍成年患者进行的试点项目。我们想要测试正念训练能否为他们提供帮助。我们没有要求参与者停止之前进行的冥想，如果他们有过冥想的话。我们想知道正念训练是否有助于加强注意力，不管他们的初始水平如何，也不管他们是不是冥想者。我们想测试他们相比于基准水平的进步情况。

　　他们的确有所进步。[62] 我们从参与者那里得到的常见反馈是，他们没有由于训练而改变对药物的需求，但可以更有效地冥想了。参与者的反馈意味着他们可以更好地注意到手电筒的指向，并在必要时改变手电筒的方向。举一个简单的例子："我不是仅仅在计算机前坐上一整天，浏览一个又一个网站。相反，我可以意识到我想做什么，并且决定专注于这项工作。"

　　我们开展的活动之一是每五分钟播放一次响铃录音。其理念是，在正式的正念练习中，人们可以用它提醒自己把注意力拉回到眼前的任务中。在前几个星期结束后，我丈夫把铃声录音带回了家，以便在晚上做作业时使用。由于它的帮助极大，他开始在工作中整天播放铃声。他意识到自己常常走神，因此用铃声每五分钟提醒自己回到眼前的工作中。

　　这件事提醒了我，使我意识到这个问题有多普遍，我们多么需要帮助。就在几年前，我还在对自己进行个性化的正念"个案研究"。在我最早的正念练习阶段，我最先注意到的事情之一就是，我的头脑经常像蚂蚱一样到处跳跃。接着，我注意到，这不只发生在我每天早上坐下来从事这项陌生练习的几分钟时间里。它一直在发生。我对于我在一天中频繁走神的现象感到震惊。我开始进行自我检查，以了解我真正投入到当前任务中的频率。

　　答案是，这个频率不是很高。

　　对于迈克尔和我来说，重要的步骤是认识到我们的手电筒有多少时间指向我们不希望指向的地方。试试这个方法：在今天余下的时间里，不时地进行自我检查，看看你的心思是不是在眼前的任务上。你甚至可以设置手机提醒。如果你不想让铃声每五分钟一次地响上一整天，就像我丈夫那样，你可以设置成每小时响一次。当你的手机上出现提醒时，迅速检查一下，不要作弊。你在做什么？你在想什么？你的心到底在哪里？

如果这种方法适用于你，请用表 4-1 在一天时间里进行跟踪。你也可以在随身携带的笔记本上画一张表格，甚至可以在手机的备忘录应用程序里做一张表格。这张表格需要放在容易查看的地方，使你能够迅速轻松地填表。记下时间、你的任务以及手电筒的指示方向。当你在一天或一周结尾回顾表格时，你应该可以清晰地看到你的走神频率，以及你倾向于关注的其他事情。

我们在走神时往往会在头脑中进行时光旅行，因此你可能会发现自己身处未来，为未来规划和担心，或者被拉回到过去，陷入思维反刍的循环中。（请放心，我很快就会解决这个问题。）不管怎样，收集把你拉出当前时刻的事物及其频繁程度的数据可以帮助你前进。它可以使你更好地确定和解决你可能遇到的任何挑战。

表 4-1　手电筒指向跟踪表

时间	任务	手电筒
上午十点	完成经费申请书	思考索菲本周末的舞蹈比赛以及我需要做的一切准备
中午十二点	给姐姐打电话	听她描述她最近去伯克利的旅行。我非常专注，为她的成功和冒险而激动
下午两点	带人参观实验室	我起初很专注，但是后来开始分心，为申请经费的事情而担心

你可能注意到，在工作中，你经常为电子邮件、短信、电话、社交媒体等数字事务分心。你很容易认为，如果我们能够消除这些干扰，问题就解决了。

注意力危机不是数字时代才有的问题

我们无数次听到这样的说法：现代科技这个强大的罪魁祸首是注意力问题的根源。要想真正集中注意力，我们似乎需要关掉所有设备，退出社交媒体，隐居山林，进行数字解毒。

下面是我对这种思想的反驳。从根本上说，这个时代与其他时代没有区别，"注意力危机"始终存在。历史上，人们通过冥想和其他形式的沉思练习来应对不知所措和注意力涣散的感觉，重新集中注意力，思考优先级，包括我们的内心价值观、意图和目的。这当然可以是灵修过程，如果你愿意这样定义的话。不过，我们发现，正念会影响注意力系统及其对周围和内心生成的干扰的解决方式。从某种程度上说，这是冥想者一直在追求的事情。想一想很久以前的生活。古印度人和中世纪欧洲人没有智能手机和脸书，但他们的头脑仍然在遭受困扰。他们仍然需要求助于许多缓解方法。他们仍然描述了相同的挑战：我没有完全生活在我的生活中。

每当你不为自己留下喘息之机时，每当你在手头没有任何任务的情况下不允许头脑"休息"时，注意力危机都可能发生。还记得我们对走神（在任务期间产生与任务无关的思想）和白日梦（没有任务时的自发思考，是有意识反思和发挥创造性等才思的机会）的区分吗？今天的一个问题是，我们一直被某件事情占据。由于手上拥有这些数字工具，我们可以随时访问所有通信、新闻和用于交流的程序，我们往往不会沉下心来，让思想不受限制地驰骋。在我们之前讨论的两种自发思考中，我们几乎无法获得有益的那种思考，即白日梦。你多久没有在商店排队时仅仅环顾四周，思考浮现在头脑中的某种想法了？你是否会拿出手机，查看短信，阅读电子邮件？

我们都会这样做。我没有空闲的时候，刚刚结束某种头脑活动，就会立刻开始下一种头脑活动。我称之为"任务过载"。和浏览网上的超链接（点击一个又一个吸引眼球的链接）类似，我们会从一个任务进入下一个和再下一个任务。你现在可能正在这样做。我们一直在处理任务，没有"停机时间"。我们对注意力系统的要求太高了。你的注意能力并不比几百年前的人差。只不过，你现在一直在以特别专注的方式使用注意力。我们正在最大限度地压榨我们的专注力。这种任务过载是一种超级压榨！你可能觉得某件事情很放松，比如浏览 Instagram，或者阅读某人分享的文章，但这种事情也会消耗注意力。它是另一项任务。查看通知看上去可能很"有趣"，但它对你的注意力来说是一种工作；查看谁对我的帖子发表了什么回复，这是任务；查看我得到了多少个赞，这是任务；查看谁分享了我的趣味表情包，这是任务；你的注意力专注于一个又一个任务，没有停机时间，头脑连一点自由畅想的机会也没有。

不插电有时是不现实的。我们不能直接关掉手机，停掉电子邮箱。我们无法创造没有干扰的世界。问题不在于这些科技产品，而在于我们的使用方式。我们没有让大脑以不同方式使用注意力。这就是正念发挥作用的地方，它可以稳定你的手电筒，使你不会将其来回摇摆，照向所有可能的干扰，不管这种干扰是否来自数字产品。

寻找你的手电筒

为了集中注意力，你需要培养的第一项技能是在你的注意力手电筒偏离当前任务时注意到这一点。在这第一项"核心练习"中，你的目标是反复寻找手电筒的方向。练习内容是：**将注意力投向目标对象，在其偏离目标时注意到这一点，然后将其重新投向目标。**

你可以将其想象成训练小狗。小狗天生喜欢到处游荡。你不需要严厉或刻薄地对待它。不过，你应该不断地提供清晰而一致的指导。如果小狗不遵守命令，我们不会长篇大论地批评小狗多么恶劣、顽固、无法训练或者不可爱。相反，我们只会再次开始训练。你在参与这项练习时，应采用类似的支持和肯定态度。在证明、批评和思维反刍等旧有的头脑习惯出现时，你应该注意到你在走神。现在，应重新看待走神现象。它不是失败或错误，而是再次开始、重新关注目标事物的提示。你越是温柔地指导注意力返回目标，它就越容易听从你，就像小狗一样。你的头脑也会变得更容易在你走神时注意到这一点。随着练习的增加，你会更容易注意到使手电筒偏离目标事物的初始拉力，而不是在不知不觉中完全迷失或被劫持。所有这些也会使返回目标变得更容易。当我们可以更轻松地集中注意力时，我们会减少浪费的时间，减少情绪不佳和压力上升的现象，在接到重要任务时不再像之前那样担忧，不管是面对工作、他人还是自己。

有趣的是，当你意识到走神现象的能力提高时，你会开始注意到自己真正需要让思想自由驰骋的时候。当我们收养宠物狗塔希（Tashi）时，我喜欢带着它去遛狗公园。当我解开皮带时，它会四处探索嬉戏，自由奔跑。我感觉我看到了它的另一面，它那好奇、精力充沛、友好、欢乐的一面。在这几分钟里，我不会带上手机。我可以在没有待办事项的情况下重新认识我的头脑，不需要思考问题，不需要回复电子邮件。这个小小的举动就像我给自己的礼物一样。我发现创造性思维不断涌现，重新感受到善心，感觉自己正在恢复旺盛的精力。我和塔希会蹦蹦跳跳地回家。不过，如果我不知道我的手电筒指向哪里以及如何在最初把握住它，我就不可能真正放飞我的手电筒。

要想找到手电筒的方向，你需要进行通常被称为"呼吸感知"的基本正念练习。这项练习存在了数千年。冥想传统告诉我们，它可以培养专注力。经过多项研究，我们现在知道，它也可以充当注意力认知训练的一部分。呼吸感知乍看上去很简单：把注意力集中到呼吸上，并在走神时将注意力重新放在呼吸上。这个要求很简单，但它对大脑注意力系统的作用一点也不简单。呼吸感知练习以全部三种注意力系统为目标，因为它会练习专注（你需要将注意力投向呼吸）、留意（保持警惕，持续监督头脑活动，以检测走神现象）以及重定向（管理认知程序，以确保我们返回任务并停留在任务上）。

为什么要用呼吸呢？我们可以将注意力放在任何事物上。将注意力手电筒投向某种事物，并在它摇摆时将其拉回来，这种训练一定会帮到你。实际上，我鼓励你在白天准备将全部注意力集中于某件事情时尝试这种做法，不管是听讲座、听介绍、听音乐、阅读或撰写报告，还是练习乐器。不过，在这项每日练习中，我之所以使用呼吸，是因为下面几个重要原因：它可以将我们绑定在身体上；它可以使我们随着呼吸实时感受当下正在展开的身体感知，这可以使我们在头脑偏离身体感知、思考过去或未来时更好地及时发现；最后，我们一直在呼吸，它是注意力随时可以返回的最自然的内在目标。

呼吸是不断变化的动态目标。在这项练习中，你的注意力将被限制在特定身体部位（比如胸部、鼻子、腹部）里与呼吸有关的单一重要感知上。关键是选择特定的目标对象，在正式练习过程中坚持住。记住，这是专注练习。手电筒的光束很窄，稳定地照在目标上。接下来的某项练习会要求你用注意力光束扫遍全身。在稍后的某项练习中，你没有需要关注的目标，只需要监督你的记忆、情绪、思想和感受等每时每刻有意识的经历中的内容转变，同时不被它们捕捉和带走。要想在随后的这些练习中取得成功，你首先需要强化你的手电筒。所有这些练习都可以帮助你学会如何关注你的注意力。

核心练习：寻找你的手电筒

1. **各就各位**……以直立、稳定、警觉的姿势坐好。你应该保持舒适，但是不能过度放松。保持身体直立而不拘谨。坐直身体，肩膀向后拉，挺胸，保持自然姿势，表现出庄重的仪态感。双手放在扶手上，或者放在体侧的座位上，或者放在腿上。闭上眼睛，或者眼睑下垂，柔和地注视前方，如果这样更舒适的话。呼吸，并且关注呼吸。你在以自然的节奏关注呼吸，不要控制呼吸。

2. 预备……适应与呼吸相关的感受。这些感受可能包括空气进出鼻孔的凉感，肺叶填满胸膛的感觉，肚子的起伏感。选择一个呼吸感受最明显的身体区域，在此次练习接下来的时间里专注于此。将注意力焦点投向这里并保持住，像光束强烈而明亮的手电筒一样。

3. 开始！在手电筒移开时注意到这一点……然后将其移回来。在你选好手电筒的目标并决定把注意力放在这里以后，这项练习真正的任务是关注接下来发生的事情。关注将手电筒拉离目标的思想和感受出现的时候。它可能是突然的提醒，提醒你需要在练习结束后马上去做某事。它可能是浮现在脑海中的一段记忆。它也可能是疼痛。当你注意到手电筒被拉开时，将其重新指向呼吸。你不需要做任何其他特别的事情，只需要这样简单柔和地"推一下"，以帮助你拉回手电筒。

就是这样。这就是你的第一项练习。很简单。不过，它的美妙和用途正存在于它的简洁之中：在这项简单的练习中，我们弄清了如何解决我们之前最有可能被难住并在很大程度上没有意识到的两个难题，即注意到走神现象，然后把注意力拉回来。我希望你现在已经认识到，走神是普遍存在的，很常见，我们没有理由对抗它，它是头脑的天性。只要你有意识，你就会走神。不过，在你专门用于核心呼吸感知练习的"正式"时间段里，你需要坐下来，练习有意识地将手电筒指向呼吸。此时，我们在走神时会采取另一种做法。我们会注意到它，然后把注意力拉回来。

这个序列中发生的事情是：

- 让手电筒指向一点。

- 握住手电筒。

- 注意到手电筒发生偏移的时候。

- 将其重新照在呼吸上。

这就是我们所说的正念呼吸练习"俯卧撑"。我希望你能意识到，在一段时间里反复进行这样的练习不仅可以集中注意力，而且可以加强注意力。

一个重要问题是：我应该练习多久?

我之前说过，12分钟是一个"魔法数字"。在本书最后一章中，我们会进一步谈论真正转变注意力系统所需要的"最低剂量"。不过，你不会在身体训练一开始就试图卧推和自身体重一样重的杠铃。类似地，你不会在头脑训练一开始就尝试长时间的正念练习。

我建议一点点来。先试3分钟，在手机上设置定时器。3分钟还不够煮开水和制作吐司，还不够冲个最快的澡。我曾在电梯前等待超过3分钟的时间。

警告：3分钟可能很短，但是当你刚开始练习正念冥想时，就连一两分钟你也会感觉很漫长。你很可能需要多次把手电筒拉回到呼吸上，你会怀疑自己不会有所成就。记住，情况会好转。如果你坚持每天练习，从每天只练3分钟开始，你会为极具变革性的头脑练习计划打下基础。所以，你可以一点点来，但要坚持。当它在你每天的日程安排中占据一席之地时，你很容易增加练习时间。如果你想在 3 分钟结束时继续练习，你当然可以继续，但是不要将超越目标时间作为心理负担。

你已经对使用手电筒所涉及的工作有了一定认识。下面是你需要时刻记住的最后一项要求，它很重要。

不要一心多用

利奥上五年级时发现，别人在我们的汽车旁边开车时会打电话，他开始为此而困扰。作为好奇而聪明的孩子，他对许多事情感兴趣，包括我在实验室里的研究。他当然比普通的十岁孩子更加了解脑科学和注意力。他认为，如果两件事情都需要一定的关注水平，比如谈话和开车，那么同时做这两件事情会产生负面影响。于是，他开始进行测试。

他为学校的科学项目设置了一项实验。他邀请一些朋友来做客，在客厅里用 Xbox 360 游戏机玩赛车视频游戏。他会从旁边的房间给他们打电话，让他们打开扬声器和自己聊天，向他们提出各种问题。打电话的孩子在游戏中的表现不如不打电话的孩子，这并不让人意外。

我承认，这是五年级的科学展览项目。不过，这项儿童研究得到了科学的支持。一心多用（准确地说，是任务切换）[63] 对我们的表现、准确性和情绪不利。利奥很高兴，但他也很愤怒：为什么开车打电话是合法的？许多州现在设立了严格的法律，禁止开车时使用手持电话和收发短信。不过，现实是，考虑到我们对注意力的了解，法律做得还不够。当你试图同时做两件需要使用注意力的事情时，你很难把它们同时做好。这与你是否手持手机没有关系。免提电话和语音短信仍然需要使用注意力。

你可以这样想：你只有一个手电筒。不是两个，不是三个。你的手电筒一次只能照在一个事物上。看清楚，我说的是需要主动专注的任务，而不是走路等"程序性"任务，后者不会以同样的方式使用注意力。当你试图同时完成多项需要专注的任务时，你其实是在将手电筒照向一个事物，然后照向下一个事物，然后照回第一个事物……然后完成任务。问题在哪儿？这回到了我们关于偏差的讨论上。

当你选择并处理一项任务时，不管是撰写诉讼案情摘要、规划预算、监督孩子在车道上骑自行车、开发应用程序，还是其他事情，你的注意力都会为了这个特定任务对信息处理进行校准。也就是说，你的大脑现在做的一切事情都是在为这项工作服务，它的所有活动都会与这个目标相适应。在实验室，我可以让你用最快速度发现红点（看到红点时敲击空格键）和字母（看到字母 T 时敲击上档键），以证明这一点。如果你只是反复看到红点，你就会迅速而准确地发现红点。字母 T 也是如此。不过，如果我将两项任务交织在一起，让你做红点任务不到一分钟，然后转换到字母任务，然后转回到红点任务，这样反复来回转换，你的速度和准确性就会大受影响。这是因为，你的注意力在每次转换后需要重新校准。

当然，在现实生活中，我们面对的并不是红点和字母。我们从编辑电子邮件转换到接电话，从接电话转换到与走进房间的人交谈，从结束谈话转换到在日程表上添加事项，等等。新任务的校准需要时间和精力，这总要耽误一定的时间。

为理解这对你的认知意味着什么，你可以想象一个小公寓，里面只有一个房间。每当你想使用房间时，你都需要彻底更换家具。想要睡觉？那就安装床铺和床头柜。想要举办派对？那就清除卧室的陈设，安装沙发和咖啡桌。需要做饭？那就把这些东西全部拉走，然后安装炉子、柜子和厨具。听上去是不是很累人？一点不假。当你在不同任务之间切换时，你的认知也是如此。

在你经常进行任务切换的一天里，你所处的任何注意力状态都会缺乏完整性。卧室看上去会很乱。厨房的炉具可能不会插上电源。你会变得更慢，更容易出错，情绪更加低落。你会感觉头脑疲惫。如果我们把你带进实验室，你不仅会发现自己反应变慢，更糟糕的是，你的走神现象会大大增加。而且，走神本身需要更多任务切换，你需要不断把注意力拉回到眼前任务上。这意味着你的反应会变得更慢，错误会增加，情绪会更低落。

一个解决方案是开始正念练习。每当走神现象令你困扰时，正念都会为你提供帮助。同时，应该尽量一次只做一件事。[64] 丢掉"一心多用"令人震撼、看上去很好或者更加高级这种错误观念。在现实生活中，你有时似乎无法避免任务切换。此时，你应该意识到，你的速度会变慢，你的重新专注需要时间。如果慢慢来，接受并利用好任务切换的"重校准延迟"，那么长期来看，你完全有可能速度更快，更加高效。你会减少疏忽和过错。科学表明，你也会更加快乐。[65]

当唐娜·莎拉拉（Donna Shalala）博士担任迈阿密大学校长时，我曾走进她的办公室和她见面。我相信，她当天需要与许多人见面。我见到她时，她正在专心写电子邮件。她甚至没有抬头。当我站在那里等待时，她还在继续打字，她的关注点似乎没有移动。我大概最多只等了一分钟，但我感觉等了很长时间。接着，她合上笔记本电脑，短暂停顿了一下，然后抬起头，似乎将全部注意力放在了我身上。我不得不承认，我可以感受到这种差异。它为整个谈话过程奠定了基调。我想，她没有错过我所说的每个字。

几年后，我有幸和一位退休中将交谈。这位中将不仅曾与其他许多资深军事领导人共事，而且在退休后做过他们的顾问。我问他，这些非常成功的人有什么共同特征。他说，有一件事很明显，他称之为"转轴领导力"。根据他的观察，这些领导者不会将上一次事件、会议或聚会的任何内容带入到下一次事件、会议或聚会中。他们可以将注意力百分之百地投入当下。

这个故事的启示是，应该尽量处理单一任务，在必须切换任务时接受这种延迟，并尽最大努力降低其影响。给自己一点时间，不要在尝试处理旧有任务时将注意力完全转到新任务上。当然，要想做到这一点，你需要对当前正在发生的事情拥有更加清醒的意识，包括你的手电筒正在指向哪里。

最后，你要知道，即使你做到所有这些，并且每天勤奋地进行呼吸感知练习……

你仍然无法获得完美而坚定的专注力

在本书前言中，我将长时间保持注意力与提举重物的要求进行了比较。如果没有进行身体训练，指望自己拥有提举重物的耐力和肌肉是不合情理的。不过，我们似乎指望自己在没有类似的严格头脑训练的情况下表现出头脑耐力。现在，我仍然坚持这种观点——尽管它其实并不完整。

关于自动注意的知识告诉我们，我们的关注点会被拉离当前任务，对此我们没有太多办法。根据对走神的观察，我们知道，即使没有外部干扰影响我们，我们的头脑也会周期性地寻找其他事情。当你发现自己走神时，你既没有失败，也没有理由放弃注意力训练，因为这是大脑的天性。即使通过训练，我们也不能指望自己像提举重物一样长时间保持专注。相反，我希望你想象自己运球的样子：

> 球从你的手中掉下去，然后弹回来。
>
> 你的关注点偏离当前任务，然后返回。

球从手中掉落的时候可能是机会（重新关注任务，此时你知道你还在关注你想关注的事情），也可能是问题（失去球，然后付出努力和认知精力，将其夺回）。你做的正念练习越多，你就越擅长“运球”。皮球会越来越多地弹回你的手里，而不是滚开。不过，你需要不断运球。和篮球类似，你没有其他的有效运转方式。如果你想成为注意能力领域的斯蒂芬·库里[⊖]，你就不能持球穿越球场。你需要在世界上最优秀的运动员试图偷球的情况下毫不费力地运球，前往你想抵达的具体位置。

我几乎每天都在做正念练习，练了很长时间。现在，我意识到并且承认，在一些日子里，我比其他时候更加分心，这没

⊖ 篮球明星。——译者注

有关系。不过，在我刚开始练习时，我记得我需要努力撑过很不成功的练习时段，感觉自己很失败。我的思想被拉向许多不同方向，我感觉我似乎在退步，在变差。所以，我询问了在一家大型医疗中心开设正念诊所的同事。他练习冥想 30 多年。从许多方面来看，他都是冥想专家。我问他能保持专注多长时间，以了解自己应该追求的目标。我想，经过 30 年的练习，他一定可以保持很长时间，比如 10 分钟？或者更长？

"嗯，"他说，"我在不想其他事情的情况下保持专注的时间吗？我想大约是 7 秒。"

7 秒？我十分震惊。接着，我很快想起了正念训练最重要的信条之一：你不可能永远不分心。这是不切实际的。**相反，你的目标是意识到你的注意力每时每刻所在的位置，以便在分心时轻松熟练地将手电筒照回它应该照亮的地方。**

训练专注力之所以如此重要，还有一个重要原因。专注力决定了进入工作记忆的内容。工作记忆是暂时存储当前工作所需信息的头脑工作空间。你可以这样想：每当你思考某件事情时——比如回忆某件事情，解决问题，考虑某种想法，在别人谈话时将你想阐述的观点放在心里，设想某件事物的形象——你都在使用工作记忆。我们做任何事情几乎都需要工作记忆。另外，压力、威胁和不良情绪这些侵蚀注意力的力量也会影响工作记忆。在头脑的众多习惯中，时间旅行是极具破坏性的习惯之一，它是大部分工作记忆失败的根源。

第5章

保持播放状态：注意力与工作记忆

我在等待一位曾获得普利策奖的记者给我打电话。他写过关于干扰和注意力的文章和书，希望采访我。在约定时间，我的手机响了。他给我发了一条短信：我们能在 10 分钟后交谈吗？

我回复道，当然可以。于是，我开始等待。

10 分钟后，他打电话过来，开始道歉。"今天真忙，"他说，"我……"

然后是沉默。他显然无法开口。我知道，用科技术语来说，他的大脑出了故障，就像计算机停止运转，那个小小的死亡旋转沙滩球⊖出现在屏幕上一样。我在和一个凭借语言获得普利策奖的人谈话，但他却无法说出一个字。

他做了一次深呼吸，然后问我是否可以用 30 秒的时间喘口气。我再次同意了。30 秒过去了。这一次，他再次提出了请求。

"我能把我的几点想法写在纸上吗？"他问道。

⊖　在等待计算机加载时屏幕上出现的旋转光标。——译者注

当我们最终开始采访时，我已经被漫长的准备时间激怒了。他完全可以在给我打电话之前独自完成这些准备。当我们开始交谈时，时间已经不多了。我直接谈到了工作记忆这一主题，[66] 因为它是理解注意力以及如何通过训练改善注意力的关键。

我们说过，工作记忆是你每天除睡觉外一直在使用的动态认知工作空间。不要被"记忆"一词迷惑：它不只与信息存储有关。它是临时的"涂鸦板"。出于必要性和进化的设计，它是短暂而非永久的。

"我总是把工作记忆看作头脑自身携带的白板，"当这位作家可以谈话时，我解释道，"不过，它使用的墨水会消失。这种墨水消失得很快。当你在白板上'写下'某种内容时，墨水会立刻开始褪色。"

我描述了注意力是如何协助工作记忆的：注意力的手电筒从周围或内部环境中选择重要信息，这种信息会进入工作记忆。和在真正的白板上写字类似，你可以记录思想、考虑概念、思考决策、注意模式、写下你想说的话等。不过，和真正的白板不同，这个白板很特殊，墨水只能在它上面停留几秒钟。

几秒钟很短暂。如果你需要迅速从一件事情转移到另一件事情，那么这种设计很好，甚至是有益的。不过，如果你需要更多时间，该如何让重要内容在白板上保持更长时间呢？很简单：持续关注白板上的内容。

从本质上说，将注意力手电筒指向工作记忆中的内容是在"刷新"这些内容。[67] 这就像是在墨水褪色过程中反复描摹一样。如果你不再关注这些内容，将手电筒照向另一个目标，墨水就会消散，开始"写下"其他内容。

由于工作记忆与注意力深深地交织在一起，因此威胁、不良情绪和压力这些会影响注意力的力量也会影响工作记忆。此外，其他因素也会影响工作记忆，比如睡眠不足以及抑郁、焦虑、注意力缺陷多动障碍和创伤后应激障碍等心理问题。在这些压力下，这项重要功能无法良好发挥作用。**当你走神时，你的白板会迅速变得杂乱无章，将无关内容塞满工作空间，使你没有精力处理你真正想做的事情。**当我向记者解释这些事情时，他突然插话了。

"这正是我给你打电话时发生的事情！"他说，"我刚刚结束另一段通话。我需要在不同项目之间切换。我不想让你等待。不过，我的'白板'写满了内容，没有处理其他事情的空间。"

他说，他需要"清空头脑"。我们每个人大概都会在某个时候用到"清空头脑"这一常见说法。不过，你其实并不能"清空"头脑。你无法将白板擦干净并使其维持这种状态，这是不可能的。当某种内容的墨水褪色时，它会立刻被其他内容取代。

问题是……取代它的是什么呢？

你脑中的白板

让我们做一个快速白板评估。你需要的只有纸、笔和这本书。

你的任务是这样的。考虑你经常去的、距离你家大约 15 分钟路程的地方，比如杂货店、你的工作场所或者你家孩子的学校。在头脑中想象它的画面。现在，我想让你回想从你家前门到这个目的地的道路，统计你需要转弯的次数。你可以走路、开车、坐公交车、坐地铁，或者采取其他方式，这都没有关系。

你只需要准确统计转弯次数。如果数忘了，没有关系，重新开始就可以了。

当你分心时，用 1 分钟时间写下让你分心的事情。如果是手机由于收到短信、电子邮件或推特提醒而响起，你就写手机；如果你对稍后的会议产生焦虑的想法，你就写会议；如果你不止一次思考同样的事情，你就写下重复次数。你可能会思考你在头脑中即将前往的目的地。尽量准确地统计转弯次数，同时尽量准确地记录影响这种统计的事情。不要跳过或忽略某些事情。在这里，我们最好能得到大量数据。

别忘了，让你分心的事情可能是好事，走神不一定是负面的。你的思想可能转到今天早上发生的愉快的事情上（排在我前面的陌生人替我买了咖啡，多么友好的举动啊），或者你所期待的事情上（三天的周末假期即将来临）。不管是什么类别，不管是积极的还是消极的，不管是有效益的待办事项还是无效益的思维反刍，只要把它写下来就行了。

这项活动与我在前言中让你做的头脑活动类似。当时，我让你注意你的手电筒偏离书本的次数。在这里，你不仅要注意分心的频率，而且要注意让你分心的事情。

现在，让我们来做评估。你在反复思考什么呢？观察你列出的清单，你可能会发现，某些主题具有"黏性"，会反复出现。你可能在畅想你即将享用的美味午餐，或者反思你上周末在聚会上做出的、目前仍然令你感到难堪的尴尬评论。这些都有可能。不过，我敢打赌，你列出的绝大多数甚至全部事项并不是电话呼叫或敲门之类的外部干扰。如果你和大多数人类似，那么让你分心的罪魁祸首是你自己的内心。

我们往往认为干扰来自外部，比如手机铃声、电子邮件通知、门铃响声、打断你思绪的同事说话声。通常，最难以抗拒的干扰其实是由内心产生的。在前一章，我们谈论了如何在花花世界里集中注意力。你需要在手电筒发生偏移时注意到这一点，然后迅速平稳地将其照回你想照亮的地方。在训练注意力时，这是至关重要的第一步。当你开始关注你的注意力时，你会注意到一件事：即使你成功消除了潜在的外部干扰（将手机调成静音，停掉收件箱，把自己锁在安静的房间里，或者采取其他任何必要措施），你的头脑中仍然会浮现出一些事情，比如担忧、悔恨、愿望或计划。

这些想法究竟从何而来？当我们想要将工作记忆用于其他目的时，为什么这些想法会擅自出现在我们的工作记忆里？

杂念从何而来

大约 20 年前，我们这些神经科学领域的工作者在思考一个神秘现象。功能性磁共振这种强大的新技术刚刚得到发明，我们第一次看到了一种新奇的脑活动模式。它与我们当时知道的任何大脑网络都不匹配。那么，它是什么？这个问题持续了许多年。

这种新技术令神经科学家非常激动。当研究志愿者在扫描仪中积极地处理任务时，我们可以看到与脑活动绑定在一起的信号，精确跟踪行动的"发生位置"。我们最迫切的想法是收集在注意力要求很高的任务中被激活的大脑区域的信息。换句话说，当你以某些方式集中注意力时，大脑的哪些区域会"点亮"？这对注意力系统的工作方式有何启示？为此，我们需要对"工作中"的大脑和"休息中"的大脑进行比较。

首先，我们观察大脑从事对注意力和工作记忆要求很高的事情时的活动，比如名为"3-back"的工作记忆任务。在这项任务中，你需要在扫描仪中，观察屏幕上依次显示的每个数字。对于每个数字，你需要回答"它是不是你在三张幻灯片之前看到的数字"。这个问题难度很大。它可以使我们为工作中的工作记忆拍下清晰的快照。

接着，我们需要获得休息中的大脑图像，以进行比较。"休息吧。"我们对研究参与者说。此时，没有测试，没有任务，没有需要通过注意力解决的事情。

不出所料，在参与者处理"3-back"任务时，大脑前额的某些区域非常活跃。[68] 不过，在一项又一项研究中，当参与者"休息"时，某种奇怪的事情反复出现。另一个网络浮出了水面——某种新的区域组合同时被激活。与记忆、规划和情绪有关的区域同时被点亮。我们之前没有见过这种现象，无法立刻弄清它是什么。为什么这些区域在休息时同时被激活？它们甚至存在联动性，它们的活动会共同消长。

我们试着向参与者提供其他更加具体的指示，但是上述现象和他们处理的任务没有关系。当我们让志愿者休息时，我们会在大脑中间（叫作中线——当你沿着头皮中线将头发分开时位于头骨下方的大脑区域）看到非常独特的激活图像。每当我们要求志愿者"休息"时，这个神秘网络就会现身。

所以，我们开始在志愿者离开扫描仪时提出这样的问题：你休息时在想什么？

他们的回答是：

"我在想午餐。"

"我在想我有多难受。"

"我在想我今天上午和室友起了争执。"

"我在想我需要剪头发了。"

我们调查的参与者越多，我们就越是注意到，他们的回答有一个共同点：他们都在思考与自身有关的事情。人们在扫描仪中不会思考世界和平和政治。相反，他们的关注点会转向自己，思考最近的生活经历，做做规划，分析自己的情绪、想法和感受。

由此，一些研究团队进行了新的尝试。他们让参与者在扫描仪中观看一系列形容词：[69] 高、滑稽、聪明、有吸引力、有趣、友好、悲伤、勇敢、可爱。参与者的任务是在从"根本不"到"非常符合"的范围内评价每个词语与当时的总统比尔·克林顿的符合程度，然后评价每个词语与自己的符合程度。他们再次看到了相同的休息期间的未知网络。当参与者被要求评价自己而不是总统时，同样的中线脑区模式又会浮出水面。

研究人员意识到，也许"休息"并不是真正的休息。在被要求"休息"时，参与者并没有休息，而是自动开始思考自己。大脑研究人员开始戏谑地使用一个有些调侃的术语：快速持续的自我相关思考（Rapid Ever-present Self-related Thinking），简称休息（R.E.S.T.）。

神经科学家现在将这个曾经很神秘的网络称为"默认模式网络"[70]，因为每当大脑没有被需要使用注意力的任务占据时，它就会自动进入这种模式（我们很快就会看到，即使大脑被其他任务占据，它也常常会进入这种模式）。当我们能够分离和辨识这个网络时，我们立刻开始在各种场合看到它的印迹。当你走神时，默认模式很活跃。当你执行任务并犯错时，你处于默认模式。许多实验室对此进行测试，结果是相同的：当人们答对问题时，注意力网络处于"在线"状态；[71]当他们犯错时，处于活跃状态的则是默认模式网络。

　　所有这些告诉我们，当走神使你的注意力和工作记忆指向自身时，你的默认模式会被激活。**即使没有外部干扰，大脑也会生成与自身相关的重要内容。这些内部干扰和外部干扰一样"响亮"**。富含情绪的思想可以有力地吸引你的注意力，就像某人喊你的名字一样。[72]

　　当你不需要用工作记忆处理其他事情时，这可能不是太大的问题。就像我们在前一章讨论的那样，为自发思维提供空间是很好的事情。问题是，这种事情一直在发生。而且，你常常需要用工作记忆处理其他事情。几乎所有事情都需要工作记忆。

工作记忆是注意力的重要伙伴

　　你通过工作记忆学习和记忆。它是通往永久存储器的入口。你需要通过它将经历、新信息以及其他许多事情写入你的长期记忆。当你想从长期记忆中取出（检索）某件事情时，你需要把这种信息"下载"到工作记忆中，以便快速访问，供你使用。

　　工作记忆对于社交和沟通非常重要。[73]你需要通过工作记忆跟踪和分析别人的意图和行为，并将这些观察记在心里，以便进行社交互动，比如在谈话中等待你的发言机会，或者在你有话要说时先倾听别人的发言。

你需要通过它为经历赋予情绪。[74] 当你回忆快乐、悲伤或令人不安的事情时，你在使用工作记忆。当你构建完整、丰富、饱含感情的回忆时，其实是在将这段经历涉及的想法、情绪和感受写满你的白板。工作记忆与你的感受能力关系密切。

反过来也一样。你需要用工作记忆管理新出现的情绪。例如，你被某种情绪淹没，需要稳定情绪。你会怎样做？你会思考问题，或者转移注意力、关注其他事情，或者重构局面（也许事情不像我想的那么糟糕……）。所有这些策略都需要使用工作记忆。

在一项研究中，参与者需要走进房间，观看令人不安的电影。[75] 唯一的要求是，他们在看电影时不能公开表露感情。他们不能叫喊、哭泣或者做出表情。研究人员要求每个参与者在完成简单数学题的间隙记忆字母，以测试他们的工作记忆容量。接着，他们寻找相关性：人们对情绪表达的成功抑制与工作记忆容量之间是否存在对应关系？

答案是肯定的。工作记忆容量较低的人一直在表达情绪。他们真的无法控制自己，尽管这是他们唯一的任务。同时，工作记忆容量较高的人可以更好地控制自己的反应。和工作记忆容量较低的人相比，他们可能用工作记忆将目标更强烈地记在了心里（"我现在的任务是不做出反应"）。或者，他们可能重新评估了局面，以改变他们的反应（"这只是电影，不是真的"）。不管具体策略是什么，重点是，他们拥有这样做的认知能力。

最后，从制作午餐到思考某个想法，工作记忆在你每天想做的每件事情中发挥着重要作用。用神经科学术语来说，它是你"维持目标"的场所。

◉ 工作记忆是你实现目标的入口

你需要把目标存放在工作记忆里，以便朝着目标前进。我所说的目标不是指足球比赛中的进球，尽管进球也是足球的目标。我指的是在你参与的每一项任务中获得理想结果的微观意图和心理目标，这些任务包括你在一天之中的所有决策、规划、思考、行动和行为，即你准备去做的一切事情，比如决定读一本书，购买晚餐食材，思考你最喜欢的表情包，制作演示幻灯片，学习使用新设备，过马路前等待车辆通过。你依靠工作记忆连续不断地为每个任务维持目标和子目标，对其进行更新，或者将其替换成不同目标。

在新型冠状病毒疫情大流行的隔离期，一天晚上，我和我的丈夫决定培养家庭感情，做点提振精神的事情。那天晚上，我们决定和两个孩子打牌。

女儿索菲让大家一起玩一种叫作"埃及拍"的纸牌游戏。规则是这样的：玩家依次快速出一张牌，当特定纸牌顺序出现时，你需要拍打牌堆，以获得胜利。你需要寻找的顺序包括三明治（8-2-8）、三连（8-8-8）、一条龙（7-8-9）等。孩子们喜欢这个游戏，但我和迈克尔有点讨厌它。它的规则太多了。要想获胜，你需要始终保持警惕。你需要把所有这些规则积极保存在工作记忆里，而且需要动作迅速。

奇怪的是，孩子们彻底击败了我们。两个40多岁的父母完全无法匹敌十几岁后代的大脑和身体疾如闪电的反应能力。孩子们对于我们的糟糕表现困惑不已，一直在努力纠正我们。"不，不，"他们说，"你需要用最快速度拍打。"天真的孩子们并没有意识到，这不是因为我们不理解规则，而是因为他们年轻的额叶正在成长，[76] 以实现全部潜能，而我们的额叶却在悲哀地衰退。不过，这很有趣。在玩（输）的时候，我意识到，这种游戏是纯粹工作记忆任务的绝佳案例：我们需要把目标记在心里，然后根据这个目标采取行动。这正是工作记忆的运转方式，也是它对你影响如此深远的原因。

工作记忆是注意力的重要伙伴，你需要通过它来处理你所关注的信息。不过，如果注意力不断摄取引人注目的干扰性内容，它就会为目标的维持带来很大问题，更不要说目标的完成了。为什么？因为你只有这么多的工作空间。和真实的白板类似，工作记忆存在局限性。

工作记忆是有限的

在实验室，我们经常进行一些探索工作记忆上限的实验。我们想知道，既然工作记忆对于生活的各个方面如此重要，那么我们从事这些重要工作的"空间"到底有多大呢？

我们邀请参与者来到实验室，观看人脸图像。我们把图像做得很普通，没有令人特别难忘的异常或惊人的特征。接着，人脸会消失三秒，然后被另一张人脸取代。他们的工作是在头脑中比较两张人脸，判断它们是否相同。这很简单。所以，我们把参与者需要记忆的人脸数量调多，从二到三，到四到五，一直到九。这是测试工作记忆留存信息能力的基本方法。在前一张人脸消失的三秒钟里，参与者需要把这些图像保持在工作记忆里，即在白板上反复"描绘"这些图像。当他们的回答开始出错时，我们知道他们的白板容量达到了上限。

那么，在"刷爆"工作记忆之前，人们能记住多少张人脸呢？猜一猜。五张？十张？更多？

答案是三张。

我们每次在实验室做这项实验时，人们的表现都会在人脸增加时变差。过了三张以后，他们的表现和单纯的猜测一样糟糕，就好像他们之前从未见过那些人脸一样。

你可能会说："人脸很复杂，拥有太多的小细节。"事实上，即使对于彩色形状这种非常简单的刺激而言，三四个差不多也是工作记忆可以维持的极限。为什么？一种可能是，你在工作记忆里维持的每个项目拥有独特的脑频特征，就像收音机频道一样。你可以同时"打开"三四个频道，让它们保持相互独立。[77] 不过，如果超过四个，它们就会开始竞争，或者叫作"消除歧义"。

本地电话号码之所以有七位数字，原因与工作记忆的"大小"直接相关。1956 年，心理学家乔治·米勒（George Miller）发表了一篇关于工作记忆的文章，题为《神奇数字七，加减二》[78]。他发现，七（加减二）是记忆一串数字的甜蜜点，是大多数人短暂维持或轻松记忆的数字上限，因为用英语说七个数字的时间大约相当于听觉工作记忆的"缓存时间"。[79] 即使只延长一两秒，这些数字也会迅速消逝，使你来不及拨号。（如果你记得转盘电话，你就会知道这在当时有多重要。）

你已经知道了工作记忆是有限的。所以，你可以用一些策略来帮助自己。例如，回想那个打电话采访我的记者。当他在采访一开始请求写下他的想法时，他在使用"认知卸载"[80]技巧。

认知卸载是一种很好的策略，对你完成任务的表现很有利。不过，它没有解决一个核心问题：我们并不总是能够意识到自己超载了。我们并不知道每时每刻白板上的全部内容，而且在遭遇失败之前不会得到提示。

当工作记忆失效时

本章的第一个故事很好地展示了工作记忆失效的一种常见类型：超载。你试图记住过多的东西，你的工作记忆超过了限度。你可能也会遇到相反的经历：断片。[81]

"我刚刚还记得的！"当你走进房间，不知道自己为何而来时，你想道。或者，当你在课堂上或会议上举手并被要求发言时，你发现，刚刚还装满精彩且完整的发言稿的大脑已经变成了一张白纸。为什么会这样？神经科学提出了一些假设。一种假设是，我们在无意识中走神了……我们的手电筒被拉走，之前盘算的事情消失了，所以我们发现白板上"空空如也"。另一种假设是，我们试图记住信息的神经活动"突然死亡"：[82] 之前的一整套大脑活动在同一时间全部停止。你可能感觉大脑里之前有东西，但现在消失了。

最后是干扰。

到现在，你已经知道了突出的干扰有多厉害。任何特别明显或"响亮"（包括字面意义和比喻意义）的事情都必然会捕获你的注意力，不管它们来自外部环境（制造画面、声音或带来其他感受）还是你的内心（思想、记忆、情绪）。这带来的一个后果是，一旦"响亮"的事情进入你的工作记忆，它就可能覆盖你试图记住的东西。其结果是，你之前维持（使信息痕迹保持活跃，供你使用）或编码（更加持久地写入长期记忆）的内容会被破坏。这种破坏再次突显了工作记忆和注意力是多么密不可分。

◉ 工作记忆和注意力的三个子系统

工作记忆和注意力就像一对舞伴，它们必须相互配合，以平稳完成你的任何目标，包括大目标和小目标。不管是面对隔离期的纸牌游戏还是决定人生的危机，其背后的原理和主要弱点是一样的：

- 手电筒为信息编码，将其维持在工作记忆里，并在白板上"描摹"，使其维持更长的时间。

  主要弱点：诱惑和转换

  当注意力被某种突出事物"捕捉"或拉走时，这个使注意力更加兴奋的内容会覆盖你正在维持的内容。接着，主动注意力开始描摹这个新内容。之前的信息会永远消失，不会留下一丝痕迹。

- 泛光灯通过使用白板完成任务。在紧急威胁或压力下，你的警觉系统会暂时屏蔽工作记忆，以确保大脑的行动系统将基本求生行为（战斗、逃跑、静止不动）置于其他目标和计划之上。

  主要弱点：路障

  即使没有真正的危险，遭受威胁的感觉也会启动警觉系统。这会暂时屏蔽工作记忆，影响依赖于工作记忆的一切功能，比如长期记忆、社交联系和情绪管理。[83]

● 杂耍演员使你的当前目标在白板上保持活跃，并在情况变化时更新这些目标。

主要弱点：掉球

工作记忆的超载、断片和干扰会使身为中央执行者的杂耍演员犯错，使你忘记目标，行为受到误导。杂耍演员会掉球。

在上述每一种情况中，工作记忆和注意力的紧密互动既有可能平稳流畅地为我们的目标服务，也有可能使我们摔倒，在白板上写入错误内容，屏蔽重要内容，使我们无法完成目标。

我们经历的工作记忆失效——不管是否严重——可能在一天、一个星期甚至一生中不断积累，使我们无法前往我们想要抵达的地方，无法成为我们想要成为的人。

"那么，"你会问，"我们能做什么呢？"

清理头脑白板

2013 年，我们实验室与美国和加拿大各地中小学教师合作开展了一项大规模研究，[84] 以了解正念训练能否影响教育工作者特别关心的认知表现和认知疲劳。我们让有资质的培训师教授八个星期的正念课程。除了上课，教师还需要在课间做正念作业练习。所有教师需要进行经典实验，以测试他们的工作记忆容量：记忆一小串字母，比如 MZB，然后做一道简单的数学题。我们会为字母串添加一个字母，然后让教师再做一次计算；之后再添加一个字母，再布置一个问题。我们想知道，在保持正确解答数学题的情况下，在工作记忆开始褪色并最终失效之前，他们能准确记忆多少个字母。

半数教师参加了八个星期的正念课程，另一半教师要到八个星期结束后才能学习正念课程。（这是控制动机差异这一潜在的研究影响因素的重要途径。我们没有设置不接受培训或没有兴趣接受培训的对照组，而是设置了候补对照组。在测试环节，候补对照组至少在理论上拥有类似的动机和投入水平，因为他们最终也会接受培训。）当我们在第一组完成培训后对两个小组进行重新测试时，我们发现，和等待中的小组相比，已经完成八周正念课程的小组表现出了更好的工作记忆。

这些有趣的结果使我们提出了下一个亟待解决的问题：正念训练是怎样改善工作记忆的呢？我的猜测是：它有助于清理头脑白板。

来自加利福尼亚大学圣塔芭芭拉分校的同事有相同的猜测，他们用巧妙的实验进行了测试。[85]他们向 48 个大学生提供了我们向教师提供的那种工作记忆测试。多年前，我们在西棕榈滩向海军陆战队员提供的也是这种测试。不过，他们添加了一个重要环节。实验结束后，他们让参与者报告自己走神的频率——在实验中，他们是否经常产生与任务无关的想法？

在参与工作记忆的研究后，半数志愿者受邀接受两个星期的正念培训，另一半志愿者接受的则是营养教育，作为"对比培训"。他们发现，只有正念培训改善了这些学生的工作记忆，而且对培训前经常走神的人帮助最大。这项研究还提出了一个现实问题：改善工作记忆和减少走神能否在学术任务上为学生提供帮助？答案是肯定的。接受正念培训的学生在研究生考试阅读理解部分的平均得分提高了 16 个百分点。

让我们回顾一下：在高压群体（比如感到疲惫的教师）中，压力是注意力的不利条件，而头脑时间旅行是一大罪魁祸首。你无法让手电筒指向你所需要的地方，要么处于倒带状态（思维反刍、后悔），要么处于快进状态（常常杞人忧天）。工作记忆（你的头脑白板）需要通过你的注意力手电筒对其内容进行编码和刷新。而如果涉及压力的头脑时间旅行把注意力劫走，工作记忆就会塞满不相关的输入。任何依赖于工作记忆的事情都会受到影响。这意味着理解、规划、思考、决策以及情绪的体验和管理都会受到影响。

简而言之：

涉及压力的头脑时间旅行会使注意力手电筒偏离我们的当前经历，增加头脑白板的混乱程度。

在专注于当下时，注意力可以用与任务相关的信息填写并刷新工作记忆的内容。进而，工作记忆可以成功满足当前时刻的任务要求。换句话说：

正念训练有助于清理头脑白板，使工作记忆更好地运转。

打破末日循环

星期五晚上，经过长达一个星期的教学、开会和赶稿，我对丈夫迈克尔说，我的决策能力已经用光了。我想把关于晚间计划的一切决策任务交给他，但我有一个请求和一个条件。我的请求是，我们要做一些具有"转变性"的趣事。我的条件是"我不想离开这个沙发"。

迈克尔宣布，我们将要观看一部名为《路西法》的电视剧。在剧中，魔鬼厌倦了地狱生活，来到了洛杉矶（还能是哪儿？），成了夜总会老板。（我翻了翻眼珠，表示抗议，但迈克尔按下了播放键。"是你让我做决定的。"他提醒道。这很公平。）路西法和警察搭档，致力于惩罚那些用自由意志做坏事的人。当他们去世时，你能猜到——他们被送进了地狱。接着，电视剧开始详细描绘这个版本的地狱。简单地说，路西法让人们陷入时间循环之中，反复体验他们最大的遗憾。我想："哈！这不就是我所研究的思维反刍吗？"

思维反刍是头脑时间旅行最有力的形式之一。[86] 你会反复思考同一件事情。当我们对某事进行反刍时，我们会陷入某种循环。我们会重演事件过程，希望它们有不同的发展。有时，我们会想象事情的其他展开方式，或者回忆它们的真实走向，最终重演这些事件。在思维反刍时，我们也会进行灾难设想，想象事情未来可能的发展，为可能永远不会出现的各种可能性而担忧。这些头脑循环极具吸引力——它们会成为冲突状态，我们很难让手电筒离开它们。当我们试图让手电筒离开时，我们往往会迅速返回这些循环，就像舌头寻找疼痛的牙齿一样。

思维反刍如此可怕，竟然会使某个人制作一部将思维反刍比作地狱的电视剧。我觉得很可笑。

头脑时间旅行会降低工作记忆满足当前需要的能力。我们在头脑中不断描绘我们反复思考的事情，不管它是什么。因此，我们的头脑没有了做其他事情的空间。我们失去了认知和情绪管理能力。在这种情况下，你可能会匆忙做决定，或者责骂孩子。压力水平会上升，情绪会低落。这种自我强化的压力会消磨我们的注意力，使我们更加难以抵抗我所说的"末日循环"。

不管工作记忆的内容是什么，它们都是我们每时每刻有意识的经历的实际内容，会得到注意力的强化和保护。假设你的工作记忆专注于目标，里面的内容与你在一些外部任务中想做的事情和你实际在做的事情相符。此时，你专注，投入，反应敏锐。你可以注意到一切，从感官细节到个人体验的大背景——你完成任务所需要的关于背景和周围环境的一切"信息"都在你的掌握之中。

相比之下，如果你的白板上有其他事情，它就会成为你在那一刻的经历。你可能会忘记你最初开展活动的意图和目的。举一个我很熟悉的例子：如果你坐在孩子旁边，和他共同看一本书，但你的头脑在思考与工作有关的问题，那么从本质上说，你不是和孩子坐在沙发上，而是在工作。你甚至可能经历感知脱节，你的手电筒专注于白板上的内容，甚至无法处理来自周围环境的感官输入。（如前所述，当我们把一本书读了100遍，但是仍然不知道什么是乌姆普时，我们所处的就是这种状态。）

这种效应有多强呢？如果你把某件事情保持在工作记忆里，你的大脑计算资源就会转而为这些内容服务。这就是我们所说的工作记忆的偏差效应。在一项实验中，我们想弄清工作记忆的偏差效应对感知的影响。它对感知的影响到底有多大呢？

我们的实验与前面探索工作记忆上限的实验类似。这一次，我们让参与者在实验中戴上电极帽，并且只让他们记忆一张人脸。[87] 我们发现，当你把一张人脸保持在工作记忆里时，在屏幕上没有人脸的三秒钟里，你的人脸处理神经元会保持活跃。我们是怎样知道的呢？在间歇期，我们会展示小小的灰色"探测"图像，它是一团不成形的图像，是我们提取人脸图像的所有像素并进行随机移动的产物。我们好奇地发现，和记忆其他事情（比如场景）相比，在参与者记忆人脸时，这些探测图像诱发了更强的 N170 波幅（看到人脸时产生的脑波反应）。

让我们分析一下。为什么这对于我们来说是一项有趣的发现？因为它告诉我们，工作记忆存在与注意力系统类似的"自上而下的"偏差：此时，大脑所做的一切都会根据白板上的内容进行校准。看上去，你在经历你所思考的事情，而不是眼前的事情，但这并不仅仅是看上去而已。从神经层面看，这是事实，是正在发生的事情。在你的身体里，你的大脑正在感知人脸，尽管你的眼睛正在注视一团灰色图像。

所以，当你在沙发上阅读乌姆普的故事，或者开车在佛罗里达长长的桥上行驶，或者坐在法官席倾听辩护律师发表的最后陈词时，如果你的思想在别处，那么就你的大脑认知来说，你的确身在别处。

现在，我想在此花一分钟时间，说一件重要的事情。到目前为止，我们谈论的关于工作记忆的一切似乎都是负面消息，包括它的短暂性，它面对威胁和压力时的脆弱性，以及它被走神劫持的方式。看起来，工作记忆似乎完全是为了失败而设计的。同时，我又告诉你，它对你想完成的一切都非常重要。那么，怎么办呢？如果它是非常重要的大脑功能，为什么自然母亲会给我们留下这样一个不完美的、容易出错的工具呢？为什么这个"软件"有这么多"漏洞"呢？

◉ 这不是漏洞，而是功能

我的回答是：这不是漏洞，而是功能。每个明显的缺陷都有目的。让我们看一看。

消失的墨水

如果白板上的墨水快速消失是一个很大的问题，为什么我们没有进化出持续时间更长、更加持久的墨水呢？

如果白板不每隔几秒就自动清除笔迹，会发生什么呢？每个一闪而过的想法、每件引起你注意的事情、每一个小小的干扰或杂念都会留存下来。就连有益的事情也会变成负担。别再想维持目标和解决问题了——头脑中产生的一切想法的持续重量会把你压得喘不过气来。你很难判断什么重要，什么不重要，因为一切内容都会留存在你的有意识头脑中，其持续时间超出你的需要。你的工作记忆不得不进化出短暂性。你的大脑需要迅速而持续地自动丢弃内容，使你能够灵活而有选择地持续关注某件事情，从而将其保持在头脑里。

脆弱性

为什么工作记忆如此容易受到干扰？

让我们请回我们的好助手，即你的远古祖先，以解答这个问题。假设他在森林里。他在工作记忆里维持着一个目标：寻找食物。他在寻找红色，那是这个地区生长的某种浆果的颜色。此时，他的所有大脑功能都在为实现这一目标服务。当他寻找红色时，他的色彩处理神经元在活跃而机敏地运转。接着，他发现了树林中的移动物体，是老虎。工作记忆以最快速度丢弃之前的目标，代之以新的命令：静止不动。

我们仍然需要这项功能——尽管它会使我们在误解或想象威胁时陷入麻烦。我们需要拥有迅速行动的能力，不能有一丝迟缓。这项功能使我们能够完成这个重要行动，有时甚至可以因此活命。

容量

为什么我们的局限性这么大？为什么我们只能记住三件事情，而不是三百件事情？

老实说，我们仍然对此感到困惑。基于频率的脑动力学也许可以给我们答案。一种可能的解释是，即使你能记住一百万件事情也没有用，因为和注意力类似，拥有工作记忆主要是为了采取行动，而你只拥有两只手和两只脚。

由于工作记忆进化出的这些功能，我们不会由于记住一切事情而无法对变化的要求做出反应。它们在几千年前为我们的祖先提供了很好的服务，今天还在继续为我们提供很好的服务，尽管我们在今天的世界上几乎不会遇到老虎。只不过，这些通过进化得到选择的功能有自身的缺点。但是，也有好的一面，我们了解到越来越多的研究表明，正念训练对我们有帮助。虽然存在这些不利倾向，但是通过训练，我们仍然可以拥有巅峰头脑。

◉ 要想重获白板，请按下播放键

我过去常常认为，正念相当于按下暂停键。我总是觉得这样做很虚伪或具有理想主义色彩。生活没有暂停键。所以，为什么要装模作样呢？不过，当我们谈论稳定注意力和发展巅峰头脑时，我们寻找的其实是播放键。我们需要停止按下倒退键和快进键的动作，保持在播放状态，去感受生活之歌的每一个音符，去倾听和吸收周围发生的事情。

在前一章，你尝试了第一项核心练习，即"寻找你的手电筒"。现在，我们要对这项练习进行一些调整，以帮助我们摆脱末日循环。它之所以有效，是因为你必须跳出在这些末日思维反刍循环中不断转圈的状态，对走神内容进行类别判断。接着，在为走神内容贴上标签后，你会返回当前时刻。当你陷入思维反刍性的走神之中时（就连最优秀的人也会这样），你开始意识到发生了什么——随着练习的增加，你可以更快地意识到这一点。你不会在与朋友进行十次同样的辩论后才发现，在你试图倾听同事的谈话内容时，你的白板一直在被其他事情占据。当你训练自己监督当前时刻发生的事情时，你会越来越少地陷入漫长的、没有成效的、与任务无关的头脑时间旅行中。你可以更好地注意到走神现象，思考你的工作记忆此刻的内容以及它们是否正在支持你目前需要做的事情，或者回转到当前时刻是不是最好的做法。如果是，你应该把注意力重新放在当前时刻的画面、声音和要求上。

这是试图培养专注力的经典练习的另一个变式。它基于"寻找你的手电筒"练习，可以为本书后面出现的更加高级的练习打下良好的基础。在后面的练习中，你需要培养观察和监督头脑的技能，这始于"看见"你自己的思想。

核心练习助推器：观察你的白板

1. **重复之前的步骤。** 最初的步骤与上一章集中注意力的基本练习相同。你要直立地坐在舒适的椅子上，双手放在大腿上，闭上眼睛或者垂下眼睑（以限制视觉干扰）。和之前一样，选择与呼吸相关的明显感受。记得将你的注意力想象成手电筒，你要把光束指向你所选择的与呼吸有关的身体感受。当手电筒的光束转向其他事情时……

2. **注意它去了哪里。** 这是新步骤！在第一项练习中，我要求你关注注意力是否离开。如果离开，你应该立刻把手电筒指回到呼吸上。这一次，我希望你暂停一下，观察手电筒目前指向哪里。

3. **为它贴上标签。** 确定出现在白板上的干扰类型。它是思想、情绪还是感受？思想可以是担忧、提醒、回忆、想法或者待办清单中的某一项。情绪可以是沮丧感，停止练习、去做其他事情的冲动，一阵喜悦，一阵紧张。感受与你的身体有关，比如痒，肌肉酸痛，保持坐姿导致的后背疼痛，听到、嗅到、触摸到或者看到某样东西（比如门被关上，食物在被烹饪，猫跳到你的大腿上，电灯发出亮光）。

4. **迅速完成这一过程。** 注意你是否开始走进"兔子洞"：对干扰进行思考，或者询问为什么你在思考这一特定主题，或者转向不利习惯，比如由于最初分心而自责。你

> 现在不需要回答这些问题，或者责备自己。现在，你需要关注白板上有什么，而不是对其进行思考。你只需要从思想、情绪和感受这三个类别中挑出最合适的一个，为白板上的内容贴上标签。然后……
>
> 5. 继续前进。在每次贴标签后，回到当前时刻，回到你的呼吸上来。如果这是强烈的体验，它可能会反复出现——此时，你只需要再次为其贴标签。
> 6. 重复。每当你注意到自己走神时，只需要为走神的内容贴标签（思想、情绪还是感受），然后回到呼吸上来。

有一点很重要：我绝对不是在说，白板上的内容总是应该与当前任务的内容相匹配。和拥有"完美的不间断专注力"的谬误类似，这既不可能，也不可取。如果白板上的东西与你的当前任务无关，这件事本身并没有问题。它谈不上好坏——这只是大脑的工作方式而已。它只是发生了而已。一些思想会自发出现。我们会用工作记忆处理与当前时刻无关的事情，比如解决逻辑问题，弄清我们对某件事情的感受，制订计划和决策。许多时候，在白板上写下关于过去或未来的信息绝对是最好的。在这种时候，时间旅行带来的内容会使当前时刻变得更加充实。

如果自发思维没有影响你的表现，那么它可能不是问题。这是一个好机会。你可以为自己提供"空白空间"，让你的头脑随意将某件事情放到白板上。（实际上，脱缰的大脑为你带来的东西可能含有丰富的信息——我们稍后会谈论这一点。）不过，你此时可能需要通过工作记忆满足当前要求。这可能不只是普通工作。你可能有许多理由不想脱离当前环境，比如与他人沟通、学习、人身安全等。所以，请你想一想：

> 如果我分心，会不会有代价？
>
> 如果我错过当前时刻，这对我是否重要？

和管理注意力类似，管理工作记忆不需要每时每刻100%投入当下。你不能只生活在当前时刻——你做不到，我也不会这样建议。你能做到的是意识到正在发生的事情。这是使你能够进行干预的超能力。

看见白板上的内容的力量

在电视剧《路西法》里（我把这部电视剧看了下来），我后来发现，路西法最后还藏了一手。被"围困"在地狱里的人其实并没有遭到"围困"。所有的门都没有上锁。他们随时可以选择离开。不过，他们并没有离开，因为他们觉得无法离开。

归根结底，拥有强大的工作记忆并不是指你每分钟都可以用它实现目标和计划，或者总是可以生活在当前时刻——这既不现实，也不可取。相反，它是指意识到工作记忆所包含的内容是什么。它是指在你需要完成任务时意识到并摆脱一切干扰（比如头脑时间旅行）。它甚至可以意味着像做清爽的清晨日光浴一样沉浸在当下。我们在实验室发现，表现比较好的人可以更好地摆脱干扰。他们可以在合适时允许墨水褪色，[88] 有选择地做出改写白板内容的决定。

在如何夺回这个重要的认知工作空间的问题上，这就是新的注意力科学为我们带来的全新理解。我们很久以前就理解了工作记忆和注意力的关系，理解了工作记忆和长期记忆的关系。我们现在知道，工作记忆不仅仅是信息的"储存仓库"。

我们在下面各章将会看到，工作记忆中的内容将会限制你的感知、思想和行为。所以，我们需要做的第一件重要的事情就是把注意力手电筒指向头脑白板，看看上面是什么。这是使用注意力"手电筒光束"的全新途径，但是我们已经开始意识到，这种途径对于实现必要的认知能力、使我们在当今世界上更好地生活非常重要。

不过，你不能仅凭决心意识到每时每刻白板上的内容。和其他训练类似，你需要逐渐积累这种能力。所以，在我的某个研究阶段，即使面对重重阻力，我也不得不推进对于正念练习的探索。

从"播放"转为"录音"

对西棕榈滩海军陆战队的研究告诉我们，如果接受正念培训并且每天坚持练习，人们的确可以在长期高压条件下保持良好的注意力和工作记忆，并且拥有认知耐力。经过培训，他们可以保护注意力和工作记忆不受周围破坏性压力的影响。这是一项充满希望的研究，但是规模太小了。我们需要更大的样本群体和更加精密的实验。我想进一步弄清效果最好的具体头脑训练类型以及使高压条件下的人发生真正改变所需要的"剂量"水平。

在业界，我追求这个研究方向的做法遭到了警告。同事对我说，正念是条死胡同，太空洞了，不够严谨。他们警告说，如果我继续研究这个方向，我就是在"职业自杀"。

不管怎样，我们还是提交了经费申请书。我们得到了两百万美元的经费，用于对美国陆军开展史上第一项大规模正念训练研究。我大喜过望。也许我在"职业自杀"，但我至少在全力以赴。

只有一个问题：没有一个军方人士愿意接受这项研究。我四处兜售这项计划，但我敲的每一扇门都对我紧闭。我们的要求似乎太高了。我们要求对方提供许多时间。这项研究涉及脑波，单是设置电极帽就要花费一个小时！而且，我们要求他们在出征前提供时间，这是最糟糕的时段，此时士兵们需要为即将面对的最紧张、生死攸关的环境进行训练。不过，这正是我们所需要的时段。在这段高压期，他们需要表现出最佳状态。接着，在出征后，他们需要继续保持最佳表现。每个人都在说："不行，不行，不行，不行。"

接着，经过一整年的询问，我得到了肯定的回答。

这个回答来自我们在前言中提到过的沃尔特·皮亚特中将。当时（十多年前），他还是上校，领导着一个驻扎在夏威夷的美国陆军旅，该旅正处于前往伊拉克执行任务的间歇期。当我和我的团队乘飞机前往那里去和皮亚特上校谈论这项研究时，他的执行军官要求我进行简明扼要的演示，因为他的时间非常有限。当我走进会议室时，我做好了心理准备。我觉得他会是一个典型的军人，表情严肃，务实、刻板而坚忍。

出乎意料的是，他首先把我们领进了驻地"纪念馆"。他们在此纪念那些没有活着回来的军人。我们在房间里缓慢地行走，观看逝者的名字和战靴。皮亚特谈到了出征之前、之中和之后军旅生活的挑战。他向我们展示他死去的朋友的照片，包括伊拉克朋友。他告诉我，当他浏览我们的研究材料时，他想到了妻子辛西娅（Cynthia）经常对他说的一句话："不要在出征前出征。"在他的多次出征经历中，她注意到，在他前往地球另一边的战区之前，他的心已经飞到了那里。我立刻想到了许多人"在出征前出征"的各种方式。我们花费时间在头脑里规划和想象即将发生的事情，完全忽略了当前生活。我想到了我自己在那个星期早些时候的经历。我站在儿子正在比赛的足球场边，心已经飞到了第二天的教职员会议室里。我几乎不记得这场比赛的任何细节。（我现在还为此耿耿于怀。）

在开车返回旅店时，我在头脑中回想这段经历——它完全出乎了我的意料。上校首先带我去纪念馆的决定令人印象深刻。我想到，正念一词在梵语中用 smriti 表示，它的字面意思是"被记忆的事情"。

当我们停留在播放状态时——当我们用当前时刻填充白板时——我们更容易将这一时刻写入长期记忆。我们都想"更好地记忆"。正念能否帮助我们按下录音键？

答案是肯定的。不过，按下录音键并不像看上去那样简单。

第6章

按下录音键：注意力与记忆

当理查德走进我们的培训室时，我可以判断出，他心存疑虑。他温和而严肃，曾是服役军人，现在为一家军事研究中心工作。他平静而矜持，似乎有话要说。他很有礼貌，不过，我可以从他的眼睛里看出，他完全不认同我们的计划。

这是我和同事斯科特·罗杰斯领导的"培训师培训"计划。理查德被老板派来学习如何向军人群体提供正念培训。他在沃尔特·里德陆军研究所研究转化办公室的职责是将新科学（比如我们关于正念练习对注意力有益的研究）转变成美国陆军可以接受的培训。不过，他疑虑重重。他非常担心正念与他的宗教信仰发生冲突。他的基督教信仰是他人生和思想的基础。他的老板让他先学习正念，然后向其他军人提供正念培训，他对此感到担忧。他能否完成任务？

当他第一天上午走进房间时，他说他感到紧张。"我的想法是，我需要想办法摆脱这一切。"

不过，当我们阅读材料时，他的抗拒开始消退。没有任何内容具有宗教性质。在他看来，正念培训的目标及其加强注意力、工作记忆和改善情绪的原理很有道理。我们指出，士兵之所以常常无法对当前要求做出反应，是因为他们在为其他事情担忧，这一观点使他产生了共鸣。他开始觉得，正念也许真的有用。他开始思考，当他祈祷时——祈祷对他很有意义——他是否在用心祈祷？他是否在关注祷词？当他和正在迅速成长的孩子在一起时，他真的和他们在一起吗？他十几岁的孩子总是想和他分享回忆："……的时候真有趣""爸爸，还记得……的时候吗"。他会想："哦，我完全不记得。"

他总是不当回事。他想：我只是记性不好而已。现在，他想，到底是他记性不好，还是另有原因？每当他的孩子试图和他交流共同经历时，他都会感到痛苦。

"我意识到，我之所以不记得和他们的共同经历，是因为我当初就没有用心。我的心一直在别处。"

虽然他在这些事情发生时身在现场（他有照片可以证明），但他并没有经历这些事情。他繁忙而紧张，压力很大，感觉他的注意力永远在其他地方，不管他在做什么，也不管他和谁在一起。

"我不在那里，"他说，"所以我不记得。"

记忆很狡猾。我们觉得我们能记住许多事情，但事实并非如此。我们会遇到理查德面对孩子时的那种经历，对于我们充分参与了生活中的哪些时刻产生疑虑。我们没能记录哪些事情？与爱人在一起的重要时刻，重要知识——或者更多？你可能会犯错，因为你所掌握的知识在你需要时并没有浮出水面；你沮丧而模糊地意识到，你本应该知道这件事的。你想倾听并记住重要会议的内容或者与家人的甜蜜时刻；与此同时，你在回忆过去某件令你后悔的事情，这件事已经存在于你的长期记忆里，你很想把它忘掉。

你很容易怀疑你的记忆出了问题——为什么你的经历和知识没有成为长期记忆，而是像水一样溜走了。不过，每一件这样的事情都可以得到解释——比如为什么一些记忆留存下来，另一些记忆消失了；为什么一些知识在你需要时会浮出水面，另一些知识不会。而且，这很可能与你的记忆没有太大关系。我们所认为的记忆问题常常是注意力问题。

测试：你在录音吗

请暂时取出手机。打开手机相册，翻到你最近拍摄的一张照片。它可以是任何事情——可能是大型活动（你和朋友参加的音乐会），也可能是小东西（沙发上的猫咪）。请观察你所拍摄的照片，回答下列问题：

- 你记得些什么？试着回忆你所体验的感官细节，比如食物的味道，空气的气味——任何没有被那张照片捕捉到的事情都可以。

- 当时有哪些发言？你说了什么？

- 你当时感觉如何？

- 最后：你错过了什么？如果你能穿越到那个时刻，为了

填补记忆空白，你会首先关注什么？

我刚刚打开了手机相册并往回翻。第一张引起我注意的照片是我们在利奥上大学前的最后一次家庭聚餐。利奥已经长大了，即将进入外面的世界，我想让我们四个人聚在餐桌前，进行最后一次特别聚餐。看着照片，我生动地回想起，我当时想要摆好角度，让每个人微笑着注视镜头。不过，我想不起我们谈论了什么，也想不起关于那顿饭的其他许多事情。

如果你不喜欢拍照，你可以浏览发送的信息。你最近是否向某人发送了屏幕截图或文章？你记得原因吗？你记得它的内容吗？它的背景和内容是否完全消失在了你的记忆中？

我们很容易将记忆看成大脑的录音键。实际上，在这里，我一直在用"按下录音键"的比喻来描述我们的记忆方式。不过，准确地说，我们并不是在"录音"。

记忆和录音不完全相同

记忆是复杂微妙的过程。记忆是可变的，不是静止的。和手机相册上的照片不同，它们不会在你每次查看时保持一致。记忆会逐渐变化。一些事情会留在我们的记忆里，另一些事情会被我们遗忘。别担心，你的记忆很可能没有任何问题。这就是记忆的工作方式。根据进化的设计，我们的记忆会优待某些类型的信息，我们会完全忘记其他事情。当你说你的记忆出了"问题"时，这个问题很可能有经过进化选择的目的。

记忆不是对于事件的忠实记录。你的头脑也许是优秀的时间旅行者，但你无法回到过去，分毫不差地重新经历当初发生的事情——因为"分毫不差的事情"并不存在于你的记忆里。对事件及事件前后的体验好比筛子，经由二者过滤，你对该事件的记忆便得以形成。你对经历的记忆叫作"情景记忆"，它只会对你最关注的、保持在工作记忆里的那些经历进行选择性编码。[89] 简单地说，你只会记得被你关注并"写在"白板上的事情，而不是一切发生过的事情。而且，你的情景记忆不仅与外部事件元素（谁、什么、哪里，等等）有关，而且与你对这些事情的个人体验关系密切。所以——你的经历是否快乐、悲伤、有趣、紧张？你的情绪体验会影响你关注的事情，从而影响你的记忆。

"语义记忆"——关于世界的一般知识，比如事实、思想和概念——具有类似的选择性。你所记住的事情基于你之前学到的知识。

这两种记忆不仅与注意力存在紧密联系，而且形成了一种紧密的循环：我们关注的事情会被我们记住，而我们记住的事情又会影响我们关注的事情——从而影响我们记住的其他事情。

为什么我们要有记忆

我的一个朋友家里有小孩子，她提到了她对于孩子会留下何种记忆（具体地说，是他们对于她的记忆）的担忧。

她说，她在当天早些时候因为一件小事对儿子大吼大叫。这是新型冠状病毒疫情隔离期开始几个月后的事情，每个人的神经都有点紧张。

"我想，哦，在我们今天做过的所有美好事情之间，我希望他不记得这件事。"她说，"接着，我开始思考这件事。我意识到，我从小时候起对母亲的大部分深刻记忆都是负面的。我清晰记得她失望、大吼大叫的情景，以及我陷入麻烦的情景。这种事情并不多，但我非常清晰地记得所有细节。另外，我很难详细回想起任何美好的事情。这种事情有很多。母亲每天都在全天候照顾我们，设计艺术培训项目，耐心对待我们，倾听我们的故事——但我却只记得负面的事情。我的孩子对我的记忆也会是这样吗？也会只记得负面经历吗？"

在回答她时，我首先说了坏消息：是的，我们对消极信息的记忆比对积极信息强。[90]（好消息是，在我们 60 多岁以后，这种偏差会消退。）我们的"录音键"并不会全面而真实地记录事件，因为记忆的目的不是让我们回味过去，而是帮助我们在现在的世界上行动。和注意力类似，记忆完全是一个偏差系统。它经过了进化，以生存为优先任务。我们总会对那些对生存非常重要的经历进行过度采样。所以，恐怖和紧张的经历更加令人印象深刻。

记忆为我们带来了学习能力。它可以提供稳定性和连续性。问题是，持续或"正常"的事情往往会消失在背景中，异常的事情则会受到重点关注，在我们的记忆里显得更加突出。[91]这种记忆功能也与注意力相联系，而注意力偏爱新奇异常的事情。

我对朋友说，她的童年负面记忆很突出，这其实是很好的迹象。这意味着她拥有快乐稳定的童年。同样的道理大概也适用于她的孩子。是的，他们对某些片段的记忆可能更加清晰。不过，如果他们的生活背景是美好积极的，这也是他们记忆的一部分——具体地说，是他们语义记忆的一部分。我们无法记得每个片段——这种功能对我们没有好处。

这就是我们遗忘的原因。

遗忘

遗忘是高度进化的脑功能。要想正常生活，这项功能是必不可少的。如果没有注意力系统的过滤和选择，你就会被信息淹没。记忆也是如此。

大多数健康人的长期记忆拥有很大的容量，但这也意味着它容易受到干扰。你之前记忆的信息会影响你吸收新信息的能力，而你现在接收的信息又会影响你对之前学到的东西的记忆。

在新型冠状病毒大流行前期的一小段时间里的美国，人们说不需要戴口罩，戴口罩是不负责任的做法。当时，人们相信，如果不直接接触，病毒并不容易从一个人传到另一个人身上，口罩最多可以帮助那些与重症患者近距离接触的专业医疗人员。当时的指导思想是，口罩不会帮助你，所以请把口罩留给医生和护士。不过，疾病预防控制中心的指导原则很快发生了变化。突然之间，我们被要求一直佩戴口罩，不戴口罩是不负责任的。我们需要遗忘"不要戴口罩"的旧规则，以便记住"永远戴口罩"的新规则。

就连记住生活中的每个欢乐时刻也是一项艰巨的任务——和注意力类似，我们需要过滤和选择记忆。

遗忘是好事。[92] 它是一项功能，而不是生理缺陷。我们需要它。和"负面经历更加突出"等记忆功能类似，我们需要通过遗忘来生存、学习和制定决策。我们拥有记忆的另一个理由是为了学习——它可以指导我们当前和未来的行动。对此，遗忘和记忆同样重要。头脑的运转方式是有原因的——我们不应该从根本上改变这些记忆"功能"。不过，这个系统存在弱点，我们会因为这些弱点遇到某些问题。

记忆和注意力

让我们回到手机相册上来。当你读到本章开头、打开手机相册时，你是否注意到那里有多少照片？我刚刚看了我的相册，里面有几千张照片。

我们之所以拍摄和记录对我们重要的信息，是因为我们知道记忆很不牢固，我们想要记住这些信息。讽刺的是，这个保存动作常常使我们无法记住信息。

2018 年的一项社交媒体研究试图弄清一个重要问题：[93] 对一件事的记录是否会影响你对它的体验？研究人员设计了一系列场景，然后根据人们对当前经历的享受程度和参与程度，以及他们随后对于这种经历的记忆来评估他们。参与者被分成三组。一些人需要记录经历并在社交媒体上分享，另一些人只需要为自己记录这些经历，第三个小组不需要做任何记录。一个经历是观看 TED 演讲，另一个经历是前往帕洛阿尔托斯坦福大学纪念教堂自驾游。

关于享受和参与，结果有好有坏。有时，参与者似乎真的很享受向其他人介绍有趣内容的经历，认为这是一种交流和分享，因此这种做法增加了他们的快乐体验。同时，另一些人对于他人对帖子的看法感到担忧，或者将其与社交媒体上的其他帖子进行比较，这影响了他们对于当前经历的体验。关于记忆，结果是一致而清晰的：被要求拍摄照片的人在随后回忆活动细节时表现得更糟糕，包括在社交媒体上分享的人和只为自己拍照片的人。

为什么？一个原因是，记录一件事情相当于增加了一项任务。我们知道，这会导致任务切换。你无法在拍照的同时体验你所拍摄的事情。在任意时刻，你要么拍照，要么体验当前经历。这永远是一种选择。当你投入到拍照的任务中时，你无法同时专注于你所记录的活动。不管你是休假时在壮观的美景前拍照（你会记得落日吗？），还是在教室和会议室里拍照，结果都是一样的。研究发现，在教室使用媒体[94]（比如仅仅用笔记本电脑记笔记）会导致学习成绩下降。一个原因在于，学生很容易受到上网的诱惑（他们的聊天列表和购物车会被装满，而他们的头脑会空空如也，不会记得与课程相关的太多内容）。另一个原因是，即使我们真的在"关注"我们记录的事情，我们使用这些设备的方式也会影响我们对于这些经历的处理和记忆。

在教室使用笔记本电脑时，即使学生在忠实地记笔记，他们也会成为打字机器，像苹果语音助手一样转写文字。问题是，他们并没有对这些信息进行综合。当以手写形式记笔记时，我们自然会综合——我们会用心倾听，然后分析老师所说的话，以提炼或总结最重要的事情。我们不得不这样做。我们写字速度不够快，无法记下我们听到的每个字，所以我们不得不采取策略。当我们进行这种综合时，可以更加丰富、充分、完整且因此更加持久地记忆这些信息。用笔记本电脑记笔记可以很好地将讲座内容转录到你的电脑里，但是不利于将讲座内容转化成长期记忆。

　　用手机和笔记本电脑等数字设备记录我们最想记忆的事情只会适得其反。社交媒体研究报告的作者总结说，使用媒体会阻碍我们随后回忆我们想要记住的事情——因为它一开始就妨碍了我们对于事件的经历。最后，我们会得到一张无法回想起来的照片，或者一份我们并没有真正"关注"的讲座内容记录。

　　没有人希望接到"放下手机"的命令。不过，研究结果很明显：对经历进行记录的人会忘记许多事情。这很简单，而且没有神奇的回避方法。如果某种经历没有被写进你的白板，并在那里得到组织和综合，以不同方式重新整合起来，它就不会进入你的长期记忆。它甚至没有被你记住的机会。

长期记忆的门户：编码和检索

　　在我读本科时，我听说了神经科学史上的一位著名患者，教科书用首字母缩写称他为"H. M."。1953 年，H. M. 接受了实验性脑手术，以治疗癫痫。[95] 他从 10 岁起患上了癫痫。到了 27 岁时，他的癫痫变得非常频繁，已经使他失去了工作能力。他的医生尝试了越来越大剂量的抗惊厥药，但是没有效果，因此他们采取了极端做法，在名为"双侧内侧颞叶切除术"的实验性手术中切除了 H. M. 的大部分颞叶，那里是产生癫痫"风暴"的地方。手术取得成功，H. M. 的癫痫发作次数大幅减少。不过，颞叶包含许多参与长期记忆的大脑结构。手术对 H. M. 的记忆会有怎样的影响呢？

　　事实上，H. M. 保留了直到手术几年前的所有长期记忆。他的工作记忆似乎也没有受到损害。在实验室测试中，他可以像正常人那样在专注于数字序列的时间段里将其记在心里。不过，当研究人员让他的注意力暂时偏离工作记忆中的内容时，这些内容会永久性消失。

　　我的助教曾在研究 H. M. 记忆功能的实验室工作。一天晚上，她在实验室里对 H. M. 进行研究，并且接到了开车带他回家的任务。他住在提供辅助看护服务的公寓里。当他们坐在车里聊天时，她意识到，她不知道他住在哪里。H. M. 开始自信地给她指路。于是，她遵照他发出的每一条指令，来到了他的家……他儿时的家，位于城镇另一边。

　　在 2008 年去世前的几十年时间里，H. M. 一直是关于记忆和记忆形成的研究对象。研究人员发现，他在手术前的早期记忆非常清晰，这可能是因为他没有形成与之竞争的新记忆。不过，一项又一项研究证明，他只能使用工作记忆，无法（为经历或新的事实）创建新的长期记忆。在治疗癫痫的双侧内侧颞叶切除术中，H. M. 失去了工作记忆和长期记忆之间的联系。他可以像正常人那样将信息暂时存放在白板上，但是无法更加持久地记住这些信息。

　　工作记忆不只是进行创造性思考、形成观念、专注和追求目标的认知暂存空间，它也是进入和离开长期记忆的门户。你想记住的东西通过工作记忆进入长期记忆。当我们从长期记忆检索信息时，它会出现在工作记忆里。实际上，"记忆"是编码和检索这两个功能的组合：你需要为某件事情编码，并在稍后将其取出来。这两个过程都需要注意力和工作记忆的有效使用。

我们知道，这些系统经常失效，被某种引人注目的事情劫持，忘记目标，断片，或者被竞争性信息干扰。

写入故障：编码失败

我婆婆最近给我打电话，说她对她的记忆有点恐慌。随着年龄的增长，注意力疏忽问题现在令她更加不安了。她认为，这可能是大问题的征兆，这使她感到紧张。我让她详细道来。

她讲述了前一天的购物经历。她开车前往超市。半路上，她意识到，她忘了带购物清单。因此，她开始在头脑中回忆她想购买的每一样东西。她把车停在超市，从车上下来，在头脑中记下停车位置。她走进超市，把东西买好，推着购物车回到汽车那里。当她往后备箱里装货时，她发现车身上有一道划痕。她感到非常愤怒。到底是什么时候发生了刮蹭？她甚至没有注意到这一点！

她一边为划痕感到担忧，一边归还了购物车，坐进驾驶席。此时，她才意识到，这辆车是手动挡。她的车是自动挡。

她坐错车了。

她在同一排间隔几个车位的地方找到了自己的车。两辆车的型号和颜色都相同，但是她的车没有划痕。她羞怯地把所有货物搬回来。当她向我讲述这个故事时，我们两个人都笑了——她竟然直接坐进了陌生人的车子里！我向她解释说，我觉得这不是记忆问题——实际上，这与大脑的老化没有任何关系。和身体其他器官一样，大脑也会老化。大脑的一些部位会变薄，密度会减小，包括用于形成清晰记忆的海马体和其他内侧颞叶结构。这的确会导致记忆问题。不过，在这个故事中，我婆婆只是白板超载了而已。在停车时，她在回想被她忘记的购物清单。她觉得她注意到了停车位置，但她的白板上装着许多东西。她并没有足够的空间。

我们所认为的许多记忆和衰老问题其实与记忆和衰老无关。问题不是"你在失去记忆"，而是"你没有注意，没能为其编码"。

关于这个故事，我要提醒一句：停车位置并不是你真正想要长期记忆的事情。实际上，这是你想要遗忘的事情之一。如果你能记住过去所有停车位置，每次走出杂货店的滑动门时都需要回想这一次的停车位置，是不是很麻烦？和注意力类似，记忆必须拥有过滤功能，对相关信息、不相关信息、应该强调的信息和应该丢弃的信息进行选择。我讲这个故事只是想说明，在工作记忆中留存许多信息会妨碍你将某件事情有效转化成长期记忆。

进一步说，如果工作记忆超载，你就不能总是在需要时将知识从长期记忆中取出来。这是美国近期最致命的一次"友军误伤"事件的原因。

取出故障：检索失败

2002 年，阿富汗战争正在激烈进行。一个美国士兵正在用全球定位系统引导一枚 2000 磅$^{\ominus}$的炸弹飞往预定目标，即敌对方的前哨基地。在这个系统中，地面士兵负责将空袭坐标输入

$\ominus$　1 磅 =0.4536 千克。

手持设备。接着，炸弹会精确落在打击位置上。不过，在袭击前，这个士兵发现手持设备电量不足，因此换上了新电池。接着，他把设备上显示的坐标发送出去，以投下炸弹。结果，炸弹落在了他自己的营地。

这是怎么回事呢？在这个系统中，在更换电池时，重启后的系统会默认显示设备所在位置的坐标。操纵系统的士兵知道这一点。他接受过关于这些程序的大量培训。在更换电池以后，你需要重新输入投弹坐标。这个知识存在于他的长期记忆中。他曾进行过多次练习。不过，由于某种原因，当他需要这个知识时，它并没有"加载"到他的白板上。他看着错误的坐标，将其发送出去。那天死了许多人，而这源于某个士兵长期记忆和工作记忆之间的问题。我只能对原因进行猜测，但是这个原因可能悲哀而简单：如果工作记忆淹没在压力导致的走神之中，那么某些知识可能不会在你最急切需要的时候浮出水面。

这是一个极端案例，但是任何人都可能在记忆编码和检索过程中遇到类似的故障经历。记忆的编码和检索过程需要许多步骤，它们都需要使用注意力和工作记忆。

如何形成记忆

要想形成记忆，你需要做三件重要事情。**首先是复述**。你需要回想信息——新同事刚刚在自我介绍中报出的名字；你所参加的工作培训中最重要的知识点；你刚刚获得的美好经历的细节。在学校，当你用抽认卡片学习时，这是复述；当你回顾美好时刻的细节时（你家孩子的婚礼——吐司面包，蛋糕的味道），这也是复述；当你回忆痛苦或尴尬的时刻时，很遗憾，这也是复述。

其次是精细加工。和复述类似，它需要将新的经历和事实与你已有的知识和记忆相联系。当你已经拥有基础知识时，你可以对事物形成更加强烈的记忆。例如，你想画章鱼。现在，我告诉你，章鱼有三个心脏。如果你之前不知道这件事，那么当你阅读这段文字时，你就会将这个新知识与你心中已有的章鱼形象绑定在一起。当你下次在水族馆或电视自然节目中看到章鱼时，你可能会突然想起这件事，转身对同伴说："你知道章鱼有三个心脏吗？"

最后是巩固。当你执行上述两项功能时，你就是在巩固，它最终会促成记忆的存储。当大脑回放信息时，它会建立新的神经通路，然后使用这些通路，强化新的连接。从本质上说，这就是信息从工作记忆转化成长期记忆的方式：大脑的结构会发生改变，以强化特定的神经表现形式——它需要一定时间让不受限制的自发思维来完成这项任务。这就是头脑停机和睡眠如此重要的原因：它们是记忆巩固的机会。这也是我们走神的原因之一——与重演过往经历相关的神经活动是支持这种思想漫游的因素之一。随着重演的反复，所有噪声会消退，清晰的信号会留下来，构成大脑中的记忆痕迹。如果你持续专注，没有头脑停机时间，没有机会让有意识的自发思维自由活动，你的工作记忆和长期记忆之间的联系可能会减弱。你在妨碍重要的巩固过程。

记忆过程受限于你的框架、偏见、经历和先验知识。它很脆弱，很容易受到破坏。当你的注意力遭到劫持时，它也会脱离轨道。当你不想记住的事情占据了你的工作记忆时，记忆形成过程会受到干扰。讽刺的是，这些事情常常就是你的长期记忆。

走神的"原材料"

在编码过程中，如果犯了走神的老毛病，记忆就可能出问题。注意力会被某种突出的事情吸引。它会返回热点话题和陷入冲突状态的思维。这些吸引注意力的思想拥有长期记忆痕迹这一原材料。[96] 这些概念和经历可以通过新方式进行重新配置，形成新的担忧，或者构成已经充分成型的现有记忆。它们成了走神的内容。

当我在前面提到头脑时间旅行时，我的意思是，你的头脑用来自长期记忆的原材料创造了一些内容，把你劫持了。这些内容会干扰你关注当前时刻正在发生的事情的能力。这使你很难对当前经历形成新的记忆。

还记得默认模式网络吗？它是研究者在关于走神的许多研究中观察到的大脑网络。实际上，这个网络是由更小的子网络组成的。其中一个子网络中的节点构成了我们所说的内侧颞叶长期记忆系统。我把这个子网络看成思想泵。它会把原始记忆输入后生成的记忆痕迹和其他头脑杂音泵出来。[97] 我们甚至没有意识到这一点。

有时，这个泵会泵出吸引注意力手电筒的突出信息。这与外部环境中危险、新奇、闪亮或者和自己相关的刺激对手电筒的吸引没有区别。实际上，默认模式网络的另一个子网络类似于内心环境的手电筒——有时，它被称为"核心默认模式网络"。

这个名称看上去很恰当，因为自我相关性是在默认情况下吸引注意力的核心元素。

内心环境中的突出事物具有以下特征：

- 与自己有关
- 涉及情绪
- 具有威胁性
- 新奇

这些事情不仅会吸引你的注意力，而且会使你保持专注，填充你的工作记忆，供你进一步加工。和某些吸引你并被你迅速放弃的注意力吸引物不同，来自"思想泵"的突出内容往往会使你深陷其中。它会成为末日循环的入口。它还会导致其他类型的走神——你会用过去的经历决定你应该为什么而担忧和制订规划。

极具讽刺意味的是，长期记忆为干扰你形成新记忆的事情提供了原材料。

埃里克·斯库梅克（Eric Schoomaker）在担任美国陆军军医总监时收到了父亲突然去世的消息。这完全出乎意料——他的父亲健康而充满活力，没有人预料到这一点。这也是埃里克职业生涯中极为繁忙的时期。

两年后，在吃晚饭时，他抬起头，看着妻子说："父亲去世了。"

妻子盯着他。"是的，"她说，"这是两年前的事情。"他回应道："我想，我现在才意识到这一点。"

我们现在知道，我们需要保持在播放状态。其中一个原因是，在大多数情况下，你只能在播放模式下"录音"。记忆形成过程始于当前时刻。是的，为了形成记忆，大脑之后还需要做一些工作——不过，这一切始于你从当前时刻获得的原始输入（来自环境或者你自己的头脑）。你不能稍后再去提取信息，或者将其推迟。你只能在当前时刻录音。

我们有许多事情需要思考。我们需要总结过去的事情，规划和预测未来的事情。我们的时间很宝贵，很有价值，常常像沙子一样从指缝中溜走。当我们正在经历我们需要或者想要记忆的事情时，我们会想，我稍后再回来，我稍后再来思考它，我稍后再来记忆它……不过，注意力无法保存。你需要在当下使用注意力。意识到这一点会改变你对事件的经历方式——以及你对它们的记忆方式。

如果你感觉无法回忆起与别人共同经历的事情（就像陆军研究所的理查德那样），或者感觉与生活中的事情不合拍（就像体验到"磁带延迟"的埃里克·斯库梅克那样），这可能是源于具身的注意力问题。我们的记忆与感觉存在紧密的联系。所以，要想更好地记忆我们关心的事情，一种方法是通过正念训练让自己回归身体。

更好地记忆

我们对经历的记忆叫作情景记忆，它包含生动而详细的背景信息——声音和气味等感官细节，我们当时的感觉和想法。有一种与情景记忆相联系的非常独特的意识状态，叫作自知意识。[98]自知意识描述了我们在用自我意识回忆某个生活情节时拥有的具身丰满度——详细性、细节、三维空间的深度。现在，请试着具体回想一段你最喜欢的童年记忆。它可能是你在炎热的夏天和祖母购买冰淇淋的记忆，或者和兄弟姐妹清洗自家汽车的记忆。自知意识是从身体内部体验这件事的感觉。你可能记得味道、声音、气味、他人的表情，你可能记得快乐或喜悦的感觉。这种回忆可能会在此刻为你带来小小的喜悦感。

我们对情景记忆的回忆方式也为情景记忆的编码方式提供了线索。为了记忆更加详细丰富的信息，我们将所有这些细节元素写在白板上。

工作记忆是很好的记忆工具，但也有重大弱点。如果它被你想记忆的经历和知识以外的内容占据，你就无法形成有效的记忆。仅仅身临其境并不意味着你会把一件事情吸收到头脑里。你需要有意地将关注点（手电筒）放在你想要记忆的事情上。而且，你需要同时运用身体和头脑去记忆你想记忆的事情。

在下一项核心练习中，你要把自己绑定在身体感受上。一开始，你可能感到不适甚至疼痛。你可能皮肤发麻，额头发痒。你可能感到饥饿。你甚至可能完全失去感觉。不管是什么感觉，你都要把手电筒指向那里。把手电筒当成探照灯，让它缓缓地遍历身体。在这个过程中，你要练习在当前时刻与身体共存。你要练习以身体参与的方式生活在当前时刻。

核心练习：身体扫描

1. 和其他练习类似，首先采用舒适的坐姿，闭上眼睛，找到你的手电筒：把注意力放在对呼吸的感受上。

2. 这一次，我们不会把注意力保持在呼吸上。我们要让它遍历身体。我们要让注意力的光束保持集中，但是专注点要移动，要缓缓地遍历全身，就像探照灯一样。

3. 首先把注意力指向一个脚趾。关注那里的任何一种感觉。冷吗？暖和吗？麻吗？鞋子挤脚吗？没有感觉吗？关注它的感觉，然后移动到其他脚趾，之后是另一只脚。

4. 缓慢移动。如果你和上次练习一样，想要练习三分钟，请将身体分成三部分，用大约一分钟的时间关注每个部分。将注意力逐渐从下半身（小腿，然后是大腿）移动到中间（骨盆区、躯干下部、躯干上部），再到上半身（肩膀、上臂、前臂、双手）。最后，将注意力上移到颈部、面部、后脑勺，最后是头顶。

5. 关注每时每刻的每种感觉——或者感觉缺失——的出现和消失，但是不要固定在上面。你要移动手电筒。

6. 在整个练习中，当你将注意力沿着身体缓缓向上移动时，如果走神，你只需要让注意力返回它在走神前指向的身体区域，然后继续。

当你进行这种"探照灯扫描"时，你也会开始看到压力、担忧和情绪是怎样在身体里出现的。你可以开始观察自己的情绪，以及它们是怎样出现的。如果你开始感到困难，比如难以在这项练习中始终保持专注，你总是可以回到第 4 章的"寻找你的手电筒"练习，以稳定注意力。这是你的基础。当你引导注意力遍历全身时，如果你感觉目标的移动似乎正在使你脱离正轨，你总是可以把前面的练习当作很好的着陆场。当你把手电筒稳定在呼吸上时，如果可以，你应该继续进行身体扫描。这项练习也许更适合形成记忆，因为它不仅使你扎根于当前时刻，而且使你扎根于身体中。

当你训练头脑以这种方式使用注意力时，你可以获取和记忆更多、更好的数据。你可以记住更加丰富的经历。你可以更扎实地学习新知识。你也许无法记住每件事情，但你一定可以获得更好的记忆。

用心生活

我女儿是舞蹈演员。我有一次去看她的演出时很生气，因为他们有一条严格的规定：禁止摄影和照相。我把手机放回手提包，感到有点失落，因为我无法为后代记录索菲的表演。接着，当我坐在那里观看她在聚光灯照射下的舞台表演时，我感觉我的注意力得到了集中和强化。我的头脑聚焦到了她的身上。我记得我在尽最大努力感受她的舞蹈。我注意到了她的移动方式，她的双脚在舞台上伴着音乐的轻柔撞击声，她开始舞蹈时的严肃表情以及结束舞蹈并且知道自己表现不错时的满意表情。我对这种丰富体验非常满意。那个时候，我别无选择，只能全神贯注。我现在对于那场演出的记忆仍然很生动。

在本章开头，我们看到，用手机和笔记本电脑等设备保存我们想要记忆的事情会产生很大的反作用，使我们不太容易记住我们最想记住的事情。那么，你是否需要放下手机？

不一定。另一项研究让参与者在博物馆里为艺术作品拍照。[99]起初，研究人员发现了和之前一样的结果：拍摄艺术作品会降低人们的记忆力。和之前一样，当参与者把作品存放在相机里时，也会将其遗忘。不过，事情还没完。接着，研究人员让参与者在拍照时用相机聚焦油画的某个区域。此时，他们回忆经历的细节的能力迅速增长。"聚焦"这一简单行为——决定关注哪里并进行关注——可以使人们更加深入地记忆更多细节。

　　我不是说你不应该为你眼中的重要事情拍照。不过，当你下次拿出手机拍摄你想记住的事情时，请花点时间，去感受手机方框以外的场景。把你真正想要记住的事情放在心里。注意细节，包括画面、气味和颜色。注意你自己的情绪。你需要在工作记忆中放大和整合你所经历的各种元素，以便充分记忆这种经历。这就像是观看彩色图片，而不是黑白图片，或者观看三维场景，而不是二维场景。正念练习可以使你的注意力更充分地投入当前正在发生的事情中，使你的情景记忆变得更加丰富。

　　你不需要为你拍摄的每一张照片进行长时间的正念练习——有时，一张照片仅仅是一张照片而已。不过，你很容易生活在这些设备背后，创造一系列数字记忆，却没有形成真正的记忆。你不需要花费很多时间对抗这种趋势。只要花一点时间关注和充分体验周围的事件或环境，我们对它们的记忆能力就会得到很大改变。当你真正想要记住某件事情时，你应该聚焦。

　　最后，如果你想记住你所经历的事情和你所学习的知识，你需要允许自发思维自由流动。如果你每一天的每时每刻都在做事，你就会跳过我们前面讨论的重要步骤，即巩固的机会。

　　在杂货店，你装好购物车，走向收银台。糟糕——每个收银台都排着长队。你排在最短的队伍后面，拿出手机。有一封工作邮件和一封私人邮件。你阅读了这两封邮件，然后开始用大拇指回复工作邮件。一条通知弹了出来，你点击进去。邮件草稿自动保存，你划进了推特。你所在领域的某人对你之前发布的帖子进行了回复。你想表示支持，因此点击了心形标志并转发，然后划动手指——一篇关于气候变化的新闻报道引起了你的注意，你点击进入。当你读到文章的一半时，收银员说出了你购物的总金额，并将塑料袋放进你的购物车，而你带来的环保帆布袋仍然掖在你的腋下。

听上去很耳熟？至少对我来说是这样。我们生活得很忙碌。我们很想将每一段时间尽量塞满。如果我没有在排队时回复工作邮件，我就需要稍后在实验室里完成这项工作，而我在实验室里应该做一些……其他事情。

我们常常觉得必须以这种方式利用时间。我们将时间看作商品。它有价格，而且常常很贵。我们不想浪费时间。我们并不觉得头脑停机是一件有价值的事情。**头脑停机是指有意识地停止寻找、捕捉和聚焦注意力手电筒，让它不再指向紧急忙碌的任务。**这是因为，大多数人没有意识到头脑停机的重要性和必要性。你是否在洗澡时产生过很好的想法？这不是因为洗发水的气味可以启发灵感，而是因为你在洗澡时不得不让头脑停机。你不能拿着手机、笔记本电脑和书本。你被关在狭小潮湿的空间里，那里没有值得你特别注意的事情。这是一段具有创造性和生产力的时间，你可以建立联系，产生思想，或者陷入白日梦之中。白日梦具有促进记忆形成和巩固学习的重要作用。

我们需要空白，用于反思我们听到和经历过的事情。对于处于领导职位的人来说，这似乎是一项挑战，但它也是创新的机会。是的，正念训练对记忆和学习有利，但你既要专注于当前时刻，又要在随后留出空间，在不受任务和要求限制的情况下让头脑自由畅想。[100]

你应该多洗澡吗？当然可以，如果你的时间和水够用的话。不过，既然你已经明白了这个道理，你可以在一天之中为不受限制的自发思维创造小间隙甚至微型间隙。你可以试着把手机放在口袋或手提包里。如果你离不开手机，你可以把它藏在车子里。在工作中，在从一间会议室走向下一间会议室时，你可以感受双脚在行走，让头脑中涌现的思想自由流动。记住，这些头脑不受限制的时刻很宝贵——它比将每一秒塞满任务更有价值。

关于记忆，你应该记住什么

当我们没能注意到我们的注意力在哪里时，我们无法记忆。我们没有把注意力放在当前时刻。我们忘记了手电筒的定向。我们没有把这种选择在工作记忆里保持足够长的时间——我们被外部环境或内心的干扰劫持了。我们一直忙于各种事情。

正念练习作为注意力训练，可以使我们注意到我们何时不再专注于我们想要记住的当前时刻。我们现在有了选择，可以选择干预。我们可以注意到非常突出、极具"黏性"的内容何时在工作记忆里流动，并且进行干预，全身心地回到当前时刻——当我们陷入极具破坏性或者令人不安的记忆（比如创伤），形成特别强烈的"末日循环"时，这一点特别重要。

创伤记忆是一种难以磨灭的感觉，[101] 就像铭刻在金属上一样。创伤记忆是否独特？和许多重要话题类似，关于这个问题存在着激烈的辩论。我们知道，创伤会使人反复再体验紧张的事件，回避对于创伤的提醒，过度激活警觉系统。这些症状会随时间减轻和消失。不过，当它们没有减轻，使人们继续承受痛苦时，创伤会演变成临床疾病，即创伤后应激障碍。越来越多的证据表明，包含正念训练的临床治疗可以为创伤后应激障碍患者提供帮助。[102] 在这里，我想提出一个重要警告：自助正念训练无法代替临床治疗。创伤非常复杂，正在经历临床级创伤后应激障碍的人应该去寻求有能力的治疗师的治疗。

　　我不是临床医师，只是神经科学家和研究者。所以，我不会治疗创伤后应激障碍。不过，许多人经历过创伤，或者拥有令人烦恼、分心的记忆和思想，尽管他们可能没有被诊断为创伤后应激障碍。在我看来，我们在人生中难免会积累一些这样的经历。我们都需要应对方法。重要的一点是知道何时以及如何应对反复出现在白板上的内容。我们练习过关注头脑中产生的内容的类型（思想、情绪、感受），然后任它们消退，而不是专注于这些内容。这种技能当然可以帮助你应对烦恼不安的记忆。在下面几章，我们将为我们的工具包添加更多练习。

　　某些事情可能会通过概括"粘"在白板上。我们可能对其他人的行为和意图进行概括（"她从不支持我"），也可能对我们自己进行概括（"我永远不会有所成就"）。当你犯下的错误导致事故时，你会想："我总是把这种事情弄错，我真是白痴！"在你的白板上占据中心位置的不是事故本身，而是你对其进行的概括。过度简化的总结使之可以最不费力地留在工作记忆里：它短小而清晰，但很可能不准确。

　　我们进行的概括可能有用，因为它可以对我们需要记忆的信息进行高效压缩。不过，错误的概括是有害的，而与复杂情绪状态有关的概括常常是错误的，至少不完整。当我们从长期记忆中提取原材料在脑中进行"模拟"时，这些错误就会带来严重的后果。除了睡觉，我们每一天的每一分钟都在进行模拟。

你的头脑是不可思议的虚拟现实机器，而且是最好的虚拟现实机器。它可以根据你的记忆和知识创建完整的世界，这些世界充满了画面和声音，甚至还有你经历过的和你所想象的情绪。你一直在模拟世界——你需要这样做。你通过这种方式想象未来，以便进行规划、创新和制订策略。你会考虑各种可能性。我们凭借知识和经历预测未来事件，以便做好准备，取得良好表现。

我们遇到的问题是，我们创造的这些精细的模拟必然是我们的头脑编造出来的极具代入感的故事。它们会吸引我们的注意力，使我们深陷其中。那么，如果这些故事是错误的，会发生什么呢？

第 7 章

丢弃故事：
停止脑中不断进行的模拟

阿富汗，2004 年。当时还是中校的沃尔特·皮亚特及其部队收到情报，称一大群塔利班武装人员聚集在附近的山上。他们几个月来一直在追踪这群人。他们收到了该地的图像。他们看到了营地，没有任何问题，确实是敌方的营地。皮亚特已经批准了轰炸行动，飞机已经就位。各方都收到了来自上级的情报，称该营地就是他们的目标。他只需要发布命令，营地就会被摧毁。

不过，皮亚特及其士兵当时也在这座山上。他们距离目标很近，可以爬上去。这将是一段艰难的路程。营地位于海拔一万一千英尺⊖处。而且，天上下起了雪。不过，皮亚特强烈感觉到，他应该让附近的人亲眼看一看那座营地。所以，在那个寒冷的上午，一队侦察兵顶着冰冷刺骨的雪花向上攀登，以便

⊖　1 英尺 =0.3048 米。

最终确认这的确是塔利班营房。

当侦察兵团队登山时，皮亚特的上级反复向他提醒，说他有权开火，不需要派侦察兵。不过，他还在等待。最后，无线电响了，首席侦察员开始向他汇报。侦察员的团队距离营地很近，可以亲眼确认没有任何异状：营地，帐篷，一个留胡子的年轻人围着营地转圈，显然是在站岗。另一个人跟在他身边。这显然是双人巡逻队。

"就是这样——游戏开始了，"皮亚特回忆道，"我们看到了营地和一对岗哨，这些都证实了我们已经知道的事情。"

正当皮亚特准备发动地面进攻时，侦察兵的声音再次通过无线电响起。

"等一下，等一下，"他说，"这个人没有武器。重复一遍。他没有武器！"

一时间，所有人都陷入了沉默。

"我们距离很近，"那个士兵说，"我们可以直接将他们抓获。"

士兵们冲出雪雾，把那两个人按倒在地。巡逻队其余人员拔出武器，跟在他们后面，等待塔利班武装人员从帐篷里蜂拥而出。不过，只有一个又高又胖的女人从帐篷里冲出来，愤怒地叫喊。他们听不懂她的话，但猜到了大意：把我的男人放开！

情报是错误的。所谓的"敌方营地"其实是一个贝都因部落的冬季营地。帐篷里住着一户户人家。几个世纪以来，他们每年冬天都会来到这片地区，以便牲口获得草料。他们与塔利班没有任何关系。

在这个故事中，我们所说的"证实性偏差"差点让整整一个部落的人丧命。证实性偏差很常见。当人们只去看他们期望看到的事情，忽略与他们预期不符的一切信息时，他们就会出现证实性偏差。[103] 那队上山的士兵期望看到塔利班营地，所以他们起初"看到了"塔利班营地。要不是有一个人进行了清晰的观察，灾难将无法避免。

多年来，沃尔特·皮亚特一直在思考那天发生在山上的事情。他觉得能够迅速灵活地丢弃预期、观察眼前真正发生的事情是一项极为宝贵的技能。这不是军事训练的常见内容。他觉得这是一个大问题。他想，当其他人通过有色眼镜观察眼前的场景时，那个士兵为什么能够如此准确地看清事情的真相呢？是否有办法训练其他士兵，使他们获得这种能力呢？

故事的力量

这正是我想和军人合作的动力之一。我想知道我们能否帮助他们更好地使用注意力，提高识别能力和态势感知能力。态势感知是持续了解周围状况的精神状态，它对许多行业的从业者都很重要，包括警察和现场急救员。我想知道：正念训练能否帮助士兵和其他人在工作中更不容易受到有偏差的思想的影响，实现更加清晰的观察，表现得更加沉稳，做出合适而恰当的反应？

根据我们的预测，答案是肯定的，因为正念练习会指导你不加判断、精细加工和反应地关注当前时刻。换句话说，它会指导你不为你所经历的事情编故事。

有时，我们听到别人讲的故事，并且很快将其接受——比如士兵和他们所预料的敌方营地。其他时候，我们会通过自身的头脑模拟来编故事。**我们一直在为一个小时后或者明天可能发生的事情编故事，**[104] **或者想象其他人的想法、感受和动机。我们会想象各种选项和行动过程的画面。我们会想象事情的发展过程，以便更好地应对。**我们会分析各种可能性：如果她说 x，我应该回复 y 还是 z？如果那条路不通，我应该怎样绕过去？如果学校在新型冠状病毒病例仍然很多、新型病毒变种还在不断涌现时重新开放，我们是否应该把孩子送进学校？为想象这些问题可能的答案，你会在头脑中创建完整的世界，包括感官细节、人物、情节甚至对话。你会根据你所创建的世界来感受相应的情绪——它会使你感到悲伤、焦虑或满意——这些感受可以帮助你为你真正想做的事情制订决策。

我们通过模拟得到指导思想、决策和行动的心理模式，[105] 这就是我所说的"故事"的含义。你可以迅速而持续地形成这些心理模式，即"故事"——你会进行模拟，得到一个模式，使用这个模式，然后重复这一过程；或者，你会得到新信息，更新或丢弃原有故事，然后模拟另一个故事。这种模拟的重要元素包括你对于生活经历的记忆、这些记忆的片段以及你学到和记住的其他一切事情。在此基础上，通过思考、推理和预测，你就可以模拟出新的故事。

这种模拟过程很生动，包含丰富的细节，令人着迷，而且心理模式需要我们将注意力和工作记忆调动起来。不过，这也会为能力有限的系统带来很大负担。这就是故事如此强大的部分原因：它们可以成为一种"速记法"，高效地为某个局面、问题或计划制定框架，并将其维持在头脑中。这种高效性有助于释放认知资源，用于做其他事情。但是（"但是"无处不在），故事也会限制信息处理。它们会捕获我们的注意力，使之锁定在一组数据子集上。此时，我们的感受、思想甚至决策都会受到限制。所以，如果你编造的故事是错误的，那么你之后的行为和决策也会出现错误，因为故事会与注意力相互作用。

还记得我在本书前面描述的大猩猩跳舞的著名实验吗？简单回顾一下。篮球场上有两支球队，一支身穿黑色球衣，另一支身穿白色球衣。研究参与者的任务是统计白衣球员之间的传球次数。在"比赛"中间，一个扮成大猩猩的人走进球场，跳了一小段舞，然后从容地走下球场。研究参与者完全没有注意到他。为什么？因为他们的任务是观察白衣球员，他们正确而熟练地屏蔽了一切黑色事物，包括大猩猩。

我介绍这项研究是为了证明注意力的强大力量。这个例子显然很贴切。不过，它也突显了一个可能带来灾难的弱点。研究参与者有一项简单清晰的任务：过滤掉黑色，关注白色。而在现实生活中，我们通常不会提前知道应该关注什么和过滤什么。在现实生活中，"忽略大猩猩"的代价可能要大得多。

为什么丢弃故事如此困难

处于"模拟模式"时，头脑的任务是将你带走。

一些事物会将你带走，使你完全沉浸在另一个世界里，失去时间概念，比如电影、图书、视频游戏。这些媒体有哪些特点？它们之所以吸引你，是因为它们拥有引人入胜的叙事、生动的细节和丰富的情感意义。所有这些带来的最终结果是，你的注意力会被固定住，不再动摇——这就是好故事的效果。它会使你全身心投入其中。你在头脑中进行的模拟也是如此。你的头脑是强大的模拟器，可以使你聚精会神，全身心地投入到编故事的过程中并沉浸其中。

我们的头脑是万能的模拟生成器。我们可以在白板屏幕上放映"电影"，回顾过去的经历，预测未来的经历，等等。模拟使我们获得了回顾和预测能力。我们相信，这是人类头脑的特有能力，即"尝试"多种不同可能性和时间线，提前想象未来的场景。要想弄清五条路线中的哪一条最好，你不需要在每条路线上走一遍。你可以根据对交通拥堵甚至沿途风景的预期在头脑中进行模拟，然后选择其中一条路线。根据过往经历和知识生动详细地想象未来是一种极为有用和强大的能力。这是大脑的理想功能，不是缺陷。你永远不希望失去这种能力。

模拟可以使我们：

● 尝试各种选项。

● 把自己投射到过去和未来，甚至投射到其他人的头脑中。

● 创建生动的虚拟现实，以指导决策。

看看上面最后一条。过去一个星期，你有多少次想象某种潜在结果，只为了知道自己可能会有怎样的感受？某种过时但仍然很常见的观点认为，情绪是一件麻烦事，它会使人分心，妨碍合理而高效的决策。实际上，在决策过程中产生情绪反应是不可避免的。没有情绪，我们就会陷入困境。情绪是大脑确定某件事情（比如事件或选择）价值的方式。[106] 如果你选择甲而不是乙，你会感到愤怒、快乐、讨厌、悲伤还是恐惧？你的模拟及其引发的情绪可以使你做出决定。

在2020年美国总统选举前夕，全美国的选民可能会想象某个候选人获胜给他们带来的感受。随着投票结果逐渐揭晓，随着预测的转变，随着社交媒体的发声，随着诉讼的出现，我们的模拟也在继续。模拟很强大，它不仅可以指导决策，而且可以帮助我们为特定结果做好情绪准备。

你的大脑很可能是世界上最优秀、最稳健的"虚拟现实"机器。我们可以创建完整的世界。我们可以进行时空穿梭，进入他人头脑。作为人类，我们所做的一切都需要这种能力，包括想象、制定战略规划、制定决策、解决问题、创新和创造、沟通以及其他许多事情。

问题是，这种虚拟现实能力是一把双刃剑。我们的模拟太逼真了，可能会带来反作用。

为了通过模拟确定最终的决定、规划和行动，你需要获得身临其境的感觉，真正看到、听到和感受到特定场景。为此，大脑会动员起感知、概念化、精细加工和叙述能力，以创建最为生动、详细、现实的世界。内心的"生动"等同于外部世界的"吸引眼球"，你可以把它想象成非常响亮的声音。它会吸引和维持你的注意力。你的手电筒会毫不费力地捕捉到它。

还记得感知脱节吗？我在本书前面介绍走神时提到了这一概念。当你走神时，你会与身边的真实环境"脱钩"。当你进行模拟时，也会发生同样的事情。模拟是突出而响亮的，其他一切都会黯淡下来。感知输入会变弱，失去协调性。当我们面对压力、威胁、不良情绪或疲劳时，这种效应会变得更加糟糕。

和陷入沉思类似，当你沉浸在模拟中时，如果有人叫你的名字，你可能会听不到。你甚至会对别人的触摸反应迟钝。

我们的模拟非常有效，使我们沉浸其中，与之融为一体，并且受其影响。关于广告影响的研究表明，广告的生动性会吸引人们的注意力，使他们产生购买意愿。[107] 通过模拟，我们会创造具有说服力的内容。实际上，它们的说服力太强了，我们的身体甚至会做出反应：看到蛋糕的画面，人们会流口水；看到香烟的图片，烟民会产生强烈的烟瘾。面对紧张的回忆和想象，我们会释放皮质醇。皮质醇是一种压力激素。我们的头脑和身体相信，我们真的正在经历我们所模拟的事件。

最后一点是：我们一直在模拟。

脑中模拟一直在进行

到目前为止，根据我的描述，你可能觉得模拟是我们为了主动决策和规划而有意为之的。实际上，你一直在模拟。

还记得你有一半时间都在走神的说法吗？正像我们讨论的那样，当你走神时，你的默认模式网络会被激活。在模拟过程中，默认模式的参与程度很高。你身体里的注意力和工作记忆得到动员，你开始模拟各种版本的现实，将自己投射到过去或未来，甚至投射到他人的头脑和生活中。当你走神时，你常常在模拟。

我最近读到了演员金·凯瑞的一段话，深受触动："我们的眼睛不仅是观察者，也是投影仪，它一直在我们眼前的画面上放映第二重故事。"[108]

我不知道凯瑞是否学过基础神经科学课程，但他的说法是完全正确的。问题就在这里。即使在我们没有主动选择进行模拟时，这种模拟也在持续。它们会混淆和妨碍我们的信息处理，影响我们的正常生活，妨碍我们的判断，阻碍我们的决策。

在下列情况下，这种迅速持续的（在很大程度上是下意识的）模拟会产生问题：

1. 你在模拟不利条件。如果你将自己转移到悲伤、消极、危险或紧张的场景中（包括回忆和想象），这种模拟会占据你的注意力和工作记忆带宽，影响你的情绪，使你更容易犯错。这种模拟的重复被称为不良重复思维，[109]它被视作"跨诊断弱点"。也就是说，它是包括抑郁、焦虑和创伤后应激障碍在内的许多严重临床疾病的特征。

2. 模拟使你做出与长期目标或文明意识不符的决策。即使你发誓改变饮食习惯，你还会吃蛋糕。当你拼命想要戒烟时，你还会吸烟。你在不了解所有细节的情况下发出指责和辱骂某人的无礼短信。你在全球流行病期间囤积厕纸和插队。所有这些结果都可能来自你在头脑中的模拟，这种模拟会迫使你采取行动。

3. 你通过模拟得到完全错误的心理模式……这使你采取错误的行动路线。记住，模拟会限制感知。它会抑制与它不符的信息。它使你很难看到、听到和感受到与你想象的场景不符的事情。这意味着如果你的模拟是错误的，那么你的思想、决定和行为也将是错误的。

当故事出错时

我和家人最近去我母亲家庆祝她的重要生日。在盛大的生日派对那天，房子里挤满了我们多年的家庭好友，大部分是六七十岁的印度裔男女。在派对进行过程中，我和姐姐匆忙地为宾客端上食物和饮品。到了上蛋糕的时候，我的心里一片茫然——我找不到我的女儿。当我姐姐忙着切蛋糕和装盘时，我忙乱地端着两个盘子跑前跑后，以便让所有宾客拿到蛋糕。最后，我感觉有人把手放在我的胳膊上。我的丈夫迈克尔正站在那里，身边是我的儿子和侄子。

"我们能帮你吗？"他问道。他看上去有点困惑，不知道我为什么一直没有找他帮忙。

我吓了一跳，很快感到了自己的愚蠢：他们当然可以帮忙。他们一直坐在我面前。我请他们每人端几个盘子。几分钟内，房间里的每个人都拿到了蛋糕。

为什么我没有想到找他们帮忙呢？我后来进行了反思。我不知道为什么我当时没有把房间里的男性看作帮手。为什么我只是把我的女儿和姐姐看作"服务员"呢？

因为男人不会在印度家庭里上菜。

我对自己心理模式中的性别歧视感到吃惊。不过，我无法否认，我的注意力当时出现了偏差，这种偏差完全基于性别。我的手电筒当时只是在寻找能够帮助我的女性，男性似乎被我排除在了视线范围之外。于是，我的行为也出现了偏差。由于看不到女性，我觉得我只能独自端蛋糕。迈克尔温柔的询问使我摆脱了自己编造的故事。当我丢下眼罩时，我的注意力一下子得到了放宽，可以更加轻松地看到解决当前困局的其他选项。

作为科研女性，我每天都能敏感地意识到人们随意而频繁地流露出的下意识偏见。我常常收到以"先生："开头的电子邮件，或者在接听办公室电话时听到："杰哈博士在吗？他什么时候回来？"我还会听到老年家属在看诊时提到"女医生"。

当我反思自己的偏见时，我想大喊："我不是性别歧视者！"不过，现实是，我们的心理模式以我们的记忆和知识为输入。所以，如果性别歧视存在于世界上，它就会存在于我对世界的生活体验中。这意味着它也存在于我的头脑对于这种体验的记忆痕迹中。接受了这一点，我就释然了。我可以留意性别歧视对我自身的心理模式的影响。当我看到这种影响时，我知道它们会影响我的注意力和行为，因此会进行干预。我可以打造新的、更好的心理模式。

当我们没有意识到指导我们的心理模式时，我们可能无法摆脱它们。尽管在我们的心理模式中，我们的决定和行为可能是明智的，但它们在现实中可能并不合适，会对我们自身和他人产生影响。偏差和注意力的科学对于警察、现场急救员、医生、教师、律师、法官以及其他所有人的培训都具有清晰的指导意义。我们每个人都会在某个领域对世界产生影响。每个人都拥有根深蒂固的偏见，它们可能出现在心理模式中，这意味着我们有责任更好地意识到我们的心理模式。

有缺陷的心理模式会以各种方式影响我们，其中偏见是一个大问题，不过，每当我们模拟出某种结果并且无法将其丢弃时，我们都可能受其影响。如果你在与某人交谈时认为这种交谈将是一场争论，那么在这种心理模式影响下，你一定会有选择地关注对话中强化这一故事的内容，弱化与之不符的、可能带来更好结果的信息。

由于心理模式来自我们自身的知识和经历片段，以及我们当前的观察，因此它们可能存在局限性，最终起到限制而非帮助作用。你可以根据过往经历进行预测，以制定规划，做好准备。不过，事情未来的发展并不总是与过去相同，甚至可能不符合你根据已有信息做出的预测。比如，在阿富汗登山的那些军人收到了错误的情报。那天，在风波过后，沃尔特·皮亚特受邀进入部落首领的帐篷，和老人们坐在一起，喝他们沏的热茶。美军翻译不会说这个部落的方言，但他们可以进行一些基本交流。当皮亚特品尝热茶时，他环顾昏暗的房间，看着这些差点丧命的人。幸好他的团队里有一个人能够"丢弃故事"，发现与之相矛盾的信息：那个人没有携带武器。如果他们错误地摧毁营地，他们可能永远不会意识到这个错误。他们可能会觉得他们成功轰炸了塔利班营地，完成了任务。

我们在模拟时使用的原材料常常是微妙、存在缺陷、不完整的内容，它们来自长期记忆和我们周围的世界。目前的脑科学显示，我们几乎没有意识到这一点。[110] 我们在编造故事时使用的就是这些内容。那么，我们能做什么呢？怎样才能在不受到局限和限制的情况下使用强大的虚拟现实能力来想象、规划和制定策略呢？

怎样"丢弃故事"呢？

消除头脑偏差

你做过"寻找你的手电筒"的练习，这项练习的目的是发现头脑注意力定向系统的"光束"正在指向哪里，然后将其移动到你所希望的地方。你练习过"观察你的白板"，即关注正在占据工作记忆的内容。你还练习过"为内容贴上标签"，这很有用，因为当你为头脑内容分类时，你不再迷失方向。

你所练习的这些技能已经使你拥有了"丢弃故事"的能力。而且，使注意力保持在正念模式——保持在当前时刻，不进行概念精细加工——可以增强态势感知，即观察和清晰看到你所处的任意局面正在发生的事情。你不会对你看到、想到或感受到的事情进行精细加工。你不会对思想和感觉进行分析和推测。你不会根据某一时刻发生的事情推测未来，想象接下来可能发生的事情，或者将其与你过去经历的类似局面相联系，认为它们会有相同结果。**在这种正念模式下，你不会试图预测、分析和制定策略。你只是在专注地观察。**

你不会进行模拟。

你可能已经注意到，现在有许多关于正念的图书、应用程序、培训项目和讲习班。它们说，"正念模式"拥有一些特点，其中许多特点以"非"开头，比如非精细加工、非评判性和非叙述性。多年来，我一直不知道这些特点是怎样结合在一起的。不过，当我们考察进行生动详细的模拟所需要的条件时，我们就明白了。模拟模式需要默认模式活动，而正念可以减少默认模式活动。

简而言之：正念是持续模拟的"解药"。

观察表 7-1，你可能会想：为什么我要选择左边一列？右边一列看上去要有趣得多！

我的回答是：你并不需要在生活中始终处在"永远的当下"。我不建议这样做。不过，训练头脑从极为普遍的模拟模式切换到正念模式可以提供必要的安全保障，因为你的头脑很容易去做右边列出的每件事情。

表 7-1 "正念模式"与"模拟模式"

正念模式	模拟模式
以当下为中心（此刻）	关注过去和未来（头脑时间旅行）
直接经历（不是想象）	想象，回忆，假设，或者投射到其他人的经历中
身体的，感官的	概念的
好奇，没有预期	规划，预期，预测
非精细加工（没有联系和"超链接"）	精细加工，联系，拥有丰富概念
非叙述（没有故事）	叙述（生动的故事）
非评价，非评判（不评价好坏和其他特点）	情感评价（积极或消极，值得或不值得）
没有情绪反应（或者很弱）	强烈情绪反应（沉浸式）

如果没有干预，我们的人生将几乎完全处于模拟模式中。我们会自动进入这一模式。我们一直在毫不费力地这样做，而且常常没有意识到这一点。我们很难做到不模拟、不精细加工、不创造，这正是我们训练这种能力的原因。**我们需要从模拟模式切换到正念模式，以便睁开眼睛，看到周围的真实情况，而不是沉溺在我们创造的虚拟现实中。**随着这个世界不可预测性的提高，这种能力正在变得越来越重要。近年来，我们遇到了前所未有的挑战，包括疾病大流行、政治以及其他许多问题，未来具有更大的不确定性。我们无法在模拟模式下解决这些问题。为了适应局面，解决问题，为了保持注意力和认知力，我们需要拥有进入正念模式的能力。

表 7-1 中两列都会使你进入某种心理模式，二者都有其作用。差别在于，通过正念模式而不是模拟模式进入的心理模式更容易做到没有偏差。

不过，说到底，你的目标不是一直依赖于仅仅一种模式。两种模式都有价值。我们可以通过两种模式收集重要信息。你的目标是获得在需要时进入正念模式的能力。我们需要有能力实现切换，至少在几分钟时间里丢弃故事，以便进入合适的心理模式，最为准确地观察我们所处的局面。如果我们能训练自己更加快速有效地进入正念模式，这种暂时摆脱模拟模式的间隙就可以使我们在重新进入模拟模式时更好地知道众多选项之中哪个是最好的。下面是巅峰头脑"备忘纸条"，它可以告诉你如何使用你练习过的一些技能……以及一项新技能。

1. 知道你将拥有故事。不管局面如何，你在进入局面时都会持有某种预期，比如故事、规划、框架和心理模式。第一步是尽量意识和注意到这一点。一个良好的起始习惯是询问自己："我对它拥有怎样的故事？"

2. 保持"播放"状态。你已经知道这一点了。现在，你应该成为这方面的专家。开玩笑的，这需要练习。重点是，你之前练习的技能在这里也会为你提供帮助。你越是保持在播放状态，将你的头脑从预测模式和回顾模式拉回来，你就越是能够灵活地丢弃故事，面对当下。即使过往局面与当前局面有80%的相同点，你也不应该忽略20%的新信息。

3. 提醒自己：思想不是事实。当我们在头脑中叙述故事时，它们会刻印在头脑中。当我们进行思维反刍或陷入循环时，这种现象经常发生——我们在将故事具体化。大多数情况下，你都应该想到，你所持有的任何思想、预测和其他模拟只是众多可能性中的一种，不是不变的事实。要想做到这一点，你需要让你与你头脑当前的内容之间间隔一定的距离。

与模拟拉开距离

在心理学和正念练习中，我们将这种跳出模拟和心理模式的做法称为"去中心化"。[111] 去中心化强调了一种经历事情的"我"不在中心的视角。从去中心化视角看，你更容易确定我们的模拟与现实的贴切程度。这些模拟只是一种猜测，是众多可能的心理模式中的一种。当你能够跳出某种思维模式的局限时，就可以认识到某个故事对你没有用，并且迅速灵活地将其丢弃，而不是一直深陷其中。

2020 年春，在新型冠状病毒危机的前几个月，我们进行了一项研究，向老年人提供正念培训，[112] 以帮助他们应对恐惧、紧张和孤独。老年人是疾病大流行期间特别危险的群体。在研究中，我们想知道人们是否觉得自己对于流行病的想法和担忧有害及其有害程度。

为回答这个问题，我们使用了"新型冠状病毒入侵量表"。参与者包括 52 人，年龄在 60 岁到 85 岁之间。我们询问参与者对于新型冠状病毒的思考频率、思考时间以及这些想法对他们的影响。他们是否会突然想到这件事？他们是不是不希望产生这些想法？我们还询问了他们的情绪、紧张程度和去中心化能力。去中心化能力是指将想法和感受看作与自身无关事物的能力。他们是否自然或自动地远离讨厌和让人烦恼的想法？他们是否将自己与这些想法紧密联系在一起？他们是否有能力观察不愉快的感受，任它们自行消失？他们是否会陷入思维反刍的循环中？

我们发现，去中心化得分较高的人拥有较少的恼人想法，情绪和睡眠较好，不那么孤独，更加健康。他们远离头脑内容的能力——观察自己对于事件和内心故事（头脑内容）的反应并且任其出现和消失的能力——在所有这些重要方面为他们带来了益处。

在收集这些数据时，我们没有对这些参与者进行任何指导，没有对他们进行任何正念培训和教学。我们只是评估了他们接受测试时的心理倾向。其他许多研究向参与者提供了具体的去中心化指导，发现了相同的以及更多的有益效果。[113]

在一项研究中，研究人员促使人们回忆过去的负面经历，[114]那是他们可以生动回想起来的亲身经历的事件。每段回忆被分配了一个提示词语。（如果负面回忆与在学校受欺负有关，那么提示词语可以是"欺负"。）接着，在功能性磁共振成像大脑扫描期间，研究人员向每个参与者展示一对对词语，同时监测他们的脑活动。其中，一个词语是提示词语（欺负），另一个词语是他们对于这段回忆的认知立场：

1.**再体验**：将自己沉浸在回忆中，以模拟这起事件。像亲眼看到那样回顾事件，重新体验当时的思想和感受。

2.**分析**：回忆这起事件，思考自己产生当时那种感受的所有可能原因。

3.**去中心化**：采取远距离观察视角。从"观众"视角观察这段回忆。接受与回忆有关的一切感受，任其产生和消失。

看过每对词语后，参与者需要为自己消极情绪的强烈程度打分，1是"根本没有"，5是"非常消极"。果然，他们在再体验之后的感受最消极，其次是分析，而他们在去中心化之后的感受是最不消极的。去中心化最能保护他们的情绪。有趣的是，他们的评分与功能性磁共振成像结果相符，尤其是默认模式的活动量。

研究显示，去中心化可以减少默认模式网络活动，该网络与走神和模拟的关系最为密切。研究还显示，我们对回忆的处理方式对于我们的情绪具有强烈影响。脑成像结果显示，在去中心化时，人们拥有最少的默认模式活动量和消极情绪，因为他们没有让自己穿越时间，进入到负面回忆之中。他们并没有在模拟。

削弱模拟的"拉力"

有人问我，为什么我在讨论正念话题时不强调"减少压力"。我的回答是，我是研究注意力的，我们实验室之所以研究正念训练，是因为我们想要找到有效改善注意力的认知训练工具。我们接触的大多数群体的主要关注点不是减少压力——这不是他们的目标。相反，和我们一样，他们的目标是加强注意力，优化与注意力相关的表现。奇妙的是，正念训练具有双重作用，它既能减少压力，又能改善注意力。通过去中心化削弱模拟的"拉力"是实现这两种效果的关键。

一些正念练习强调主动集中注意力，关注走神现象，并在需要时将注意力拉回来（就像"寻找你的手电筒"练习那样），另一些正念练习着眼于去中心化能力（你很快就会接触到这种练习）。当我们可以更好地控制手电筒并意识到它的指示方向时，我们可以更多地发现走神现象，让注意力返回正轨。有了更强的去中心化能力，我们可以削弱走神过程对我们的强大控制力，尤其是对于那些一直在进行强烈、令人忧愁、富含情感的负面模拟的人而言。这些模拟不仅会吸引我们，而且会使我们上瘾。

它们会捕获我们的注意力，使其陷入循环，就像思维反刍的循环那样。

去中心化是一种强大的技巧，因为它可以削弱走神过程对注意力的控制。你可以丢弃对你没有用或者令你烦恼的故事。通过这种方式，去中心化可以使你收回注意力，减少压力，甚至可以减轻焦虑和抑郁等不适症状。[115]

应急去中心化

多年来，我发表了许多演讲。不过，当我接到去五角大楼演讲的邀请时，我有点胆怯。

我做了细致的准备，提前制作了幻灯片。我加入了最新研究成果，逐页对演讲流程进行了微调。我做好了准备。我把演示文稿加载到笔记本电脑里，并为一切做好备份，以防万一，然后装好笔记本电脑，在演讲前一天晚上飞往华盛顿。我到了那里，吃了一顿丰盛的晚餐，准备上床睡觉，以良好的精神面貌迎接明天的任务。我打开笔记本电脑，迅速浏览电子邮件，以确认实验室没有紧急情况。这时，一条消息引起了我的注意。那是陆军上校兼陆军战争学院教授发来的。我在前一天把幻灯片发给了他，问他有没有针对战略军事领导人听众的优化想法和建议。我想，他的教学任务非常繁忙，如果他有时间看上一眼，也许他能提供一些微调建议。不过，当我打开电子邮件时，我的心一沉——他以小组座谈会的形式向学生演示了我的文稿，并在几乎每页幻灯片上写下了大量注释。

他的建议都是大动作：删掉这里，扩充这里，他们不喜欢这里，或者这里……我一阵忙乱，不知道我怎样才能在时间所剩无几的情况下完成所有这些更改。我很感谢他花费时间和精力提供的反馈，但我的时间已经不多了，因此我感到非常担忧，不知所措。我感到，非常消极无助的思想充斥着我的头脑。我永远无法完成这项任务。我会失败！

我合上笔记本电脑，决定花 5 分钟做一次迷你练习。我知道，我需要从眼前的局面中抽离出来，鸟瞰整个局面。和之前一样，我首先寻找呼吸。接着，我做了以下练习。

> **应急练习："鸟瞰"**
>
> 1. **获取数据。**远距离观察自己和局面。获取你正在经历的事情的原始数据，不要分析。
> 2. **替换。**观察你的内心对话，让自己与之间隔一定距离。可以将"我"替换成"你"或你的名字。更好的做法是只关注正在发生的事情：阿米希觉得她无法完成这项任务，她担心演讲无法顺利进行。
> 3. **记住，思想会出现和消失。**当思想出现时，记住，思想只是头脑构建的产物，它们会出现，也会消退。我将每个思想看作泡泡，它们会飘向天空，消失不见。

这项迷你练习只有 5 分钟，但我已经摆脱了我开启的充满担忧和疑虑的故事。我在远距离观察自己头脑白板上的内容。我注意到思想、情绪和身体感觉的出现和消失，但我不会被它们左右。我迅速丢弃了故事，不再编排最糟糕的场景。当我以他人视角观察自己时，我想鼓励阿米希，而不是把她压垮。我想支持自己，就像我是自己的好朋友一样。当这项迷你练习结束时，我感到更加清爽，不那么激动了。这种只有几分钟的去中心化使我找回了目标：为听众带来有效的学习经历。

为此，我需要让他们理解我，这正是同事的反馈可以帮助我做到的事情。我回到演示文稿上，对他的建议非常好奇，而不是感到胆怯和不知所措。当我打开演示文件时，我想，这个文件里包含了有用的指导，可以帮助我教育听众，使他们获得信息。我要看看我能在余下的时间里学到和使用哪些东西。

演讲后的第二天，我收到了为幻灯片提供反馈的那位同事发来的短信。他看了我的演讲直播。他的短信是：你成功了！

"不要相信你的一切想法"

与我合作的许多人对于"丢弃故事"的理念起初持有抵触态度。在他们的生活中，为未来规划、展望、想象和制定战略是成功的必要条件。我在五角大楼的演讲讨论了我们团队在对美国陆军常规和特种作战部队的"基于正念的注意力培训"中得到的结论。[116] 演讲结束后有一个短暂的听众提问环节。提问开始时，第 42 任陆军军医总监、退休中将埃里克·斯库梅克首先举起了手。

"为什么你让我们不要讲故事？"他说，"我们需要编故事，以便为未来做准备。"

"当然，"我回答道，"正念练习绝对不会禁止你编故事。不过，当你编故事时，你应该意识到这一点。而且，你应该意识到，你在任何时候拥有的任何故事都只是众多可能结果或解读中的一种。它不是唯一的，而且可能不正确。"

许多人提出了类似的问题，我向他们传达了相同的信息："不要相信你的一切想法。"

你可以在不牺牲决断力和行动力的情况下，培养自己对于哪些模拟和思想正在占据工作记忆的意识。实际上，拥有这种意识可以为你带来重构局面以及根据新出现的原始数据来消解原有框架的灵活性，从而增强你的决断力和行动力。（表 7-2 列出了"丢弃故事"的理念）

表 7-2　"丢弃故事"的理念

丢弃故事不是指	丢弃故事是指
对自己进行猜测	灵活地重新定向到当前时刻
犹豫	观察正在发生的事情
优柔寡断	灵活的反应

回到我们之前讨论的重要问题：正念练习能否对抗我们所有人在成长过程中在环境影响下形成的强烈偏见？

目前，我对此的最佳回答是：也许可以。关于正念练习是否有助于减少内隐偏见的研究正在进行，它对我们所有人以及我们的制度（比如司法制度）可能产生巨大影响。希望很大，但我们还没有拿到数据。我们已经考察了正念与歧视行为的相互作用。研究发现，正念练习的确可以帮助人们以更加公平的方式行动。[117]这可能是因为，他们可以更好地意识到他们持有的心理模式，更好地丢弃故事。

观察你的内心

一群心理学家来到我的实验室，讨论如何将正念练习引入他们自己的培训中。他们不是普通的心理学家，而是美国军队的执行心理学家，这意味着他们要为出征部队提供任务支持，有时还要跟随这些部队行动。他们的职责之一是为那些经常在12小时值班时间里观看无人机拍摄画面的军人提供支持。这些心理学家想知道如何为这些军人提供支持。

为了圆满回答这个问题，我首先提出了我的问题：这些军人连续12小时观看无人机拍摄画面的目的是什么？为什么他们要做这项工作？

对方回答道："这是'击杀链条'的重要组成部分。"

这种说法令人吃惊。我立刻明白了这句话的含义。他们负责发现目标，并将信息沿着指挥链条向上传递。虽然我和军队进行了许多合作，但是这种说法还是把我吓了一跳。你很容易认为，只有领导者拥有最大的权力，在军方的决策和行动中占有最大的分量。不过，军队中的每个人在每项军事决策中都起着重要作用。这使我想起了我做这项工作的目的，即帮助他们做出正确决策。在上面这类情形中，这些人必须意识到他们正在将怎样的偏见带入工作中。在这里，你的故事会影响你的所见所闻——如果你觉得某人是恐怖分子而非平民，你就会通过这种视角解读你所看到的每个行动。执行心理学家说，这些无人机操作员很难在如此漫长的值班时间里维持头脑耐力和灵活性。这种能力会受到工作时间和疲劳程度的影响。同时，他们手中掌握着其他人的生命。

这群人的有趣之处在于，他们始终拥有鸟瞰视角。他们从远距离视角观察下方的情形。不过，这会自动为他们带来清晰的视角吗？只有当他们同时意识到下方的情形和他们自己的心理模式时，他们才会拥有清晰的视角。

当然，大多数人不是军队中的无人机操作员。不过，我们仍然需要监视自己的内心。我们编造的关于他人意图和动机的故事会造成许多破坏。它们会破坏友谊，导致政治分歧，甚至会引发战争。

这突显了远距离视角最重要的特点：你应该将你自己的心理纳入观察范围内，因为它是最重要的。

进行正式的去中心化练习是一回事，在生活中的困难局面下真正做到去中心化是另一回事，它需要你以完全不同的方式使用注意力。为了在你的认知过程脱轨时进行干预，你需要意识到你需要干预。换句话说，丢弃故事的第一步是知道你有故事。这是最难培养的注意力技能之一。

第 8 章

追求卓越：
从专注于任务到专注于当下

各个领域的领导者常常认为，要想取得成功，他们需要以特定的方式使用注意力。他们需要一心多用，不断规划，拥有面向未来的思维模式，对未来的结果进行模拟，以制定战略，做好准备。

他们往往认为，他们应该不动声色，不与人来往，坚忍克己——尤其是在军队、现场急救和商业领域。最近，我向一家大型科技公司的领导群体介绍了注意力正念培训及其对他们这些激烈竞争行业的领导者和创新者的重要意义。我还告诉他们，那些关于强大领导力和清晰战略思想的常见观念是错误的。相反：

为了完成更多任务，应该做到专心致志，而不是一心多用。任务切换会使你放慢速度。

为了更好地规划未来，不要只是模拟可能的场景——应该观察和关注当下，以收集更好的数据。

为了做好领导，应该更加关注自己和他人的情绪。

为了做到这些，你需要充分投入到当下。你需要观察。你需要意识到周围的环境和你的内心环境此刻正在发生的事情。你的内心环境和周围的世界一样变化多端，令人分心，富含信息。

我们习惯于生活在行动模式中：思考和行动。

正念训练可以解锁新模式：关注、观察、存在。

这种观察立场是一剂灵丹妙药，可以使你更好地完成任务，制定规划和策略，领导团队，开拓创新，与他人沟通。这是因为，你可以充分投入到当前时刻，知道你的内心每时每刻发生的事情。

忽视周围环境是危险的

澳大利亚野外一旦发生森林大火，火势就可能迅速蔓延，烧死大批野生动物，向人口中心逼近。我们需要在火势失控前将其控制住。然而，澳大利亚大部分丛林交通不便，没有公路和其他陆地交通线路。因此必须用直升机派出特种消防员，将其直接投放到野火区。这些空降队员会直接进入动态、危险、千变万化的局面中。和美国的空降森林灭火员类似，这类工作的岗位描述常常明确指出，你不仅要有出色的身体条件，而且必须要有高度的情绪稳定性和头脑警惕性。

斯蒂芬是一名直升机空降队员，他从澳大利亚不远万里来到我的实验室，向我寻求帮助。他最近遇到了一起事故。他和队友被投放到澳大利亚地势非常崎岖的灌木丛中，以控制即将失控的火焰。每个人都背着工具包，里面有耙子、铲子等手工工具和消防设备。他们背着沉重的装备呈扇形分散开，每人负责一个区域。支援直升机很快就会赶来，从空中洒下水和泡沫。斯蒂芬开始对面前的起火区域进行灭火作业。他非常专注，做得很细致。接着，他听到身后传来奇特的声音，像是最响亮的真空吸尘器发出的吼叫，那是空气被吸干的声音——是熊熊大火的声音。他正在被身后袭来的火墙包围。

现在，和现场急救员、飞行员、医疗保健团队、军事人员、法官、律师以及各领域的各种领导者类似，消防空降人员常常会在态势感知方面接受大量培训。这些行业的态势感知培训常常采用决策模型的形式，以确保你在迅速变化的环境中做出的选择基于你当前的实时观察以及你的知识和经验，能够服务于你的目标。斯蒂芬的目标是控制火势，他正在为这个目标而积极努力。在压力下，在严重干扰的包围下，他拥有强大的专注力。他的注意力集中于他想要控制的火势上。他在培训中模拟和练习过这种具体场景。不过，在那一刻，他忽略了一件重要的事情。

在上一章，我们谈论了如何通过模拟得到某种心理模式。我们通过感知、加工信息和预测来做决定，开展行动，与人沟通。这些步骤通常不是线性的，而是动态和相互影响的。模拟会得到心理模式，心理模式会导致某种决策，[118]而决策又会影响接下来的模拟，依此类推。这是一个具有流动性、不断变化的过程，而不是静止的过程。所以，丢弃故事不是单一行为，而是持续的过程，它需要你不断意识到周围和内心正在发生的事情。

斯蒂芬专注于扑灭面前的小火，因此不再监测整个火场。

在认知心理学上，我们称之为目标忽略（goal neglect）：[119] 虽然你能回想起你接到的指令，但你却没能执行特定任务的要求。斯蒂芬知道他的整体目标是监测难以预测的局面，这种局面可能以任意方式发生变化，但他仍然过度专注于眼前的事情，忘记了主要目标。

　　显然，斯蒂芬活了下来，向我讲述了这个故事。他成功逃离了危险。不过，这次死里逃生的经历一直萦绕在他的脑际。他开始用这个故事培训新的消防员，以便告诉他们，即使做了无懈可击的准备，他们的态势感知仍然可能不完整。他现在告诉他们，仅仅拥有态势感知是不够的。仅仅监测外部环境是不够的——即使你能出色而专注地做到这一点，将注意力保持在当前时刻。

集中注意力还不够

　　斯蒂芬面对的是极具挑战性的局面——这种局面要求极高，需要高强度的专注力。不过，即使你不会被空降到野火区，你也会经历目标忽略，并为此付出代价。你是不是经常偏离某个重要目标？别忘了，在我们的生活中，目标会以不同形式出现。它可能是指工作上的事：你专注于项目的某个方面，转移了目标，忘记了它与你们组织的整体目标的关联。它也可能与养育子女有关。

　　一天晚上，我的女儿索菲沮丧地轻声叫我去她的房间。她遇到了一道很难的数学题。她向我寻求帮助。

　　我走进房间，坐在她身边，看了看数学题。我首先试图引导她，向她提出一些问题，比如："好的，这道题目说的是什么呢？"不过，我也感到困惑——我记不清怎样解这个方程了。我应该知道的！我的干劲上来了。接下来的45分钟，我开始疯狂地解题。我的心里只有一个目标：我要把这道数学题做出来，我要攻克六年级数学！

果然，我做出来了。我胜利地抬起头，发现索菲正靠在椅背上看书。

哎呀！

我的目标一直是培养能够自我激励的独立的孩子，让他们自己解决问题。当我坐在女儿身边，开始引导她解题时，我显然以此为目标。不过，我很快偏离了目标，尽管我感觉自己专注而投入。

我们在这种时候偏离目标的一个原因在于，这样做使我们感觉良好。你看到了你能完成的小目标，比如扑灭火焰、解开数学题，因此忘记了更大的目标，即控制火势蔓延、培养独立思考者。解开那道数学题令我非常满意，但是当我抬起头时，我立刻意识到，这不是培养孩子的最佳途径。这当然是一个很好的发现，但是如果我们能早点发现这一点，在花费近一个小时解题之前、在火墙在身后肆虐之前发现这一点，那不是更好吗？

当然，我们希望做到专注。这本书从一开始也在培养这一重要能力。不过，我们也需要在必要时脱离专注——知道我们如何专注、何时专注和对什么专注。在那一刻，我高度专注，完全沉浸在解题过程中。如果你走进房间，你会觉得我的注意力没有问题。问题是，我当时不应该高度专注。我忘记了这一点，忘记了心中的目标。我脱离了正轨，而且完全没有意识到这一点。

这就是我们会犯的下一个重要错误：我们在集中注意力。我们的注意力有时非常狭窄，有时非常宽泛；有时非常稳定，有时非常不稳定。你以某种方式成功集中了注意力，但这并不适合这一时刻。

为纠正这一点，你需要"元意识"。

监测内心环境

元意识是明确关注和监测自己当前有意识经历的内容和过程的能力。[120] 简单地说，它是对于你的意识的意识。当我说**"注意你的注意力"**时，**我指的就是使用元意识。**那天，在澳大利亚丛林里，斯蒂芬专注于火焰。而如果他能注意他的注意力，他就会意识到，他正专注于眼前的火焰，需要扩大关注范围。

如果高要求行业的态势感知意味着"监测外部环境"，那么你可以将元意识看作对内心环境的态势感知。

过去 10 年，我和我的同事兼好友斯科特·罗杰斯将正念训练介绍给了各种不同的群体。斯科特是描述元意识的天才。这是一个很难掌握的深奥概念，但斯科特善于提出巧妙的说法，使非常难懂的正念概念变得更容易理解。当我们与迈阿密大学橄榄球队合作时，他是这样说的："你在扫描球场。"

他让球员在头脑中描绘橄榄球场及其所有动态元素：边线、球门线、移动的球员、比赛中的橄榄球、人群的咆哮、对方球员的持续交谈、每个角落的超大屏幕等。他让他们思考如何在这个复杂的球场上导航，因为球场上充满了吸引他们注意力的醒目元素。接着，他让他们以同样的方式想象他们的头脑，将其想象成球场，其中有同样可能吸引并维持他们注意力的醒目的移动事物。他说，球员会选择在橄榄球场上的移动方式，以及与其他球员的互动方式和时间，他们应该以同样的方式看待他们的"头脑球场"。

你可以在自己上空盘旋，远距离观察自己，就像我们在上一章"鸟瞰视角"去中心化练习中做过的那样。当你打造"对你的意识的意识"以获取信息时，你可以关注其他重要提示。

一些提示是身体上的。当我走进索菲的房间，想要帮助她理解数学题时，我过度专注于那道数学题，与其进行了史诗般的搏斗，并在一个小时后胜利归来。我不知道，当我带着如此明确的目标走进房间时，事情怎么会演变成那样。当我回顾这件事时，我记得我当时被"攻克"数学题的获胜欲望裹挟了。我明白，在"获胜"满足感的驱使下，我变得过度专注。对我来说，这种被裹挟的感觉就是警告信号。我现在对这种感觉更加敏感了。当我产生这种感觉时，我会想，我是否正在关注我需要关注的事情？

引发问题的并不总是满足感。有时，焦虑、恐惧和担忧也会将我们裹挟，使我们陷入过度专注状态，或者某种不适合当前时刻的注意力状态。有时，观察内心是指感受你的身体所反映的心理状态。它们可能表现为腿抖、胃部紧张和下颌紧张。多年前，当我的牙齿失去知觉时，我完全没有意识到我的心理状态。这就是我当时的情况如此糟糕的原因。那时，我没有元意识，不知道我的头脑和身体正在发生什么，而且没有校正能力，直到危机爆发。

近来，我对内心环境的意识得到了提高。我可以更早、更有效地干预我自己的注意力问题。我熟悉了我在过度专注和紧张时头脑和身体的互动。现在，当我开始咬牙时，我可以注意到这一点。我会做3分钟练习，走一走，放松口腔，或者做其他一些舒缓的事情，以停止无意识地咬牙。我上次撰写经费申请书时时间很紧，我知道自己无法很好地保持元意识。于是……我戴上了护牙套。（有时，我们需要接受我们的局限性。）

当我在实验室和斯蒂芬谈论他的"目标忽略"案例时，他说，他感觉自己受到了扑灭眼前小火的"引诱"，这导致了他的过度专注。现在，他会留意上臂和胃部"那种美妙的满足感"（这是他自己的说法）。这种感觉可以提示他，使他知道自己可能陷入过度专注的状态。作为回应，他可以在需要时拓宽注意范围。

他从消防员视角将元意识描述为"站立观察"：占据有利位置，以便更加清晰地观察正在发生的事情。这是拥有巅峰头脑的一个重要步骤：获得"巅峰"视角，观察自己头脑的全貌。有了元意识，我们可以知道自己当前有意识的经历的内容，并且可以监督这些内容是否与我们的目标相符。我们会问自己：

我在感受什么？

我在以怎样的方式处理这种感受？

我的关注形式是否与我的目标相符？

你可能很容易将元意识与另一种被称为元认知的思维过程弄混。二者的差别在于，元认知是关于个人思维方式的思想，它是指知道自己拥有某些心理倾向。元认知在某种程度上是一种自我意识。"我拥有做出最糟糕假设的倾向"是元认知的例子，或者"我做决定要花很长时间"。元认知当然是有益的，这种关于个人认知倾向的深刻自我意识显然可以帮助你。不过，元认知不同于元意识，而且无法取代元意识。你可能知道自己倾向于以某些方式思考问题，但这并不意味着你在问题出现时能够意识到这一点。当你走神和想象时，即使你是世界上元认知能力最强的人也无济于事——你仍然会暂时陷入这些心理过程之中。

对走神的"元意识"

我们实验室找了143个大学生，以测试他们对自己走神情况的意识。[121]我们知道，人们大约有一半的时间都在走神，但他们是否意识到了这一点？我们向他们布置了"工作记忆任务"：记忆两张人脸，判断测试人脸是不是这两张脸，并在20分钟的时间里重复这项工作。和平时一样，我们跟踪了他们的准确率和速度。不过，我们会在测试过程中的不同时刻打断他们，并提出两个问题：你对任务的专注程度如何——是非常专注、有些专注还是根本不专注？你在多大程度上意识到了这一点？

结果如何？主要有四组回答：①参与者专注于任务，并且意识到了这一点；②参与者专注于任务，但是没有意识到这一点（这似乎是一种深入沉浸式"心流状态"）；③参与者没有专注于任务，并且意识到了这一点（他们不再关注任务，因为他们觉得很无聊，研究人员称之为"换台"）；④参与者没有专注于任务，而且没有意识到这一点（"溜号"）。

除了这四组反应模式，我们还发现，随着时间的推移，参与者的表现越来越差，走神现象越来越多，元意识越来越弱。

参与者的表现在任务过程中的变差并不令人吃惊。我们已经讨论了警戒递减：当一项任务需要持续的注意力时，人们的表现会随时间下降。真正重要的结果是，随着表现的下降，走神现象增加。当我们最初谈论走神时，我们谈论了大脑存在走神倾向的进化原因，比如机会成本、扫描、寻找更好的事情，等等。大脑也许天生喜欢定期远离眼前的任务。[122] 注意力的这种循环模式是由我们的生理特征决定的。如果你能注意到这种走神现象，这可能没有问题。不过，我们发现，人们不会注意到这一点。

这就是元意识反应体现出的现象。随着走神的增加，元意识在减弱。随着时间的推移，我们的走神现象越来越多，我们越来越无法发现自己的走神现象。[123] 当我们无法发现问题时，我们就无法改变方向，把注意力重新放在任务上。

在本书开头，我说过，你有一半的时间都在走神，这并非虚言。这个比例得到了许多研究的证实。根据这个数据，你很容易认为，走神是注意力问题的根源。不过，根据我们和其他人的研究，走神本身可能不是真正的罪魁祸首。毕竟，在许多情况下，走神是没有问题的。当你第三次观看儿孙最喜爱的电影时，或者做一些简单的下意识的工作时，比如用吸尘器打扫房间，你会故意让自己的思想自由驰骋，即"换台"，而不是"溜号"。

二者的区别在于元意识。

"换台"时，对于局面的元意识可以确保你目前的行为与你决定转移注意力之前的任务目标相符——你不需要调整注意力。不过，如果任务要求突然提高，你的表现开始下滑，注意力资源就会重新转移到眼前的任务上。[124] 你的头脑会提示你。你不需要外部提示。我们知道，外部提示通常出现得很晚。没有元意识，你就不会进行监测，不会注意到任务要求的提高，不会注意到你当前的注意状态，不会把注意力拉回来。

多动症患者经常走神，导致对现实生活不利的结果。最近一项研究发现，虽然多动症患者的走神现象多于非多动症患者，但是对于对走神的元意识比较强的患者来说，走神的"成本"也比较小。[125] 元意识可以避免他们犯下与走神相关的错误。

问题不是走神，而是没有元意识的走神。

新兴的冥想神经科学正在使我们走向新的注意力科学：元意识也许是改善注意力的关键。

意识到心中的观念与偏见

当佛罗里达州联邦法官克里斯·麦卡利雷（Chris McAliley）被生活中不愉快的事情困扰时，她会"像其他许多人那样"开始正念练习。当时，她正在经历离婚。她的孩子只有十几岁。"烦心的事情一大堆。"她叹息着回忆道。

"我在和我的'当下'进行全面的心理斗争，"她说，"我不想这样。我对自己和他人非常苛刻，我对世界感到愤怒。一些想法一直在我的头脑中徘徊。我在努力克服这些困难。我需要进入法庭，做出所有影响他人的决定。与此同时，各种思想一直在我的脑海里进行激烈的斗争。我感到疲惫不堪。"

我在一场面向女性法官的会议上见到了克里斯。我们是受邀评委，需要发表关于正念和审判的演讲。我们在后台等待活动开始时握了手。克里斯打趣说，活动参与者可能很少，我们的听众也许只有其他评委——谁会参加关于正念和审判的讨论会呢？这个话题在司法界可能太小众了。不过，当我们走上前台，在桌前就座时，我们发现，偌大的房间里挤满了人。500个座位全都坐满了，大报告厅的后方还站着一群女性。看起来，人们对于审判中的正念确实存在需求。

实际上，法庭是同时需要态势感知和元意识的典型场所。当克里斯在长椅上落座时，她需要使用和维持多种注意力。她必须关注向证人提问的律师。与此同时，她还要留意她刚刚听到的证词、适用于该案的法律、律师当前发言需要符合的规则和标准。她在倾听律师发言的同时又要对对方律师的异议做好反应准备（支持或拒绝）。与此同时，她还要监督其他人的注意力：后排那个陪审员是不是在睡觉？法庭记录员能否跟上节奏？克里斯需要确保所有发言得到记录。所以，如果记录员看上去手忙脚乱，她需要放慢速度。她可能还需要留意翻译员。旁听席可能还会有婴儿在哭闹。

"需要关注的事情太多了，"她说，"在此基础上，你还需要关注你的内心。如果我在律师发表最终陈词时思考离婚或者午饭的事情，我就没有把工作做好，因为我的心不在那里，其后果很严重。"

她需要知道法庭上正在发生的事情和她头脑里正在发生的事情。正念训练使克里斯更好地认识到使她走神的那些事情。沮丧、焦虑、担忧——这些情绪都会出现。她常常在法庭上进行迷你练习：安静下来，感受身体，感受呼吸。

"我需要体验脖子以下的身体感觉。"她说，"当我们产生情绪时，关注身体变化是一件很美妙的事情。我们会忽略这些感觉，但它们包含了大量信息。"

对她来说，这些感觉会表现为焦虑或沮丧——律师似乎准备不足；她发现自己的语调在提高；她意识到她在进行思维反刍。"我是否应该指出他们准备不足的问题？这对他们、对案件、对被告有何影响？"在正念练习的帮助下，她可以将自己的情绪作为信息。

"这应该是一个基于理性的系统，"她说，"所以，我不想在没有经过理解和判断的情况下通过情绪做出判决。不过，我是法官，不是机器人。我需要体验情绪，从中获得信息……而不是被它支配。"

元意识使她可以认识和理解自己的思想、情绪和内隐偏见。她在每个案件中都需要考虑自己的内隐偏见。如果警官指证了一名有前科的重刑犯，克里斯会问自己：她的个人假设是什么？关于性别、职业、阶级和种族，她有哪些自然而然的偏见？她能否发现这些偏见，并且不受其限制？

"许多人进行正念练习仅仅是为了发现他们在生活中的观念。"她说，"当你真正注意这些观念时，你会明白，它们是'速射武器'。"

对克里斯来说，最大的发现是不加判断的关注——不去判断自己、他人和环境。这很讽刺，因为审判是克里斯的职责所在。不过，通过不加判断和精细加工地关注当下，她可以更有效地做出影响人们生活的判决。

"当法官是一种巨大的光荣。"她评论道，"我们的社会选择让我这样的人解决纠纷。我坐在那里，倾听人们为同一事件完全相反的说法作证。我的任务是确定谁值得信任。有时，事情很清晰；有时，事情并没有那么清晰。我需要努力做到公正。"

用正念提高元意识

在实验室里，你很难仅仅通过人们的行为直接"看到"元意识。所以（就像前面提到的工作记忆研究那样），我们需要为人们布置注意力和工作记忆任务，让他们报告自己的表现。一项又一项研究显示，人们对于注意力所在位置的意识越强，他们的表现就越好。[126] 我们还知道，当他们的意识比较强时，他们可以在没有他人询问的情况下发现自己的走神现象。我们也知道，一些事情会使元意识崩溃，比如吸烟和饮酒。[127]

在经验丰富的正念练习者身上，甚至在参加了八个星期正念减压课程的群体身上，我们还看到了其他现象，即默认模式活动的减少。[128] 还记得吗？默认模式网络有时又叫"自我"网络，它在关注内心、关注自我、头脑模拟和走神时最为活跃。为什么与没有培训和接受其他对比培训相比，接受正念培训可以减少默认模式活动？我们说过，越来越多的证据表明，正念培训可以加强注意力和去中心化，减少走神现象。所以，劫持注意力的头脑模拟会减少，而且不太容易使你深陷其中。不过，所有这些可能都取决于正念培训提高元意识的能力。

当你拥有元意识时，你在观察自己。你是观察对象。你不能同时沉浸在与自己有关的思考（走神、模拟）和对自己的反思之中。所以，当元意识提升时，走神现象会减少。这两种过程是对立的，这很合理：自己不能同时出现在外面和里面。回忆你在上一章练习的去中心化技巧，它要求你暂时跳出来，摆脱自己。你在当时已经练习了培养元意识。现在，我们需要更加频繁地做到这一点，将其作为心理习惯。

我们需要更强的元意识……正念练习可以提高元意识。

留意：注意力助推器

回顾你的第一次正念练习，比如集中注意力。你可能会吃惊地发现，你的注意力经常移动。注意力像运动中的皮球一样。为了有效运球，你需要反复接触它。如果你"溜号"（无意识走神），皮球就会滚远。皮球常常会滚远。只有当你完全失去皮球时，你才会产生元意识：你走出会议室，发现你对会议内容完全没有印象。在重要对话中，你听到某人问："你在听吗？"你意识到，你一直在点头，但你什么也没听进去。你发现你在愤怒地叫喊："我没有生气！"但你意识到：哦，我生气了。

在上面每个例子中，当你意识到你的注意力在哪里、你的头脑在做什么的时候，你有了元意识。是的，这就是元意识的感觉。这些"元时刻"（meta moment）正是我们想要的。不过，我们希望它们提前出现，以便真正帮助我们，起到保护作用。

正念训练的目标是增加元时刻，以便进行对我们的成功和幸福至关重要的注意力转移操作。即使你拥有世界上最强大的注意力系统，你也可能将其指向错误地点。要想实施你学到的任何一种策略，你都需要意识到你需要这样做。

我在这本书中经常提到《孙子兵法》。《孙子兵法》提出了你在不对等战斗中可以使用的第二种策略：

使用的力量很小，但结果很大。[129]

不要对抗砖墙。想办法用最小的力量产生最大的影响。我们想要培养的技能不只是更好、更多、更努力地集中注意力——这相当于走上战场，为战斗训练，它虽然有用，但不够。我们需要超越这一层次。我们需要"力量倍增器"，就像视频游戏中的升级工具一样。你需要获得的注意力倍增器就是元意识能力，即留意能力。

留意我们不专注和过度专注的时候。

留意我们心在别处，不在当下的时候。

留意我们周围和内心正在发生的事情。

留意可以使我们获得对这些常见注意力问题进行干预的能力。

很简单：要想知道你是否被某件事情吸引并且需要干预，你需要观察。

好消息是，你一直在进行这种练习。到目前为止，你所参与的每一项练习都与元意识有关。

元冥想

在"寻找你的手电筒"练习中，当你发现你的手电筒偏离与呼吸有关的感觉时，你有了元意识。在观察白板的贴标签练习中，当你注意到某种思想、情绪或感觉并为其贴标签时，你有了元意识。在去中心化练习中，当你采用鸟瞰视角，扫描头

⊖ 译者在《孙子兵法》中未找到和作者引用的英译本中这句话对应的原文。——译者注

脑中的偏见、模拟和心理模式时，你有了元意识。在身体扫描中，当你把注意力指向特定身体感觉时，你在留意你有哪些感觉，并且开始意识到走神现象。

到目前为止，我们的目标一直是确保你的注意力指向目标对象，比如你的呼吸。现在，你的注意力目标是……你的注意力。

归根结底，这本书介绍的所有练习都在培养元意识，定期进行其中的任何一种练习都会提高你观察和监督头脑的能力。接下来的这项练习专门用于帮助你关注你每时每刻有意识的经历的内容，而不陷入你所产生的思想、情绪和感觉之中。

这是传统"开放式觉察"练习的变体，它让你观察自己每时每刻有意识的经历的内容，而又不参与其中。之前的练习的目标是培养专注力，这项练习则是为了让你拥有包容、宽泛、稳定的注意力。

核心练习：思想河流

1. 各就各位……这一次，请你站起来。如果愿意，你总是可以像在之前的练习中那样采取坐姿。不过，我通常建议人们采用"山式"体式进行这项练习。舒适地站立，双脚间隔与肩同宽。双臂放松，放在体侧，手指伸开。闭上双眼，或者注视下方。

2. 预备……找到你的手电筒，将其指向与呼吸有关的明显的感觉上，进行几次呼吸。这是一切练习的起始点。在本次练习的任意时刻，如果你感到自己在走神（比如陷入思维反刍的循环），你总是可以重新专注于呼吸。专注呼吸是你的出发点，你总是可以在需要时回到这里，然后重新开始。

3. 开始！现在，拓宽意识，不去选择任何目标对象。相反，将你的头脑想象成河流。你站在河岸上，观察河水流过。想象你所产生的思想、回忆、感觉和情绪在你面前流过。注意河流中出现的事物，但是不要参与其中。不要把它们钓上来，追赶它们，或者进行精细加工。你只需要让它们流过。

4. 继续。和之前的"观察白板"活动不同，你既不需要为白板上的事物主动贴标签，也不需要在贴完标签后回到呼吸上面。你现在的任务是不去区分哪些内容是有用或相关的，哪些是走神。你甚至不需要阻止头脑走神。河水会不断流动，你不能也不需要对此采取任何行动。这是开放式觉察的关键：你允许你的头脑去做它想做的事情。你的任务仅仅是远距离观察河流，不需要参与其中。

5. 故障排除。如果你难以让事物在你面前流过，请回到呼吸上。将呼吸的感觉想象成流水中的巨石。让注意力停歇在这块稳固的石头上。当你感觉自己做好准备时，你可以再次放宽注意力，回到觉察上来。

老实说，参与者常常告诉我，开放式觉察是最具挑战性的核心练习。你可以用下面的视角看待这项练习，这种想法来自我本人最近的练习经历。

我在起居室里做好准备，开始练习。这是一个美丽的秋日，天气温暖，微风习习。我打开了所有窗户。我的狗塔希也在房间里，它趴在窗边，注视着窗外的街道。塔希是拉萨山羊犬。你可能不知道，拉萨山羊犬是一种小狗，拥有长长的白毛。如果不剪，它们的毛会拖在地面上。我的小狗很可爱，但是我得承认，这种狗看上去有点像拖把。拉萨山羊犬来自西藏，历史上被养在寺院里。它们的职责是监督寺院的公共区域，在出现入侵者时通过叫声向僧人发出提醒。它们很喜欢叫。

在我练习几分钟以后，塔希已经在对着某样东西叫了。它总是这样。它喜欢朝窗外张望。如果有人走过，它就会叫起来。实际上，能让它叫起来的不只是人，也可能是汽车、松鼠、从树上掉落的小树枝——任何事情都会使它兴奋起来。我打算不理它，继续练习。毕竟，我觉得狗叫声只是我的一种感觉，和其他感觉没有什么不同。不过，我的狗并没有停下来的意思。我感到非常愤怒。这时，我想到，我也在做和它相同的事情。我坐在这里，观察我的白板上有什么新事物。塔希在观察长方形窗口外面有什么新事物——这正是开放式觉察的实质。当然，我并没有叫，但二者的本质是相同的。塔希在发现某样事物时会叫，而我也会被我发现的某样事物吸引住，做出情绪反应。我站起来，拉上窗帘。狗不叫了，趴了下去。

我们无法给我们的思想"拉上窗帘"。我们也不能坐在"窗前"，朝着每个出现的事物"叫"。不过，我们可以学着留意它们，然后任由它们离开。

我的狗没有这种能力，但你有。你可以这样想：你会跑到外面，和路过你家的每个人交谈吗？不会。所以，请以同样的方式对待你不断产生的思想。你无法阻止它们产生，正如你无法阻止人们在你家门前的街道走过。不过，你可以改变你与它们的交流方式。你可以决定什么时候和它们交流，什么时候不和它们交流，任它们自行消失。

借助元意识发现和做出选择

当我和同事斯科特·罗杰斯向迈阿密大学校长及其领导团队进行我们为高要求职业人士共同开发的培训时，我们把培训地点选在一间会议室里。经过简短的讨论，我们开始了练习。我们经常为这个群体提供培训。此时，我们正在向他们介绍开放式觉察练习。

所有人采取站姿。我们引导他们"观察头脑中的内容像天空的云朵一样飘过"。在开始正式练习之前的某个时刻，这群人中有人重重叹了一口气。

"这种噪声快要把我逼疯了！"她说。的确，空调正在发出持续而不规则的咔嗒声。"我觉得我无法在开空调的情况下进行这项练习。太烦人了！"

她说得没错。你很难忽略空调的声音。同时，这个例子可以很好地说明为什么开放式觉察练习对于应对生活中这些令人讨厌、烦恼、痛苦的时刻特别有用：我们可以发现"选择时机"。

我告诉大家，我不知道她在那一刻的直接体验，但我在其他场合练习时也曾被讨厌的声音激怒。如果我能观察我和她在这种时候的头脑白板，我可能会看到下面的情况。首先，头脑注意到了声音——感官经历被记录在头脑白板上。接着，出现了一个概念——"这种声音很烦人"的思想。然后是情绪——愤怒的感觉。最后是情绪的外在表达——"真烦人"。

将其分解成感觉、思想、情绪和行动的线性序列可能有点不自然，尤其是当你感觉它们的联系非常紧密，就像一大团愤怒之火时。不过，当我们用开放式觉察这样的练习学着观察头脑中不断出现的事物时，我们可以更加准确清晰地看到在头脑中流过的事件序列。我们可能会注意到不同事件之间的微小间隔——我们可以在此做出选择。将声音的感官经历与"烦人"的概念相联系是一种选择，感到愤怒是一种选择，表达这种感受也是一种选择。

通过练习，我们可以更好地注意到头脑中的事件，发现干预的机会，做出不同选择。在你的生活中，你有时会在刺激性事件的驱使下身不由己地做出反应，比如开车被人加塞时向对方竖中指。你似乎很难将这种事情分解开，看到选择的时机。不过，我们可以在这方面取得进步。开放式觉察练习可以帮助我们。它可以提高我们的元意识。随着练习的增加，我们甚至可能觉得不同事件隔着很长的时间间隔，发现我们面前随时都有无限可能性。对于这一点，我最喜欢的说法来自地下丝绒乐队主唱卢·里德（Lou Reed）："思想和表达之间隔着一生的距离。"

我们对于噪声毫无办法。我们无法关掉恒温器，而且没有时间找人修理。在练习过程中，这种声音将持续存在。不过，当你从选择时机的角度考虑我们的经历并注意到思想和表达之间的空间时，你有了另一种解决办法：当"真烦人"的想法出现时，你可以做出不同选择。你可以选择不去关注它，而不是感到和表达愤怒。你只需要任它自行消失，让你的白板对于接下来出现的事物保持"开放"状态。

不管是对于与空调噪声有关的思想，还是对于出现在头脑中的强烈恐惧和担忧，你都可以使用这种策略。思想、回忆和焦虑可能会擅自出现在头脑中。我们要记住，我们可以选择接下来的行为。想一想塔希，然后做出不同选择。你不需要叫，只需要任它们自行走开。

有一个佛教概念，叫作"第二支箭"。它来自一个著名的寓言故事。[130]

佛陀问学生："如果你被一支箭射中，你会疼吗？"

"会。"学生回答道。

"如果你被第二支箭射中，"佛陀问道，"你会更疼吗？"

"会。"学生回答道。

佛陀解释道：在生活中，我们无法确定自己是否会被箭支射中。不过，第二支箭是我们对第一支箭的反应。**第一支箭导致疼痛，第二支箭是我们对于这种疼痛的痛苦。**

我喜欢这个故事，因为它简单概括了正念和注意力的联系。第一支箭会出现。每天都有许多支"箭"射向你。而第二支箭——你对第一支箭的反应——会占据你的注意力带宽。它在你的控制范围内。这是你可以掌握的另一个选择时机——前提是你能留意自己的想法。

选择时机在人际关系领域特别重要。

不管你的交流对象是朋友、陌生人还是敌人，你在工作记忆中携带的关于这个人或者交流方向的"故事包"都会决定事情的走向……这不仅涉及你与对方的关系，而且涉及其他人。人际关系的涟漪效应会传得很远，不管是有效、有爱、亲密的关系还是隔绝而充满误解的关系。

元意识大脑网络的一个重要节点位于前额叶皮质前方，它也是社交大脑网络的一部分。[131] 当我们拥有元意识时，它会被激活。当我们与他人交流、模拟他们的现实、从他们的视角看问题时，这个节点也会被激活。元意识为我们提供了观察自身头脑的窗口，就像我们在使用其他人的视角一样。它也可以使我们洞察他人。通过使用注意力，你不仅可以进行时间穿梭，而且可以进行头脑穿梭。

第9章

建立联结:
用专注搭建更好的人际关系

当俄亥俄州一位众议员邀请我前往首都华盛顿分享我们关于现役军人正念培训的研究成果时,我立刻想到了贾森·斯皮塔莱塔少校和杰夫·戴维斯少校。当我们第一次对军队开展正念研究时,我曾与这两位海军陆战队军官见面,当时他们还是上尉。贾森曾警告说"这永远行不通",但他随后全身心投入到了练习之中。杰夫曾在佛罗里达大桥上有过注意力遭到劫持的经历,他说正念练习"救了他的命"。我邀请他们和我共同去见众议员。

我们在国家广场附近的地铁站外面会合。我已经很多年没有见到他们了,但他们仍然像之前那样充满活力,立刻向我介绍起了他们的人生经历。贾森去伊拉克之前正在读心理学博士。他和我们共同进行的正念研究对他产生了很大影响。回国后,他改变了研究方向。他正在研究痛苦容忍度,即忍受令人厌恶的心理状态的能力。杰夫已从军队退役,正在乔治·华盛顿大学读工商管理硕士。他们的故事很生动，从佛罗里达的培训和哥伦比亚特区的研究生院一路延伸到巴格达，使我浮想联翩，心驰神往。不知不觉中，我已经来到了美国国会大厦标志性白色建筑的前方。接着，我发现了奇怪的事情。人们在朝我们的方向张望。在某一刻，两个穿着商务套装、正在快步走锻炼身体的女性停下脚步，在街对面盯着我们看。出了什么事？

我转过身，想看看谁在我们身后。没有人。贾森笑着说："他们觉得我们是你手下的特工。"杰夫附和道："阿米希，他们想知道你是谁。"两个穿着运动装的健壮男人围着一个身高五英尺二英寸[⊖]的印度女人，这种场面显然很奇特，即使在哥伦比亚特区也会引起人们的注意。当我们在独立大道走完最后的路程时，他们一直在嘲笑我"可怕的态势感知"。我只能忍气吞声。

我们来到那位众议员位于瑞本大楼的办公室，并被直接领进了屋。

从我们坐下时起，我就被该众议员饱满而坚定的注意力吸引住了。他坦率地询问贾森和杰夫的军事经历、正念经历以及让现役与退役军人更容易接受正念的方法。我们讨论了我们对其部队的研究结果以及我们实验室正在进行的研究工作。20分钟后，一名工作人员敲响了他的办公室房门。

"众议院要求投票。"她说。

众议员走出办公室。不久，他在挂壁式电视屏幕上再次出现，发表了与贸易有关的简短而热情的演讲。很快，他回到了我们身边，重新开始了激动的讨论。

⊖ 约为一米五七。

那天令我印象最深刻的是众议员所说的正念练习在他生活中的价值。他谦虚地承认，他在哥伦比亚特区面对的"战争"与贾森和杰夫在海外的军事经历完全无法相提并论。他说，他已对每天的正念练习产生强烈依赖，将其作为头脑盔甲，其效果很明显。看得出来，他为公众服务的决心很有感染力。

在我乘飞机返回迈阿密时，我冒出了许多想法。在众议员面前，我们感到备受鼓舞，觉得他在倾听我们，而且理解我们。这是一种了不起的能力。在此期间，他还在履行其他重要职责。我之前没有想到，与战士和现场急救员类似，领导者面临的压力和要求会影响他们最需要的能力。众议员认识到，清晰的思维、沟通能力和同情心是可以训练的，他每天都在训练。我想，怎样将这些工具介绍给其他领导者呢？如何研究它们的效果呢？当飞机着陆时，我感觉充满干劲——回归工作的时间到了。

高质量交流需要共享注意力

新型冠状病毒疫情大流行期间，疾病预防控制中心的指导原则一直在鼓励美国人保持社交距离，自己和他人间隔至少六英尺，以限制传染性很强、可能致命的新型冠状病毒的传播。许多社会心理学家很快指出，"保持社交距离"的说法并不恰当。对于我们的身体和健康来说，更重要的是在保持物理距离的同时维持社交联系。

作为人类，我们从婴儿时起就需要社交联系，这种需要将持续一生。我可以毫不夸张地说，没有社交联系，我们会死得更快。孤独和社交隔离是危害健康和加速死亡的危险因素。[132]

几十年来，从母子联结和浪漫的恋爱，到团队动力学和社交网络，人们从许多领域和视角对社交联系进行了科学研究。注意力是所有社交关系的基本组成要素之一，它会影响我们每时每刻与他人的交流。实际上，"注意力"的英文"attention"源于拉丁文"attendere"，意为"伸向"。从这种意义上说，注意力就是联系。

想象你在与某人打电话。如果手机信号不好，一些感知细节就会丢失。如果你受到干扰，你的注意力可能会转移。你对于对话的心理模式和态势感知都不会很好。

对话依赖于共享心理模式。[133] 它们是由两位交谈者共同创造的，在对话过程中会得到动态更新。所以，你能想到，在通话中，糟糕的信息输入和处理可能导致糟糕的共享模式，很可能会为你们二人带来糟糕的体验。我们都有过这样的经历。当你通过良好的手机信号与专注而不受打扰的谈话伙伴交谈时，情况就不同了。他的话语清晰而明确，他的注意力锁定在你身上，通话过程中存在长期以来丰富的内容和温暖的共同经历。在这些条件下，我们的共享心理模式稳定而生动，我们的联系感会得到提高。当我们进入共同创造的头脑空间时，我们会产生认知协调感。

高质量的交流需要高度完整的心理模式。为此，我们需要利用所有注意力技巧：将手电筒指向我们需要的地点；抵抗和校正突出干扰的拉力；模拟故事，并在心理模式出现错误时——与他人心理模式不匹配时——丢弃故事。（如果你使用过"不在同一个频道上"的说法，你就知道这是什么感觉了。）最后，你需要元意识，以完成所有这些工作。

我们练习的所有技能在这里都能发挥作用，包括手电筒定向，模拟他人的现实，通过觉察确保整个交流过程维持在正轨上。

分心 = 断联

人类的交流微妙而复杂。它们有时很有趣，具有令人愉快、缓解压力、带来回报、提高效率的优点，但有时却紧张而富于挑战性，会带来不利影响。我们每天都在与我们喜欢的人和惧怕的人进行交流。不管怎样，我们都需要面对所有这些交流。当这些交流出问题时，这些问题似乎属于根本性问题，无法解决，或者"只是人们的行为方式而已"。

和生活中其他许多挑战类似，我们在这些交流中遇到的许多问题可以归结为更基本、更容易解决的事情，或者说可以训练的事情，后者是我们在这本书中一直在讨论的主题。考虑你最近在与人交流、沟通和合作时遇到的挑战。我敢打赌，你们中的一个人或者两个人出现了分心、失调或脱节问题。这与你的注意力和工作记忆有什么关系呢？

◉ 分心

- 你无法让注意力手电筒持续指向一个或多个谈话对象。
- 你的头脑白板非常混乱——你没能让分心内容从你的工作记忆中消失。
- 你一直在进行时间旅行，无法在对话过程中保持在当下。

◉ **失调**

- 你无法调节情绪。

- 你在交流中反应过度，行为不稳定。

◉ **脱节**

- 你错误地将想法看作事实。

- 你没能拥有关于局面的共享心理模式。

- 你将错误的心理模式应用到了当前局面中。

当我说"你"时，我并不是说你应该责备自己。探戈是两个人跳的。实际上，在任意时刻，对方完全可能也出现了注意力问题。

许多问题之所以产生，是因为我们在试图主动注意时遇到了困难，或者工作记忆被耗尽。工作记忆枯竭有许多有害影响。你用于情绪管理策略（比如重新建立框架或者重新评估）的头脑资源会变少。我们的白板似乎"变小了"，因为我们更容易分心，在具有情绪挑战性的局面下进行需要完成的脑力劳动时，我们可以使用的认知资源会变得更少。遗憾的是，最近一项关于父母行为和工作记忆容量的研究发现，工作记忆容量较低的父母更容易对孩子进行语言或情绪上的虐待。[134]

而且，在与他人交流时，元意识的缺失会使我们陷入困境。我们做出的假设和编造的故事（心理模式）可能是其他人没有的，或者非常不准确。这会导致一连串错误，包括执迷不悟的决定和行动。不管导致人际交流问题的原因是什么，结果都是相同的：轻则令人不称心、不满意，重则令人厌恶或造成危害。

调节情绪，而不直接做出反应

听到"调节"一词，一些人会想到"机械"。[⊖]不过，我们所说的调节并不是这个意思。我们指的是拥有合理的反应。也就是说，你要做出与实际发生的事情相适应的情绪反应。如果有人由于被解雇而哭泣，我认为这是合适的反应，甚至是相称的反应。不过，如果他们由于打翻咖啡而哭泣呢？这肯定有问题。

我们都有过这样的经历。这些压倒我们的情绪会悄悄袭来，有时在我们最意想不到的时候出现，此时我们并没有做好应对准备。在工作上，在与朋友、孩子和父母相处时，在恋爱中，我们会做出事后让我们后悔的反应。我们感到失去控制，感觉自己的反应与事件不匹配，不合拍。如果你有这种感觉，这是因为你是人——你所面对的一些挑战至少在一定程度上可能与注意力和工作记忆有关。

这是棘手的悖论：强烈的情绪会捕获我们的注意力，入侵和占据我们的工作记忆。它们会使我们产生离题的回忆和思想，这些回忆和思想有时令人痛苦。它们在促成"末日循环"。与此同时，我们需要用这些工作记忆资源主动应对我们产生的情绪。这是一种"下坡"效应，一种负面循环：不良情绪会降低工作记忆的质量，而工作记忆的恶化又会导致更多不良情绪。那么，如何摆脱这种认知下滑呢？

首先，你要通过正念练习加强对抗分心、失调和脱节的能

⊖ 原文为单词"regulation"，该词在英语语境中有多层含义，作者想表达的是其他含义（如"管理"）会让人想到"机械"。——译者注

力。我们介绍过的所有核心练习都可以帮助你。通过培养上一章讨论的元意识，我们可以更好地了解我们每时每刻经历的内容和过程。我们需要意识到自己的情绪状态，以便在需要时进行干预调节。

当我刚开始练习正念时，我发现，拥有对于自身情绪状态的意识有助于克制我的过度反应。当我反应过度时（比如由于沮丧而大声叫喊），我会比之前更快地道歉。我无法避免叫喊。它出现得太快了。不过，我可以观察愤怒的产生。我可以跟踪它，真正感受到脸颊的涨红、喉咙的隆起、手臂的刺痛。接着，我可以听到自己的大声叫喊。对于这一过程的观察看起来并不是一种进步，但这确实是进步。当然，更好的做法是一开始就不叫喊，我会努力做到这一点。不过，更快道歉可以减少我和对方的痛苦。它还意味着在我叫喊之后，我不需要花费 15 分钟的时间思考并在心里朝自己叫喊，为我的过度反应而后悔。对我来说，能够更快地道歉是一种巨大的胜利。它意味着我在进步。我可以打破反应循环。

你可以改变自己看待某种经历的方式，即使它已经激起了某种强烈情绪。这是什么意思呢？一天，我结束了在实验室的漫长工作，很晚才回家。我连续参加了许多会议，一项第二天截止的工作仍然需要我的关注。我感到心事重重，疲惫不堪。当我从车库走进厨房时，我发现搅拌器周围聚集了一群果蝇。此时是晚上九点，但搅拌器上还残留着当天上午的果汁。我的血压一下子上来了。

我的脸涨得通红，感到一阵愤怒。我立刻想到了我丈夫迈克尔，他今天在家看孩子。他在使用搅拌器后最多只需要一分钟就能把它洗干净。我之前和他说过搅拌器的事情——这使我很困扰，他也保证会努力记住这件事。我的头脑开始得出结论：他并没有真正听我的话，他并不在乎。在几秒钟的时间里，事情已经远远不止没洗搅拌器那么简单了。

此时，我有几个不同选项：①走进他的办公室，朝我可怜的丈夫叫喊；②抑制我的愤怒，就像什么也没发生一样；③重新评估当前局面；④去中心化。

所有这些选项都需要我使用注意力和工作记忆，但程度不同。选项②和③需要使用更多的注意力和工作记忆。选项②的抑制方法的长期效果并不好，我对搅拌器的愤怒可能会在其他事情上再次爆发。抑制是通过使用注意力和工作记忆实现的。为了实现抑制，我需要持续使用这些资源。当你主动抑制情绪时，你的认知带宽会变窄，做不了太多其他事情。[135]

接下来是选项③：重新评估。重新评估意味着通过重新评价和重新解读，改变我们对于局面的思考方式，以改变它对情绪的影响。值得庆幸的是，我做到了这一点。我站在那里，看着厨房里飞舞的果蝇，改变了我的思考方式：今天，在我工作时，迈克尔一直守在这所房子里，他需要管理许多事情；现在，孩子们健康而安全，没有饿肚子；和现在的良好结果相比，这只是一个小问题。通过重新评估，我们可以降低负面情绪的强度，更加清晰地考察局面，评估它的影响是否像我们最初想象的那样严重。这其实并不是大问题——他并没有弄坏或打破东西。我只需要让他清洗搅拌器，或者亲自清洗。

我现在最常使用的是选项④：去中心化。你可以采取鸟瞰视角，就像我们前面练习的那样，或者尝试更快的方法：暂停、丢弃和运转。

- 暂停对于实际情况的内心战争，你只需要接纳事实。是怎样就是怎样。不要误解，这并不意味着你对当前局面非常满意。它与你对实际情况的判断没有关系。它只是意味着你在接受已经发生的实际情况。

- 丢弃故事——你对当前局面的评估只是一个故事而已，它不是唯一的故事。

- 运转起来——继续前进，继续行动，对于接下来发生的事情保持好奇心。

这种策略可以使我保持灵活、开放和包容。它还可以释放我的工作记忆，因为我不需要像重新评估时那样，通过编造新的框架和故事使自己获得更舒服的感觉。我相信，通过"暂停－丢弃－运转"方法，我可以获得关于当前局面的更多数据，知道我的故事是什么，对于不完整或不准确的可能性保持开放态度，相信我的情绪状态会发生转变，因为我会让我的思想和情绪自由来去，不会抓住它们不放或者深陷其中。

当我见到迈克尔时，我已经不生气了。他正坐在电脑前，忙着完成一项紧急工作任务，这项任务显然占据了他的工作记忆容量。我庆幸自己拥有这些方法。

我们的生活和人生中充满了"果蝇围着搅拌器飞舞"的局面。有时，它们相对轻微；有时，它们比较严重；有时，它们非常严重，比如危机时刻或者对你和别人非常重要的决定。就连小事情也会产生影响，因为许多轻微的情绪失调反应会破坏我们最重视的人际关系。

做出合理反应的能力会影响你与所有人的关系。你与他人联系、合作和沟通的能力也取决于你的注意力稳定性。

遇到困难时，侧耳倾听

沃尔特·皮亚特中将来到伊拉克基尔库克市，以组织陷入冲突的当地部落的三个领导人开会。作为刚刚从美国赶来的将军，他需要为三方充当协调人，试图找到解决问题的办法。他们曾经联合在一起，对抗过共同的敌人。现在，他们之间又开始互相冲突，而且都对美国不满。委婉地说，房间里的气氛非常紧张。

会议一开始就像一团篝火，紧张和讥讽迅速升级。三位领导者表达了相互之间的抱怨以及对于美国干涉当地局面的不满。你很容易迅速进入解决问题模式，甚至进入辩解模式。不过，沃尔特决定听他们发言。他只想倾听。他努力将全部注意力放在当下，专注于每一个领导人的发言，对于他们说的话持完全开放态度。

当每个人说完时，他会说："你说的是不是这个意思？"接着，他会准确地重复他们刚刚说过的话。

沃尔特并没有解决当天的重大问题。他没有为会议中提出的困难棘手的问题给出任何重要解决方案。不过，一些事情还是发生了变化。整个氛围发生了改变。当地领导者感觉自己得到了倾听，受到了尊重。

"你可以在他们脸上看到这一点，"沃尔特说，"你可以看出，他们在想，'这是可以和我们合作的人'。"

会议最终很有成果。三方实现了对话。会议结束时，一个领导人走向沃尔特。他的手腕上戴着一串念珠，上面饰有漂亮的银质铭文。他从手臂上取下念珠，递给沃尔特，说："没有你，这一切就不可能实现。"这是很好的感激举动。

你很容易认为"倾听"是一件被动的事情。实际上，如果运用得当，它很主动，而且要求很高。它需要注意力控制、情绪管理和同情心。它需要专注力、元意识和去中心化。它一点也不被动。它像举重一样，而且非常有价值。真正的倾听常常是我们最迫切需要采取的"行动"。这个用注意力改变冲突进程的故事为我带来了希望。它向我们展示了倾听可以取得的成果。倾听非常简单，但也非常困难。

倾听练习

常识告诉我们，要想成为更好的沟通者，我们应该练习沟通。不过，这里有一个要点：要想成为优秀的沟通者，你需要拥有真正的倾听能力。当你拥有这种能力时，你可以更好地知道接下来应该说什么，知道什么是最合适、最友好、最具战略意义的说法。

我们开始吧！

准备：选择一个向好友或家人提出的问题。选择"你这个周末想做什么"这样的问题。你的目的是让他们不中断地谈论两分钟。（你最好提前告诉他们，这是你的练习。）

第一步：向他们提出问题。

第二步：在整整两分钟时间里，将对方的回答作为你的关注对象。把注意力固定在上面。如果你发现你在走神，把注意力拉回来，就像你在核心练习中所做的那样。这也是一项练习。

第三步：用一分钟时间写下你听到的所有细节，然后将其传达给对方。

第四步：转换角色，让对方倾听你两分钟时间。

总结汇报：最后，回答下列反思性问题。

你在倾听对方时将全部注意力放在对方身上的感觉如何？

他们倾听你时你得到关注的感觉如何？

倾听很有力量。它使我们有机会以接纳状态获得舒适的感觉。我们甚至可以仅仅通过观察进行这种练习。约吉·贝拉（Yogi Berra）说过一句狂妄的话："你可以仅仅通过观察发现许多事情。"

注意力是最高级的爱

不久前的一天，我的女儿索菲放学后没有家庭作业。我问她想如何度过这个夜晚。她说，她想做烘焙。具体地说，她想和我做烘焙。她不想让我丈夫帮忙。她不让他进厨房。她说，这是母女烘焙项目，只能由我们两人参与。

我们在网上找到了烹饪食谱，开始工作。我们把所有原料铺在柜台上，给平底锅涂上油，为烤箱预热。我们之前没照这个食谱做过。所以，我在手机上打开这个食谱，反复核对具体步骤。每当我打开手机时，索菲都很不安。"你为什么玩手机？！"只要我瞟一眼手机，她就会叫喊。我起初感到困惑——为什么她的反应这么强烈？接着，我意识到，我最近特别忙，花了许多时间和她哥哥讨论上大学和夏季实习的事情，还有几天在实验室工作到很晚。显然，她觉得她失去了我。

我为她过去几个星期可能有的感受感到内疚和悲伤，然后回到当下。我问了自己两个重要问题：现在我需要做什么？什么才是重要的？重要的是我们两个人一起烘焙这些饼干。对于最重要的事情，我现在能做什么呢？我可以把全部注意力放在她身上。这就是她想要的全部。那天晚上，我们吃了许多饼干。在索菲入睡后，我想，如果我处于注意力危机之中，如果我很难发现和注意到周围发生的所有事情，会在这个夜晚得到怎样的结果呢？我可能会忽略索菲对我的需要。即使我明白了这一点，我也不确定自己能否为她提供她所需要的东西。我甚至没有全神贯注，这意味着我显然无法将全部注意力放在她身上。

实际结果呢？我感觉我的头脑更加以当下为中心，更加可靠，更有韧性。我笑了。我意识到，这就是巅峰头脑的感觉。在我看来，巅峰头脑不是指完美或者站上某个虚拟顶峰，就像你在"成功"海报上看到的那样：女人站在山顶，双臂在空中挥舞，以享受登顶体验。巅峰头脑不是指努力抵达某个地方。它更加简单，更加优雅，更加可行。我把它看成一个三角形，底边是当前时刻，两条斜边是注意力的两种形式——一边是接受型注意力，用于留意、观察和存在；另一边是专注型注意力，用于保持专注和灵活。

接受型和专注型注意力不仅是宝贵的大脑资源，而且是货币，是我们最宝贵的货币之一。我们生活中的人会注意到我们将其花在什么上，花在哪里，花在谁身上。从许多方面来看，注意力是我们最高形式的爱。

除了注意力，要想与他人充分交流，我们还需要一组独特而复杂的技能。我们希望进行的许多交流是积极和充满爱的。不过，我们还需要进行困难或敌对的交流。世界上存在各种人际关系，其中一些关系很难应对。

联结不总是温柔的

2012 年，战略沟通顾问萨拉·弗利特纳（Sara Flitner）做出了改变人生的决定：她要竞选镇长。她很享受开公司的工作，喜欢用批判性思维和同理心等能力解决复杂问题。萨拉发现，她所在的怀俄明州杰克逊镇存在许多问题。这里毗邻旅游胜地大蒂顿山和黄石国家公园，通常被称为杰克逊洞穴。杰克逊不同群体的社会经济地位差距极大，在美国"名列前茅"，这导致了当地人患抑郁症、滥用药物、无家可归、压力大等问题变得十分严重。萨拉想，她也许可以通过领导和具有影响力的政策带来改变。她很想从内部解决制度缺陷。根据她现在的说法，她的目标是"为掌权者带来同情心、礼貌、基本礼仪和对人民的尊重"。

结果如何？

她笑了，"我走进了风暴之眼"。

她赢得了竞选。一进办公室，萨拉就不得不面对政治极度分裂的现实，包括地方层面的分裂。当她两年后再次竞选时，竞选活动变得非常讨厌。上一次，萨拉和对手进行了干净而直接的竞选。这一次，她的对手走上了攻击对方的道路。她每天都需要思考如何应对语言攻击。她每天早上起床后需要首先进行正念练习。在此期间，她不看新闻，不看手机，不看社交媒体。她说，这种练习可以"使我的大脑得到休息"，使她有时间接触"对我真正重要的事情"。她在竞选早期就决定，她不会使用"肮脏手段"。她做到了，尽管她输了。

她现在打趣说，当她开始两年的镇长任期时，她说："我爱人民！"当她结束任期时，她说："我恨人民！"不过，在结束玩笑时，她觉得她的执政经历对她很有价值，她解决了制度缺陷，尽管这段经历痛苦、艰难甚至令人幻灭。她说，正念练习是她的命脉。这主要是因为，正念练习可以帮助她与他人沟通，把事情做好，尤其是当对方怀有敌意，和她发生冲突时。

在棘手或困难的交流中，我们可能会被情绪反应左右。我们也可能试图逃避，以最快的方式从交流中脱身。长期来看，这两种策略对于注意力和心理健康都不好。没有解决的事情、问题和疑虑会成为冲突状态，将你的思想吸引到思维反刍的循环中。人际冲突也会消耗注意力，使我们无法优雅或有效地应对困难局面。

"当我们表现得仿佛存在某种同情心或同理心的预算时，看到我们为彼此带来的这种痛苦是令人心碎的。"萨拉说，"我们的态度是，'我会把同情心留给我喜欢的人，而不是给你'。这是原始的大脑推理。实际上，我们的头脑拥有更加高级的方法。"

> **应急练习："和我一样"**
>
> 在困难的交流中，花点时间暂停一下。可以是一次呼吸的时间。或者，在困难的交流之前，花点时间想象这个人的形象。接着，提醒自己："和我一样，这个人经历过痛苦。和我一样，这个人经历过损失。和我一样，他经历过快乐。和我一样，他是母亲所生的。和我一样，他某一天会死去。"如果这些话语无法使你产生共鸣，你完全可以将其替换成其他话语，以强调我们和其他人同为人的事实。

联结是一项核心技能

当萨拉·弗利特纳结束杰克逊镇长任期，离开办公室时，她并没有停止改善社区的努力。她成立了一家被巧妙命名为"成为杰克逊洞穴"的组织，该组织致力于为社区服务、医疗、教育、商业、执法等各领域的领导者提供循证正念技能培训，以提高他们的适应力，使他们实现个人发展，在事业上取得更多成就。

我在 2019 年见到了萨拉。当时，她的组织将 100 名社区成员聚集在一起，举办了一场研究峰会。我是受邀参加会议的研究人员之一。我展示了我们实验室的正念研究成果，描述了我和斯科特·罗杰斯的研究和培训，称我们在各个项目中向许多不同群体提供了正念注意力培训，包括教师、商务人士、军嫂、医疗人士和培训生。得知正念注意力培训适用于不同群体，可以由个人在我们的远程指导下进行，萨拉邀请我们去杰克逊开启培训计划。萨拉及其团队组织社区领导者参加培训，而且特意选择了这些人所在组织不同层级的人——所以，参加培训的除了医疗系统首席执行官，还有护士；除了县治安官，还有初级警务人员。"只要做到将注意力放在'对方'身上，他们就能取得惊人的进步。"萨拉回忆道，"他们只接受了两天培训，但正念练习培养出的那种沟通能力是其他方法无法取代的。"

萨拉将其组织的存在以及她将这些繁忙的高级别专业人士聚集到一个房间里的能力归功于她的正念练习。她说，联结和同情心的练习从一开始就是她的事业基石。当她想要开启对社区领导者的正念注意力培训时，她需要给杰克逊的顶级首席执行官们打电话，说："我需要两天时间。""他们说可以，因为我和他们关系很好。"萨拉说道，"我说，'如果优先对待此次培训，你就会取得成功'。他们相信我。他们知道，他们的时间不会被浪费。"

萨拉总结道：联结并不讨厌。它不是软技能，它绝对是基本技能。它不是指对所有人友好随和。你需要使用理解情绪的技能和建立关系的技能。对萨拉来说，在应对困难的交流时，这是一个严肃的问题：你想投入多少？你是想成为房间里嗓门最大的人或"拳头最大的人"，还是想磨炼取得最佳表现所需要的沟通和合作技能？

"没有这些技能，你的其他能力都不重要，因为你不会成功。"萨拉说，"你也许能治疗癌症，但是如果没有人相信你，你的本领就没有任何价值。"

本书最后一项核心练习是联结练习。在传统冥想训练中，它通常被称为"慈爱冥想"。不过，这项练习并不完全专注于你所爱的人——尽管它常常是这样开始的。这样做的目的是培养你的联结能力以及向他人和自己提供善意的能力。我们从你所亲近的人开始，然后扩展开来。带着善意将你的手电筒照射到世上芸芸众生身上是我们练习使用注意力的又一种方法。

核心练习：联结练习

1. 开始时，和其他练习一样，保持舒适而警觉的坐姿。把注意力放在呼吸上，专注于与呼吸有关的感觉。

2. 现在，在你生命中的这一刻，将自我意识带入你的头脑中。

3. 默默重复下列语句，以便向自己发出良好祝愿（3分钟）。记住：重点是向自己发出良好祝愿，而不是提出请求或要求。说出下面的支持性语句：

   希望我快乐。

   希望我健康。

   希望我安全。

   希望我活得轻松。

   这些语句及其顺序并不重要。有人可能会说"希望我远离痛苦"而不是"希望我安全"。其他人可能想说"希望我获得安宁"而不是"希望我活得轻松"。重点是，你选择的语句应该和你产生共鸣，向接受者传达善意的感觉。

4. 接下来，将你的关注点逐渐从自我意识上移开，回想生活中对你很好、很友善以及支持你的人，你可以称之为恩人。默默重复下面的语句，将其传达给这个人：

   希望你快乐。

希望你健康。

希望你安全。

希望你活得轻松。

5. 现在，让你对于这个人的意识逐渐消退，回想与你没有真正的联结、你对其具有中性感觉的人。他可以是你经常看到但是没有任何强烈感情的人。也许他是你遛狗时遇到的邻居，你每天看到的停车场服务员，或者售货员。在头脑中向他们传达这些语句。

6. 当你的关注点从你对这个人的意识上逐渐移开时，回想在你人生中的这个阶段令你头疼的某个人的形象。这种人通常被称为"难相处的人"。你不需要挑选生活中最具挑战性的人。记住，你不是在支持他们的观点，甚至不需要原谅他们过去的行为。你只是在练习中向他们提供善意，以提高你采取他人视角的能力，意识到他们——和你一样——也希望自己能快乐、健康、安全、轻松。以此为出发点，在头脑中向他们传达这些语句。

7. 现在，转移到家庭、社区、省以及国家里的每个人身上，并且不断向外扩展，直到将世界上的所有人包括在内。花点时间想象每个地点（你的家、你的社区），然后向那里的每个人传达这些语句。

8. 在整个练习过程中，留意你的头脑是否偏离了你所选择的关注点，并且轻轻地将你的注意力拉回来。

9. 最后，花点时间关注你的呼吸，以结束这项练习。

这些指令很简单，但它们具有深远的潜在影响。

越来越多的研究正在考察这项练习对大脑和身体的影响，[136] 比如积极情绪和幸福感的增加，以及采取他人视角能力的提高。要获得积极的社交情绪需要这种能力。最近，一些研究发现，这种联结练习可以有力地对抗内隐偏见。这个领域还需要更多研究，但早期结果令人充满希望。

你可能已经发现，这项练习与这本书之前的所有正念练习都存在较大区别。除了它在改善情绪和缓解压力方面已经得到证实的好处，我在这里介绍这项练习还有一些原因。顾名思义，这项练习可以增加我们的联结感，减少孤独感。为什么会这样？这难道不是一项独自完成的活动吗？

你能否与不回应你的人建立联结

记住，大脑是一台出色的模拟机器。我们用于记忆生活片段的默认模式网络子区域也被用于将我们投射到过去和未来。这些区域也可以将我们投射到别人的头脑里。这样做可以使我们模拟从他人视角体验世界的感觉。采取他人的视角可以使我们理解他人的动机，从而增强同理心。通过向各种亲密程度的个体传达良好祝愿，就像我们在这项练习中做的那样，我们为自己提供了传达关爱和关心的经历。当然，这些都是我们自己在头脑里完成的，但是正像我们讨论过的那样，头脑是一台强大的虚拟现实模拟器。传达关爱可以增强我们与他人的关联感，就像我们接受关爱一样。

对此，我有过亲身经历。我曾参加慈爱冥想隐修。在选择"中性人"作为练习目标时，我选择了迈阿密大学心理系的管理者理查德·威廉姆斯（Richard Williams）博士。理查德是"中性人"，因为我对他没有强烈的喜爱和厌恶。实际上，我和他根本没有真正的交往。当我需要审批经费预算或者进行大额采购时，我常常见到他。我不知道我为什么选择他，但我确实选择了他。

关于日常练习与隐修的区别，我要说一句。本章介绍的联结练习可以在15分钟内完成，因为对于每个接收者，你需要在大约3分钟时间里不断默默重复你所选择的语句。相比之下，在长达一个星期的静修中，大约100到150个隐修者每天聚集在巨大的禅堂里，从早上一直冥想到晚上。这些练习需要在静默中完成，没有人提供持续指导，冥想教师只在每天开始时进行要求说明。练习被分成每节45分钟，每节之间有短暂的休息，还有更长的用餐时间。我们先是坐禅45分钟，之后是行禅，然后往复循环，直到晚上。到了晚上，冥想教师会发表正式讲话。在家里，我会花3分钟时间向"中性人"重复那些语句；但在隐修时，我会重复一整天。

在我参加慈爱冥想隐修的第三天，我开始重复那些语句，将良好祝愿传达给理查德。"希望你安全，希望你快乐，希望你健康，希望你活得轻松。"我觉得这没有太大效果。毕竟，我和理查德并不熟。我对他的生活、兴趣和爱好一无所知。说实话，我觉得这一天很平淡。我记得，唯一的变化是，我祝愿他的专注力和决心在这一天变得越来越清晰，越来越强烈。当我结束隐修回家时，我继续每天进行正念练习。在我偶尔进行联结练习时，我继续将理查德作为我的"中性人"。不过，我并没有对此进行过多考虑。

在我结束隐修后大约一个月的时候，我回到迈阿密大学心理系大楼，理查德的办公室也在那里。我去那里参加一个学生的论文答辩。答辩结束后，我决定前往理查德的办公室。我只想打个招呼。他看到我好像很吃惊，似乎觉得他忘记把我们的见面标在日历上了。我告诉他，他没有弄错，我只是来打招呼的。我相信，他觉得这有点奇怪。更奇怪的是我见到他时的内心体验。我心中充满了平静的喜悦和兴趣。我注意到了他和善的眼睛，他头上的一缕缕白发，发现他看上去有点瘦弱。我们的谈话内容很普通。我既不想也不需要从这种交流中得到任何东西。我也没有留恋他的感觉。

在随后几年里，我在与经费有关的任务中和理查德见了几次面。每一次，我都产生了喜悦的心情。他对我的态度没有任何变化，但这对我并不重要。和之前一样，他还是那个和善而能干的管理者。我承认，这听上去很奇怪，很不同寻常。不过，它使我隐约感觉到了一些经验丰富的慈爱冥想练习者头脑中可能发生的事情，他们能毫无偏私地关心和善待他们所见到的每个人，这可能不仅仅源于性情。也许，这源于他们每天的同情心练习。正如前文提到的众议员在清晰、同情和沟通方面对头脑进行的训练。也许，我们所有人都能做到这一点？

要做出改变，从自己开始

在这本书中，我一直让你将大脑及其处理过程看成可以训练和优化的，而不是破损和需要修理的。你已经知道了怎样做到这一点。现在，请向自己提出另一个重要问题：

◉ 拥有了巅峰头脑，你会做什么

想一想。不要使用标准的分析思维。试着用元意识"看看它是什么"，试着通过去中心化"丢弃故事"，同时保持稳定而开放的注意力。

遗憾的是，理查德·威廉姆斯最近去世了。我很伤心。在悲痛中，我开始质疑与他建立联结感的价值。如果我和他保持毫不相干，我不是会过得更好吗？为什么要亲近他人呢？他们难道不是另一个潜在的痛苦来源吗？我知道，许多人都有这样的感受。

过了一段时间，我找到了答案：不，我不会过得更好。理查德给了我一个重要礼物，尽管他并不知道这一点。他使我想到，生活不是零和游戏。传达关爱、关心和善意不需要回报。这是生活意义的一部分。正如我在本章开头说的那样，没有它，我们会死得更快，更加没有成就感。

也许你接触注意力和正念脑科学的动机是提升与你有联结的其他人的生活质量，不管他们是你的家人、同事、社区成员还是下属。怎样做到这一点呢？

答案是，从自己做起。

"亲自实践是你首先要做的最重要的事情。"来自怀俄明州的前镇长萨拉·弗利特纳说道，"作为镇长，我在每次公共会议前都要花时间进行某种反思。当我们社区的冲突很严重时，我展现出最好的个人形象是非常重要的。"

当你从自身做起时，你可以临在于混乱、压力或不确定中，这将为你、你所爱的人、你的同事甚至和你交流过一次后再也没有见过面的人带来很大影响。这意味着你可以充分投入到困难局面中，知道自己拥有渡过难关所需的认知资源。只有亲自练习，你才能做到这一点。

　　有一点是肯定的：学习关于注意力的知识是有帮助的。不过，这还不够。要想获得正念训练的好处，你需要进行一定程度的正念练习。实际上，正念练习可以改变大脑结构，从而改善注意力……前提是你练习得足够频繁。

　　那么，怎样才算"足够"呢？

第10章

脑力燃烧：注意力训练计划

今天，世界各地都有人会在起床后穿好运动鞋，开始晨跑。有的人会打开 YouTube 瑜伽课程，有的人会在跑步机上挥汗如雨，有的人会反复提举哑铃，以锻炼和加强肌肉。

不管我们参与哪种形式的体育运动，我们之所以运动，是因为我们知道它有效果。我们知道，体育锻炼会使我们的身体更强壮、更灵活、更有力。我们不会多想，因为我们习以为常了。不过，过去并不是这样的。有时，当我路过健身房，看到里面的人模拟登山的样子时，我想，如果一个人从过去穿越到现在的迈阿密，看到眼前的景象，他会怎样想呢？他一定会大惑不解。若是 100 年前，坐在原地固定的自行车上努力快速骑行的想法肯定是很荒谬的，因为你无法抵达任何地点。

20 世纪 60 年代，美国医生肯尼思·库珀（Kenneth Cooper）开始研究心血管疾病的治疗方法。具体地说，他在考察体育锻炼方法。之前，人们并不认为体育锻炼是对心血管健康的潜在干预手段。不过，库珀发现，有氧锻炼和心脏健康之间存在强烈的相关性。[137] 他发现，某些运动类型（能让心跳加速的那种运动）可以促进呼吸、加强心肌、改善血氧含量，并且可以带来其他好处。这看上去并不是革命性的信息，但它在当时的确具有革命性。库珀的研究发现，锻炼心肌可以使之变得更加强壮健康，而且某些锻炼方法比其他锻炼方法在这方面更加有效。他的研究很快被美国军方采纳。

库珀关于有氧运动的研究成果很快从实验室传播到了千家万户。许多人穿上紧身衣、紧身裤和护腿，在起居室的地垫上尽全力模仿简·方达（Jane Fonda）[⊖]的动作。同时，它也使我们对于锻炼的看法发生了巨大变化。跑步变得更加流行，因为人们普遍认识到，获得心血管健康的方法是进行某些特定的体育锻炼。关于体育锻炼使我们变得更加强壮健康的原理，我们已经有了几十年的研究经验。根据这些研究，公共卫生专家发布了指南，告诉我们哪些活动可以帮助我们在某些方面变得更加健康。

那么，关于如何维持头脑健康，为什么没有基于科学的类似指南？

今天，关于这一主题的研究正在迅速发展。我们知道，某些头脑训练形式可以有效训练头脑，就像体育锻炼可以强身健体一样。关于改善注意力 [138]——实现更好的表现、更好的情绪管理、更好的沟通和联结——正念训练这种头脑训练形式在各项研究中均取得了良好结果。这已经不是秘密了。正念练习可以训练大脑在默认情况下以不同方式运转。

⊖ 健身教练。——译者注

库珀医生在志愿者使用跑步机时跟踪其心、肺、肌肉和整体健康状况，发现了健心运动是怎样改变身体和改善健康状况的。今天，包括我们实验室在内的各个冥想神经科学实验室让志愿者一边舒适地躺在大脑扫描仪里，一边进行正念练习（头脑锻炼）。我们发现了什么？正像这本书一直在讨论的那样，在正念练习中，与集中和管理注意力、留意和监督内外部事件相联系的大脑网络全部得到激活。[139] 当参与者参加为期数周的培训时，我们发现，随着时间的推移，他们的注意力和工作记忆得到了改善，走神现象在减少，去中心化和元意识在增加。他们感觉更加健康，人际关系也得到了改善。

更妙的是，随着时间的推移，我们看到了与这些改善相对应的大脑结构和大脑活动的变化：[140] 与注意力相关的网络内部重要节点的皮质变厚（类似于体育锻炼促使特定肌肉获得更好的肌肉张力），注意力网络和默认模式网络之间的协调得到改善，默认模式活动减少。这些结论可以使我们了解正念训练的原理，以确定训练方法，即为了获得这些好处需要做的事情。

这正是促使沃尔特·皮亚特同意我们对军队进行正念研究的原因。当其他人反对时，皮亚特说："我们每天花费至少两个小时进行身体训练，但我们并没有花时间进行头脑训练。"

沃尔特担忧的是，在把军人送到海外作战或从事外交任务之前，没有人对他们进行任何头脑训练，培养他们急切需要的认知能力，使他们真正做好准备、保持克制、清晰地观察和倾听、在重要关头做出正确决定。而且，这些军人回国后很难重新融入平民生活。作为负责管理士兵及其家属健康状况的领导者，沃尔特每天都会看到军人心理崩溃的案例。

"我们会告诉他们，不要把所有钱花掉，不要把愤怒发泄在家人身上，"沃尔特说，"但是我们无法向他们提供任何工具。"

我们的研究已经表明，正念训练可以影响注意力，尤其是当你进行大量训练时。还记得吗？我们曾在科罗拉多深山里研究有经验的冥想者，在他们为期一个月的冥想隐修开始和结束时对其进行跟踪。就像我们之前讨论的那样，他们在持续注意力和警觉性方面有所改善。而且，在隐修结束后，他们的工作记忆编码得到了改善，走神现象得以减少，元意识得到提高。[141] 所以，每天 12 小时正念、其中许多时间用于正式正念练习的做法的确能够带来许多可以测量的好处。不过，一个重要问题仍然没有得到解答：你到底需要做多少正念练习？我们当然不可能让人们每天冥想 12 小时。

我们在西棕榈滩对海军陆战队的研究显示，正念练习对注意力、工作记忆和情绪具有剂量反应效应：[142] 人们练习得越多，收获就越大。他们进行多少练习可以看到效果呢？我们让他们每天练习 30 分钟，但我们发现，不同参与者的练习时间千差万别。平均而言，看到效果的人在八个星期里每天练习 12 分钟。

科罗拉多研究和西棕榈滩研究令人鼓舞：我们的确发现了让我们很有希望的证据，证明正念练习和注意能力的提高之间存在联系。我们接下来需要弄清哪种解决方案适合现实世界中的人们在日常生活中实际使用。

正念培训效果研究

当我和我的团队飞往夏威夷的美国陆军斯科菲尔德军营进

行实验时，我们面临着几个小问题。这个基地位于瓦胡岛中央，没有我们学校那种最先进的脑波实验室。理想情况下，脑波研究需要法拉第笼，即由导电金属网包围的房间，以屏蔽周围的电磁场。不过，在夏威夷获取近2000磅的金属并用其围住军事基地的一个房间是不现实的。所以，我们尽最大努力将杂物间改造成脑波记录实验室，将设备小心地放在合适位置，以避免电磁干扰。

我们将一切杂物清理出去，包括扫帚、簸箕、箱子、清洁用具、大包卫生纸和金属架，并且开车在瓦胡岛到处转悠，寻找需要安装在墙壁上的声光抑制材料，以便为实验创造更好的可控环境。我们发现了一家沃尔玛，买下了所有黑色毛毡卷。回到基地，我们把一层层毛毡钉在杂物间墙壁上。我们把事先邮寄过来的一箱箱计算机设备、电线和扩音器拖进来。我们在隔壁房间安装好计算机，供士兵在测试中使用。我们在当地办公用品店购买了广告纸板，尽最大努力将不同计算机分隔开来。这并不完美，但还算凑合。

我们称之为斯特朗（斯科菲尔德军营神经行为发展培训研究）项目，这是对于从海外返回、正准备再次出征的美国陆军现役士兵的第一项大规模正念培训研究——他们即将前往阿富汗。我们的早期研究显示，正念培训具有可以测量的影响。这些研究虽然令人鼓舞，但是规模很小。相比之下，斯特朗项目将持续四年，对规模更大的军人群体进行正念效果的测试。从那以后，我们对军人、军嫂、现场急救员、社区领导者和其他许多群体进行了更多的大规模研究。[143] 在为时间紧迫的高压群体——从某种程度上说，我们所有人都是如此——提供解决方案之前，我们需要回答几个关于内容和剂量的重要问题：

- 正念培训是否优于其他形式的头脑培训？

- 培训应该包含哪类信息？在课堂上了解压力和正念的好处是否与练习一样有益？

- 最后，为了改善注意力，人们最少需要花费多少时间进行正念练习？这也许是最重要的问题。对于时间紧迫的人来说，这个问题极为关键。

◉ 正念比正面思维和放松更有效

我们希望将正念培训与美国陆军已经开始实施的另一种培训进行比较。这种培训通过练习促使参与者回忆积极经历，或者通过积极视角重新看待当前挑战，以产生积极情绪。

我们发现，正面思维培训不仅不如正念培训有效，而且似乎在主动消耗士兵出征前的注意力和工作记忆。[144] 正面思维要求重新评估和重构，因此它也需要注意力。简单地说，你要用注意力和工作记忆建造一座空中楼阁。它很脆弱。为避免它解体，你需要做许多工作，尤其是当你面对的环境要求很高、压力很大时，就像士兵所面对的那样。正面思维培训似乎为他们本已稀缺的注意力带来了更大负担。

其他研究得到了相同的结论：正念培训可以比其他同等时长的培训更好地加强注意力。还记得我们在大学橄榄球队赛季前的训练期间在健身房对其进行培训的故事吗？我们故意选择了这一环境，以便与他们接受的以"练习"为主旨的培训相比较。一个小组接受正念培训，另一个小组接受放松练习。放松对参与者的确有好处，但是这些好处不是放松独有的。不管是正念还是放松，和坚持程度最低的球员相比，坚持程度最高的球员都拥有更好的情绪状态。不过，只有接受正念培训的人在注意力方面得到了改善。

正念培训优于其他培训形式（比如正面思维和放松）的发现是一个巨大进步。它表明，改善注意力和工作记忆的是正念培训，而不是其他形式的积极培训。

◉ 培训内容：说教不如练习

下一个问题是：培训应该包含哪些内容？纳入"说教内容"、让参与者了解正念及其原理对他们是否有帮助？

在研究环境下的正念培训对参与者有两个要求：

（1）参加每周课程，由有经验的培训师向他们介绍各项练习和相关内容。

（2）每天进行我们布置的课外正念练习。

斯特朗项目的第一项研究（比较正念和正面思维的练习效果）要求参与者在八个星期里每天练习30分钟。不过，我们将培训师进行的培训时间从24小时削减到了16小时。我们激动地发现，虽然培训时间减少了，但是正念培训仍然有益。这对时间紧迫的参与者来说是一个很好的消息。我们能否进一步缩短时间？能否缩短一半？

要想进行这种削减，我们需要知道哪些培训内容必须得到保留，哪些内容可以丢弃。其他对于各种高压群体的研究告诉我们，练习本身对于收效非常重要。所以，我们将练习作为重点。

在接下来的研究中，我们同时开设了两门课程，二者都历时八个星期，都有每天30分钟的"家庭作业"，而且是由同一位培训师讲授的。[145] 区别在于，在一门课程中，培训师花费7/8的课堂时间讲授与正念相关的"说教性"内容——他们讨论正念、压力、耐力和神经可塑性。这就像是去健身房参加重量训练课程，培训师告诉你重量培训的重要性、各种好处以及如何使用设备和监督体型，但在课堂上不花太多时间进行实际练习。在另一门课程中，培训师将更多时间用于正念练习，包括练习和讨论，但是不会介绍各种背景信息。

这看起来很直观：如果你不练习，那么你很可能是在浪费时间。这正是我们的发现。专注于练习的小组在表现上优于另一组，后者就像没有接受过培训一样。对我们来说，这是一个巨大胜利。我们可以将课程时间缩短一半，从16小时缩短为8小时，前提是我们将许多课堂时间用于实际练习。

不过，还有一个障碍。我们在斯特朗项目的所有研究中都看到了一个令人不安的现象：参与者所做的课外练习并不像我们要求的那样多。他们的实际练习时间远远低于30分钟。他们显然并没有完成家庭作业。这是怎么回事？

根据我们的猜测，每天30分钟的练习时间太长了。这似乎是无法完成的任务。它听上去太难、太漫长了。我们想让他们燃烧脂肪，但他们不敢拉伸肌肉。他们无法将其安排到他们拥挤的时间表里，因此选择不去定期练习。每天30分钟的正念练习当然可以为人们带来帮助，但是如果这是不能实现的，就不会有人因此而受益。

我还需要应对另一个问题。美国陆军对于我们的成果很激动，问我什么时候能扩大项目，向其他许多士兵提供培训。他们想让我迅速将培训师派到各个军事基地。他们问我有多少培训师。我的回答是：一个。在所有这些研究中，我们唯一的培训师是我的同事，她根据自己的从军和正念练习经验设计了这个项目。

我需要采取不同策略。这个项目需要具有高效性和可扩展性。它应该是我们能提供的最简洁、最轻便、最有影响力的版本。对于这些急需正念培训而又时间紧迫的人来说，最低有效剂量是多少？

发现最低有效剂量

如果正念训练有益，但是没有人去做，那么它就不会帮到任何人。

我们开始研究可以向人们提供的真正的"处方"。这项工作有几种途径。下面是最显而易见的做法：招募 1000 名志愿者，将其分成不同小组，布置不同的练习时间（比如第一组练习 30 分钟，第二组练习 25 分钟，第三组练习 20 分钟，依此类推），然后对所有人进行测试和比较。这很合理，不是吗？许多科学研究都是这样做的，比如在对药品效力的研究中，研究人员通过这种途径确定"最低有效剂量"。问题是，对正念来说，这种做法行不通。这与为人们提供某种剂量的药品是不同的。参与者根本不会按照你的要求行动。你可以要求他们每天练习 30 分钟，但你无法确保他们做到这一点。实际上，我们很快发现，他们很可能做不到。

我与斯科特·罗杰斯合作。罗杰斯写过面向父母和律师的正念相关的书，他的风格灵活、实用、平易近人。这正是我们需要的。我们回顾之前两个小组的对比数据，一个小组接受了正念训练，另一个小组没有接受训练。结果并不好。在培训后我们对其进行的注意力测试中，两个小组没有明显差异。为什么？是正念不起作用，还是人们做课外练习的时间不达标？一些人每天练习 30 分钟，另一些人每天的练习时间为 0。

幸好，我们发现了一些数据，可以为我们带来提示，告诉我们怎样做才有可能为人们带来真正的帮助。我们将训练小组分成两个更小的小组：强练习组和弱练习组。此时，我们有所发现：强练习组的确有所收获。于是，我们把目光聚集到他们身上。这组平均每天练习多长时间呢？ 12 分钟。

我们有了一个数字。我们用它设计了一项新的实验。我们让参与者（这一次是橄榄球员）只做 12 分钟练习。为了切实帮助他们，斯科特制作了 12 分钟的练习指导录音，供他们使用。他们不需要自己设置定时器，甚至不需要按下停止键，只需要跟着录音练习。我们把实验设计得非常人性化。

我们进行了一个月的研究，让他们每天在录音指导下进行 12 分钟练习。和之前一样，我们将志愿者分成两个小组：强练习组和弱练习组。同样，强练习组得到了积极结果，即注意力获益。平均而言，这些人每星期有五天进行 12 分钟的练习。

拼图即将完成。我们即将得到时间紧迫人群愿意接受的解决方案。当他们遵循这一方案时，他们的注意力会得到改善。根据我们现有的信息，我们即将得到一个实际解决方案，即注意力训练的最低必要剂量：四个星期，每星期五天，每天 12 分钟。

我们终于设计出了可以轻松教给其他培训师的方案，他们可以将其提供给更多有需要的群体。我们可以迅速教会他们。我们希望与运动员等高压、高绩效群体保持合作。所以，我们对军事精英即特种作战部队进行了研究。我们有幸与一位执行心理学家同事合作，他曾与特种作战部队合作，拥有正念减压培训资质。他飞到迈阿密。我们对他进行了培训，使之成为培训师。我们将这种培训称为正念注意力培训。和之前一样，我和我的研究团队带上笔记本电脑，前往另一座军事基地，以考察这种培训能否在校园环境以外的环境中发挥作用。我们尝试了这种培训的两个版本，一个版本是我们最初设计的四个星期，另一个版本只有两个星期。结果令人兴奋，而且充满希望：正念注意力培训在注意力和工作记忆上为这些军事精英带来了益处。这些益处只出现在四个星期的培训中。两个星期太短了。

我们走上了正轨。从那时起，我们培训了许多培训师，包括为士兵提供培训的军队绩效教练、为其他军嫂提供培训的军嫂、为医学生提供培训的医学院教员、为员工提供培训的人力资源专家。这些培训师大部分之前没有正念经历，但我们在短短十个星期之内让他们获得了提供正念注意力培训的能力。这种成功的关键在于，虽然他们在培训之前不太了解正念，但他们非常熟悉他们将要培训的群体的背景和挑战。

那么，所有这些对你而言意味着什么呢？正念培训的确拥有剂量反应效应，这意味着你练习得越多，收获就越大。不过，我们现在知道，"做得越多越好"并不适用于大多数人。根据上述多项研究，我们意识到，向人们提出过多要求会抑制他们的积极性，尤其是对于已经面临很多要求、时间很少的人而言。

关键是设置令人鼓舞并且具有可行性的目标。12 分钟优于 30 分钟，每星期五天优于每天。所以，我希望你每星期练习五天，每天练习 12 分钟。[146] 如果你做到这些，你就走上了真正受益的道路。更好的消息是，如果你做得更多，收益也会增多。

一个重要警告：如果你繁忙而紧张，并且正在遭受疼痛、失调和疾病的困扰，那么这一方案可能不适合你。这不是治疗方案。我们不是想缓解症状和压力。我们的培训目标是改善注意力。其他一些包含正念元素的方案提供了针对抑郁、焦虑和创伤后应激障碍等心理疾病的治疗计划，[147] 这些计划看上去很值得看好。它们需要花更多时间（有时是每天练习 45 分钟），而且需要冥想练习以外的其他干预手段。我在这里提供的正念培训方案能对你的注意力有帮助。不过，如果你想通过正念解决其他问题，你可能需要临床医师或专业医学人士的支持。

你已经知道了应该怎样做，怎样确保做到呢？我建议你写在日历上，或者设置手机提醒。12 分钟不长，它是最低必要剂量。如果你能从这本书中有所收获的话，我希望你能清晰认识到这有多重要。我们很忙，我们时间紧迫，我们总是压力巨大。不过，继续工作 12 分钟对你的帮助并不像静坐和关注呼吸那么大。只要投入一点时间和精力，你就可以获得很大的回报。

许多工作要求很高、风险很大的专业人士问我这项练习能否进一步压缩。总有人问我"四个星期太长了——我们不能只投入一个下午吗"或者"我很难在一天中挤出 12 分钟，我能减少练习时间吗"。

我的回答是，当然可以。这可能为你带来暂时的好处，就像散步对你有益一样。不过，如果你想通过锻炼改善心脏健康状况，你需要做的不仅仅是偶尔散个步。同样的道理，如果你想保护和加强注意力，你需要做更多。我们现在有了越来越多的研究文献，其结论很明确：想要获得收益，你需要行动。

行动，并且坚持下来

保罗·辛格曼（Paul Singerman）是一名破产律师，也是佛罗里达最著名的商务法律事务所之一的联合所长。他是我所认识的最繁忙的人之一。他的工作环境压力极大。他一天中的大部分时间都要面对正在经历破产保护的个人和企业。他在天亮前起床，整个工作日在会议、电话和庭审中度过，晚上还要通过文书工作、研究和写作进行总结。在新型冠状病毒危机导致居家隔离的那几个月（他和我在此期间获得了聊天的机会），他还要通过 Zoom 出庭。这是他整整 37 年的职业生涯中最繁忙的时期之一，也是最困难的时期之一。

"我们很忙，这是一种福气，"他说，"但这是我所见过的最悲伤的'繁忙'。大量企业价值化为泡影。人们失去了一切，但他们没有做错任何事。这是紧张的时期，这是悲哀的时期，这是令人疲惫的时期。"

我问他，在这场危机中，面对各种额外要求，他还有时间进行正念练习吗？

"当然，"他说，"这是我每天早上要做的第一件事。花时间进行这种练习可以使我在一天中获得各种回报。你知道他们是怎么说的——如果你没有时间冥想 5 分钟，那就冥想 10 分钟吧。"

保罗并不是一直热衷于正念。他是在《纽约时报》周日商业版面的一篇文章中接触到正念的。

"这引起了我的注意，因为这是商业版面。"他说，"如果它出现在周日时尚版面，我很可能会直接翻过去。我那时觉得正念是扯淡。"

这篇文章提到了工程师陈一鸣，他是谷歌最早的工程师之一，是该公司第 107 位员工。他在进行正念练习后发现正念很有用，而且有科学依据。保罗产生了兴趣。他进行了尝试。他很快发现，这种练习并不像他最初想象的那样"空洞无力"，可以使他在法庭和其他法律领域变得更有效率。和法律领域的许多律师类似，他过去认为，他的专业优势来自攻击性。正念听起来似乎会削弱这种优势。不过，他发现，正念提高了他的能力，使他变得更加敏锐、更加高效。这源于正念所培养的核心力量，即保持在当下，保持克制，持续意识到自己内心、他人内心和周围环境的能力。

"在我醒着的每一分钟里，我一直想努力在三个方面成为更高效、更好的数据收集者。"他说，"这三个方面分别是我自己、对方以及我所在的环境……这个环境常常是法庭。"

对保罗来说，这始于他自己，始于他对于自己头脑中正在发生的事情的意识。这不仅包括对于与任务无关的想法的意识，而且包括对于自己在经常出现的高压不利局面下的情绪和感觉的意识。沮丧、焦虑、疲劳、愤怒、饥饿——它们会在漫长且剑拔弩张的庭审中对所有律师产生影响。不过，通过正念练习，保罗现在有办法让自己迅速回到当下。在他的行业里，注意力疏忽的确会产生重大影响。他常常在会议、庭审和其他交流结束后对他的律师团队说："如果是 10 年前，情况会完全不同。"
这种事情每个星期都会发生很多次——正念练习培养的认知能力会以现实而具有影响力的方式发挥作用，改变事情的走向。

"简单地说，它为你提供了控制未来、有意义地影响未来的能力。"保罗说道，"你可以避免冲动行为，避免随之而来的混乱……过去，我常常在说出和做出某些事情后感到后悔，因为其影响会榨干我的时间和精力。现在，我是这样想的——我正在控制未来，因为我让自己有能力用我的时间做更有意义的事情。"

保罗看到了正念对他自己、他的工作以及他的个人能力的影响，因此他也想让其他人受益。他邀请我参加他为整个事务所举办的首个正念讲习班。现在，我和同事斯科特·罗杰斯还在为他的事务所提供培训。他们看到了收获，将其作为优先事项。

对于保罗以及我们在这本书中见到的其他时间紧迫、异常繁忙的人——从每天行程安排得满满的沃尔特·皮亚特中将，到同时管理城镇和咨询业务的萨拉·弗利特纳——来说，在"必须放弃某件事情"的繁忙日子里，正念练习是他们最不愿意放弃的事情。这些能力很强、成就很高的人发现，正念练习会占用时间，但更能创造时间。保罗是这样说的："我对正念的学习和练习具有我所见过的最高的投资回报率。"

你随时可以开始练习

新型冠状病毒危机期间，许多人向我询问正念训练能否帮助他们应对困难。这场流行病是长时间的挑战。这正是我们所说的"高要求时期"。它在各个方面都符合条件。我们将会降低注意力的最强大、要求最高、最不利的条件简称为 VUCA。

它具有多变性、不确定性、复杂性和模糊性。

新型冠状病毒是 VUCA 的极端案例。它一直在变化。相关信息很少，不断更新并且相互矛盾。没有人能够提供简单的回答和解决方案。这种情况很容易吸引和消耗注意力。人们告诉我，这是他们唯一思考的事情，他们的头脑中不断产生各种想法。许多人陷入了迷茫。他们的大脑似乎变得很迟钝，无法专注于最简单的任务。我知道这种感觉。我有过这种感觉。当我对实验室进行虚拟化重建，把课程搬到线上，支持家人和朋友适应新世界时，我会有一种紧张不安的感觉。我在想："任务太重了。我只想去睡觉，并在这件事结束后醒来。"

人们很想知道，正念练习能否在这种时候为他们提供帮助。

我的回答是：是的，当然可以。请从现在开始。

我是这样告诉他们的：你随时可以进行这些练习。它们很自由，很简单，不需要专用设备，不需要前往特定地点。它们一直对你开放。你今天就可以用它们来保护你的注意力和工作记忆。如果你已经被"部署"——换句话说，你正处在高要求时期——你仍然可以在这段时期保护你的注意力。

重点是，你随时都可以开始。如果你正在经历高压力、高要求时期，你可以开始练习。即使你没有处在高压力、高要求时期，你也可以开始练习。不要等到压力出现的时候。请从现在开始培养自己的能力。

我们一直处在所谓的"部署前"时期，永远不知道下一个重大挑战何时到来，我们何时需要应对它。所以，请从现在开始。

◉ 怎样做呢

在这本书中，你已经尝试了两种练习：核心"正式"练习（以坐姿或站姿进行至少3分钟的头脑锻炼）和"应急"可选练习。这两种练习都很重要。前者是基础，后者可以帮助你在一天中保持正念状态，改善注意力。

本书附录推荐了一份前四个星期的每周练习时间表。不过，这份时间表可以随意调整。根据我设计的方案练习注意力可以帮助你取得成功。

我们正处在激动人心的时刻：我们拥有越来越多的研究证据。我们越来越了解哪些方法有效。在未来几年和几十年里，这一趋势还会继续。本书介绍的内容是我们现在对于如何改善注意力和工作记忆的最佳理解。

练习时间

每日正式练习没有特定时间。许多人选择上午练习，在每天开始时进行头脑锻炼，就像他们在每天开始时进行身体锻炼一样。保罗·辛格曼每天醒来后立刻进行正念练习，此时太阳常常还没有升起。萨拉·弗利特纳也喜欢将正念作为早上第一件事情。此时，他们还没有看手机、阅读新闻、浏览夜间涌入收件箱的消息。对他们来说，应对每日任务之前的时间是进行头脑准备的合适时间。

相比之下，沃尔特·皮亚特只能在有空的时候练习。在军队里，这很难，尽管正念正在逐渐被越来越多的人视作宝贵的

"头脑锻炼"。他很难拿出 5 分钟的时间"无所事事"。

"五角大楼的人会认为你疯了。"沃尔特说，"'5 分钟无所事事？'他们想，'我可以在这 5 分钟里做 10 件事！'我的态度是，是的，但是如果你花 5 分钟的时间'无所事事'，你之后就可以多做 100 件事。"

在上次前往伊拉克时，沃尔特将正念练习与健身计划捆绑在一起。在上午常规锻炼后，他会在一片棕榈树林里收尾。棕榈树在干燥的沙漠空气中变成了棕色。在他可以自由行动的每一天，他都会坐下，凝视棕榈树，将注意力固定在那里，进行呼吸意识练习。

在伊拉克，他的练习时间变少了，但练习的重要性却提高了。只要有空，他就会进行简短的练习。在乘坐直升机时——他总会出于外交或其他原因降落在新地点和新环境中——他会花时间进行练习。他会短暂地关掉耳机，屏蔽飞行员的闲聊。当直升机以 150 英里⊖每小时的速度摇摇晃晃地飞行时，他会视线下移，进行"丢弃故事"练习。他会提醒自己：

> 这很可能不会符合我的预期。
> 我有许多不知道的事情。
> 我知道的事情很可能不完整。

"这些练习可以帮助我进行自我管理。"沃尔特说，"当你没有能力做出良好决策时，当你头脑精力不足时，你能感受到这一点。"

在伊拉克，当他产生这种感觉时，他会走到户外，在晚上 10 点、11 点或者半夜为一小块草地浇水。他第二天早上需要早

⊖ 1 英里 = 1.6093 千米。

起，有许多工作要做，但他知道，他需要刷新注意力。

"头脑疲劳会开始困扰我，"他说，"我会开始分心。我能感受到，我没有集中注意力，没有倾听别人。"

当他最初来到基地种植草皮时，没有人觉得草会长起来，但确实长起来了。所以，当他在深夜失去他所依赖的注意力时，他会外出浇水。他会拿上水管，用大拇指压住水管出口，尽量轻柔地为小小的草地浇水。他们部队的一个士兵想要帮忙，说要帮他弄个喷头："长官，如果你需要为小草浇水，你可以让我们照管它。"沃尔特拒绝了。他的目的不是让小草得到浇灌，而是由他浇水。他将浇水时间作为练习时间。像身体扫描一样，他将对这一活动的感官体验填充到头脑白板上。凉水平缓地流过他的大拇指。他可以嗅到草的气味和沙漠的气味。

他最后还会与路过的人交谈。看到将军深夜拿着水管在户外小小的草地上为艰难生长的小草浇水，路人可能会吃惊。他的下属会路过，他们会短暂交谈——他能听到他无法通过其他途径了解到的他们的生活琐事。某个伊拉克将军偶尔也会出来散步，他们会交谈起来。他们谈论农业，谈论伊拉克将军的家乡小镇，谈论他在遥远的自家农场种了多少棵枣树。

这种做法也会使你受益，前提是你愿意花时间。你可以在一天中的任意时间进行正式和非正式练习。试试这种方法：当你早上醒来时，不要翻身去拿手机，不要立刻起床。保持仰卧姿势。花 10 分钟进行深呼吸，或者只花 5 分钟。关注呼吸。你可能会注意到你所产生的思想。它会为你带来你可以在今天使用的洞察力——关于你自己、你的头脑和注意力的信息。

试试正念刷牙。当你刷每颗牙齿时，将手电筒指向这些感觉。在公共汽车或地铁上，不要取出手机。像正式练习那样，采取警觉而舒适的坐姿。闭上双眼，或者视线下移（哪种效果好就用哪种），花5分钟的时间练习，或者在整段路上练习。你也可以向列车上的人传达慈爱的语句。我的朋友、许多学生信任的冥想教师莎伦·扎尔茨贝格（Sharon Salzberg）某一年定下了"不忽略每一个人"的新年决心。在排队等待或者在纽约市繁忙的人行道上行走时，她会特别关注周围的人，默默向每个人发出简单的快乐祝愿："祝你快乐！祝你快乐！祝你快乐！"她在头脑中朝各个方向发出良好的快乐祝愿，就像奥普拉（Oprah）向每个电视观众发放新车一样。这种关注周围的人、将注意力向外发散的做法会为我们带来回报，使我们能与他人进行更好的交流，有利于我们的快乐和幸福感。

"你可以坐在椅子上练习，坐在坐垫上练习，"沃尔特·皮亚特说，"我会在浇水时练习。"

头脑混音台：每个人有不同的起点

艾米是自由作家，她丈夫是高中老师。她在研究一篇关于正念和注意力的文章时访问了我们实验室，提出了一个有趣的问题。

她发现，她和丈夫似乎拥有完全不同的注意力优缺点。她丈夫的工作记忆似乎很差，他的白板两头漏风。同时，他似乎常常可以很熟练地保持在当前时刻，即使在面对一些很容易将人吸引到头脑时间旅行和思维反刍之中的重大压力时也能做到。她曾多次看到，他瞥了一眼来自父母的争吵性电子邮件……然后关掉邮件应用程序，快乐地继续过自己的生活。他似乎没有受到影响。他的注意力可以远离"末日循环"。

"如果我打开那样的电子邮件，"艾米说，"我就完了。我会不断思考这件事，直到做出回复或者解决问题——尽管我知道现在不是想它的时候，或者它是无法解决的。我根本无法阻止自己。"

不过，她发现，她可以很好地应对其他注意力挑战，比如在工作记忆里容纳许多事情。

她想知道，为什么她丈夫在注意力的一个方面天生很差，在另一个方面表现很好。这些天生的能力和弱点是从哪儿来的？

我的回答可能不会使她非常满意：我们并不知道它们是从哪儿来的。你的注意力状况是由各种力量决定的，包括头脑中的化学成分、你的教养和生活经历以及你现在使用注意力的方式。我称之为"头脑混音台"。和录音棚的混音台类似，我们拥有不同的水平，不同的设置。每个人的注意力状况都是非常独特的。不过，不管你的"设置"如何，你都可以从正念训练中受益。

接受无聊与困难

任何开始执行新的体育锻炼计划的人都知道，他们起初会感觉更加糟糕。如果你开始跑步，最初几个星期会很艰难。你会敏锐地意识到，你的身体很难做到你想做的事情。同样的情况也适用于新的头脑锻炼计划，适用于你的大脑。

我们遇到的挑战之一是，在参加了一两个星期的正念培训课程后，一些人会说："我感到更加糟糕，我感到更加紧张。"

我的回答是，这是良好的迹象。它意味着你有收获了。你暂时会感觉更糟糕，因为你的元意识在提高。之前，你可能大多数时候没有意识到自己在走神。现在，你发现你一直在走神。你发现你无法让头脑摆脱末日循环，或者你的思想不由自主地反复回到同一个痛苦的主题上。问题并没有加重，但你对它们的意识提高了。

这很难，因为正念练习带来的第一个变化是，你会敏锐意识到你的头脑对于你所发出的命令的反抗。你会看到它有多么躁动不安。它不想做 12 分钟的呼吸感知练习。它想做其他事情，什么都行。

刚开始接受正念培训的人最常向我发出的抗议是"太无聊了"。我的回答是，是的，这正是重点。

练习很难。你会迅速感到无聊。我们知道，不安的头脑很快就会想要去做其他事情，很快就会转变到专注于自我的"默认模式"。**你的头脑想要漫游，你的任务是留意这一点，并且通过一些练习反复把头脑拉回来。这就是锻炼。**当你进行基本呼吸意识练习时，每当你走神时，你都要意识到这种走神，然后轻轻地把意识拉回到对呼吸的感受上……这是一次俯卧撑。

你可以试着这样想：正念之所以有用，是因为它会变得无聊。无聊是人们每天连续运转的根源，它促使人们在执行其他任务和空闲的时候查看手机和新闻推送，使人们无法获得自发思维和巩固记忆的时间。我们通过实验室研究得知，如果做的时间足够长，任何事情都会变得无聊，包括最令人激动和利害攸关的活动。警戒递减——任务表现随时间的下降——告诉我们，即使在持续专注于关乎生死的局面时，这也是成立的。无聊会促使我们拿起手机，滑动屏幕，或者扫描自己的头脑，以获取内容。无聊促使我们不断寻找其他认知活动。我们知道，持续的活动会消耗资源。

当你感到无聊，比如只想做其他事情时，你需要拥有好奇心。在体育锻炼中，我们称之为"感受燃烧"。当你想到"我真的需要练习 12 分钟吗""定时器还要多久才会响起"或者"我能进行其他练习吗"时，这就是你"头脑燃烧"的时刻。这相当于做深蹲时的肌肉燃烧，但它给人以烦躁、无聊、难受的感觉。沃尔特·皮亚特说，他的士兵喜欢使用"接受痛苦"这一说法。

你需要应对这种头脑杂音、抗拒和无聊，因为你需要在这种时候培养耐力。当你下次在现实生活中的正式练习之外遇到这种头脑对于专注和留在当下的抗拒时，你也许可以更好地应对。

正念与"感觉良好"无关

一档广播节目邀请我谈论对高压群体的正念和注意力研究。节目开始时，另一位自称是冥想老师的受邀嘉宾在广播中指导大家进行练习。这位老师首先让我们闭上眼睛……"想象开满花朵的土地和蓝色天空"，接着，引导我们专注于令人愉快的想象和放松。

我一直保持警觉。这位老师称之为正念练习，但它并没有强调以当下为中心、不加判断、不做反应的注意力特征。就像本书中一直在讨论的那样，这种策略在高压下的效果并不好，正面思维和放松在高压下是没有用的。你在用你的认知资源打造一个美好虚幻的世界，而不是打造你的核心能力：注意到你的注意力在哪里并在走神时将头脑拉回来的能力，将当前时刻的经历写在白板上的能力，观察而不去编排故事的能力，在你的头脑需要改变方向时意识到这一点的能力。这些能力会帮助你，尤其是在具有挑战性的局面下。

在这位嘉宾的"正念"练习结束后，节目主持人转向我，热情欢迎我参与节目，然后开始采访我。"这种练习很好，"她说，"杰哈博士，为什么正念会使我们感觉良好？"

"它不会使我们感觉良好。"我说。

面对吃惊的主持人，我解释说，正念练习与"感觉良好"无关。它不是要实现特别放松的状态或者获得快乐和喜悦。记住：正念练习的基本特征是在不讲故事的情况下关注当下的体验。如果你参与这些练习，你会在每一个当下更好地发挥最佳表现，展现出自己最有能力的一面——即使当下时刻非常艰难。

想要获得良好的感觉是没有任何问题的。不过，正像我们在本书中看到的那样，我们通常用于获得良好感觉的策略——回避令人不安的思想，抑制，逃避——会对我们不利，进一步消耗我们的注意力，通常会使我们感觉更加糟糕。我们可能不会对当下"感觉良好"。真相是，当下是我们唯一能够把握的时刻。我们应该打造灵活的头脑——不是将困难推到一边或者逃避困难，而是面对眼前的局面。这样一来，我们就可以更好地应对困难。

下面是我的基本观点：如果你参加正念训练，你会感觉良好，但这并非来自练习本身。练习会打造你的注意能力，使你充分体验快乐时刻，应对要求很高的局面，凭借耐力储备成功度过危机时刻。

我身边的许多人通过正念练习改变了人生，从在我们实验室工作过的学生，到我的家人，再到本书中介绍的一些优秀人士，包括在伊拉克干旱的棕色棕榈树下冥想的陆军将领。我知道，正念练习改变了我的人生——它使我在感觉自己山穷水尽的时候能继续做我想做的所有事情。为了成为科学家和母亲，为了每天管理实验室、陪伴丈夫，为了拥有我所希望的生活和事业……我需要正念练习，不是为了感觉良好，而是为了更好地体验生活……然后，我自然而然地获得了良好的感觉。

我们能做困难的事情

最近，我去印度参加了一个在寺院召开的会议，以介绍我的研究成果。出发时，我感到……不安。当我扣好安全带，准备开始18个小时的飞行时，我感到心事重重。虽然时间已经很晚了，但我还在思考如何对我所准备的幻灯片内容进行取舍。我的演讲主题是否与会议主题相符？其他大多数人都会介绍关于儿童的研究，但我只做过几项关于儿童的研究，而且它们并不是我的最新研究。我突然感到一阵担忧。幸好，我可以用漫长的飞行来考虑这些问题，在着陆前最终确定演讲内容。

飞机起飞时有些颠簸。坐在我旁边的是一个大约11岁的小女孩。她直直地看着我。

"你害怕吗？"她说，"如果你害怕，你可以抓住我的手。"

虽然我只想专注于演讲，但我还是朝她笑了笑。我注意到，她正死死地抓着她母亲的手。我意识到，害怕的人是她。她显然惧怕飞行。飞机又颠簸了几下，她几乎已经喘不过气来了。

于是，我问道："嘿，我可以抓住你的手吗？"

我开始引导她进行身体扫描练习。我之所以选择这项练习，很可能是因为我常常在女儿参加体操或舞蹈比赛前引导她进行这项练习。我让女孩闭上眼睛。我问她大脚趾有什么感觉，膝盖有什么感觉，肚子有什么感觉。我让她描述自己的感受。"害怕。"她说道。我问她害怕是什么感觉。她告诉我，她非常紧张，胸部发紧。虽然她对于恐惧的意识加强了，但她却更加镇定了。飞机逐渐平静下来。最终，她枕着母亲的肩膀进入了梦乡。

她的母亲带着温柔的目光朝我探过身子，正在沉睡的女儿的座位夹在我们之间。她伸出手，让我看她的手指，上面有深深的指甲印，那是她的女儿抠出来的。

"非常感谢你的帮助，"她轻声说道，"这是她第一次在飞机上睡着。"

正像我们之前谈论的那样，身体扫描需要关注身体的实际感觉。当头脑被忧虑和恐惧占据时，身体扫描可以在头脑白板上写下其他更有用、更有帮助的内容。这不是转移注意力，也不是抑制。我并没有让女孩的注意力远离恐惧。和本书介绍的其他许多正念练习类似，身体扫描的关键是活在当下。在这个例子中，我引导女孩关注恐惧的感官体验，让她的意识移向这些感觉。我让她寻找这些感觉在身体上的位置，对其进行描述，并且关注这些感觉随时间的转变。这也使她与恐惧隔开了一小段距离，因为在练习中，她需要以不同方式使用注意力，向我报告她的身体里出现了哪些感觉。当我结束对她的引导时，我自己对于会议的忧虑也得到了缓解。

关于正念练习及其在这类情形中的作用，一种思考方式是，[148] 它可以帮助我们提高痛苦容忍度，提高我们管理情绪痛苦的能力，在真实或感知到的艰难时刻保持稳定、高效和恢复能力。它不仅可以提高我们的注意力和工作记忆容量，而且可以增强我们应对未来局面的信心，使我们知道，我们可以很好地应对艰难时刻。**正念练习指导我们在高压力、高要求、令人不安的局面下专注于当下，而且使我们知道，我们拥有应对这些局面的心理能力。**

许多人认为，你要么有适应力，要么没有适应力。适应力只和你的成长方式、性格和应对局面的能力有关。根据注意力科学，我们知道，认知适应力是可以训练和培养的。

在飞机上，在引导女孩进行身体扫描以后，我打开了笔记本电脑。凭借更加清晰平静的头脑，我可以更加轻松地确定在哪些地方进行微调，以加强演讲效果。在完成这些修改后，我收起电脑，开始享受漫长的旅行，对于我所准备的演讲充满信心。

在工作中，我研究了如何在高绩效群体为高要求时期做准备时对其进行最佳训练。对于许多高绩效群体来说，我们知道这个高要求时期的确切时间。对士兵来说，是出征时期；对学生来说，是考试；对运动员来说，是比赛或赛季。不过，大多数普通人并不知道高要求时期何时出现。我们只知道，它们一定会出现。高要求时期是人生的重要挑战。正念训练不仅为你提供了应对这些时期所需要的巅峰头脑，而且为你提供了具身的自信，使你相信，你能活在当下，保持专注且有能力度过困难时期。我告诉飞机上的女孩，颠簸会停止，她的恐惧会停止，与之相关的所有感觉也会停止。一切都会过去，情况会发生改变。她只需要在每时每刻意识到，她在这一时刻很好。

"当飞机进入这种颠簸气流时，你知道飞行员会做什么吗？"我问她。她摇了摇头。"什么也不做。"我说，"他们无法在力量上战胜湍流，或者绕过去。他们只是听之任之，任飞机飞过去。他们保持稳定，直到摆脱气流为止。"

正念使我们能够以我们需要的形式将注意力保持在我们需要的地方，它为我们带来了一个基本理念：一切都会过去。一切都会改变。当前时刻很快就会过去，但你在当前时刻的表现——不管你是否专注于当下，是否保持克制，是否将其转化为记忆——具有涟漪效应，会产生极为广泛的影响。问题是：在当前时刻，你能否保持专注？能否将手电筒照射在对你重要的事情上？能否忽略对你不重要的事情？能否丢弃预期，看到眼前的真实情况？能否避免过度反应、判断和想象，看到事情的本来面目？能否真正活在当前经历中，以对你的生活、目标、志向和他人有意义的方式去感受、学习、记忆和行动？

你不需要天生擅长这些事情——没有人生来如此。我们需要努力培养这些能力。现在，我们至少知道了努力的方法。

运转中的巅峰头脑

威斯敏斯特大厅是一座庄严的建筑，即使你不是要在那里向英国议会成员以及军事和应急部门顶级领导者介绍你一生的研究成果，你也会这样认为。这座带有角楼的宏伟建筑位于伦敦中心，若隐若现地耸立在泰晤士河上，一些部分已有近千年的历史。我和其他正念培训专家发表演讲的下议院会场像法庭般安静肃穆。房间又长又高，有着深绿色墙壁，狭窄的高窗面对着河流。一切都显得古老而质朴——历史感在这个房间里很厚重。房间里设有一排排深红色抛光长椅，上面坐满了英国最重要、最有影响力的人物。

我已经感到了紧张。这是我职业生涯中规格最高的演讲之一。我已经准备了几个星期。最初的计划是，我将和当时还是少将的沃尔特·皮亚特共同演讲，他讲 10 分钟，然后我讲 15 分钟。活动组织者告诉我，我需要准备好幻灯片，在沃尔特后面出场。我花了许多时间准备演讲，精炼语言，排练幻灯片。

我做好了准备。

接着，在活动两天前，沃尔特被迫退出。（身为少将，如果你的工作出了点问题，你就无法抽身了。）于是，我们进行了调整。组织者让我接过沃尔特的时间，修改材料，发表 25 分钟的演讲。我深吸了一口气，埋头重新准备，修改演讲内容。不过，我感到心烦意乱。经过漫长的飞行，到了伦敦，我感到了一点时差反应，有点眩晕。此时，我开始担忧起来。我传达的信息是否足够清晰？我能否把握好时间？在我吸收了沃尔特的部分思想后，我能否把整体思想很好地表达出来？

除此以外，还有另一层更具个人意义的问题。我所面对的是英国政府，而英国曾统治我的出生的国家近 90 年时间。在我出生的城镇，甘地曾组织反抗英国统治的非暴力运动。我将面向战争领导者谈论促进和平的练习的优点。这很辛酸——而且压力很大。当我和其他演讲者在房间前排就座时，我感受到了所有这些事情，包括最后时刻的变更、历史的沉重、关于演讲清晰度的担忧。接着，活动组织者向我们走来，传达了另一个坏消息。

在此次会议前一天晚上，我们所在的房间举行了一场闭门会议，主题是是否让特蕾莎·梅留任英国首相。当时是 2018 年 10 月，英国脱欧决策正在进行中。局势非常紧张，一切充满未知。组织者刚刚发现，有人破坏了音视频设备，以免关于梅的讨论遭到秘密窃听。他们把嵌在墙壁里的设备挖了出来。组织者无法将其复位。他们外接了扬声器，并且到处寻找投影仪，但是在我上台前三分钟，他们停止了努力。我无法使用幻灯片，只能发表即兴演讲。

　　我记得，当我准备演讲时，我想，我人生中的一切都是为这一刻准备的。我的失败不会带来可怕后果——从宏观上看，如果我失败，任何严重的事情都不会发生。这和我合作过的一些人的处境不同：我不会被手榴弹炸飞，或者被火焰吞噬；我不会输掉委托人的案件，也不会失去几百万美元的体育合同。摆在我面前的是一个机遇。我有机会将我的信息传达给拥有决策权的人，他们的决策可以从根本上影响他人的生活，影响每天应对生死攸关局面的人的生活。我可以让改变发生，但机会很小。如果抓不住机会，我就只能看着机会溜走。

　　我的思想似乎明确而专注。我把打印出的幻灯片摊在面前，抬头看着观众，开始发言。我谈论了注意力的力量，谈论了注意力会如何出错——注意力常常出错。接着，我谈论了如何正确使用注意力，如何通过正念训练提高专注力，扩大意识范围，忽略混乱复杂局面的噪声，审视全局，从众多错误方向之间瞬间做出正确选择。我谈论了不加精细加工、判断、反应地体验当下的能力是如何使我们更加清晰有效地吸收信息、学习和分辨事物的。我说，这种能力不仅可以改变你所在的当前时刻，而且可以改变你的整个人生轨迹。

　　当我结束演讲时，我感到很满意，因为我知道，我发表了非常紧凑有力的演讲。最后时刻的变更不仅没有影响到我，反而成了一种恩赐——有了更长的时间，没有了幻灯片的束缚，我感觉我和观众的联结更紧密了。我有时间阐述自己的想法和研究成果，让自己得到放松，以很好的节奏将我的信息传达给这群观众。在演讲时，我不是逐页点击投影仪遥控器，盯着发光的屏幕，而是面向观众，进行眼神接触，和他们交谈。

这是我多年前丧失的东西，当时我的牙齿失去了感觉。我意识到，我对生活中的许多事情都失去了感觉。我一直在披荆斩棘，快速前进，我的头脑一直在思考。在重压之下，我失去了与他人的联结，永远没有静下心来观察事物的机会。我在迷宫中失去方向，无法看到出路。现在，我有了可以依靠的工具。我学会了如何保持专注，找回注意力。我可以将镜头拉近，关注重要的事情，也可以将镜头拉远，觉察整个局面，看清每个障碍，发现新的、更好的解决方案。这就像是使用一块我之前甚至都不知道的肌肉一样。

我几乎是跳着离开了议会会场。我完成了预定目标，清晰而生动地传达了我的思想，这也许产生了影响。我想象着我所分享的知识像种子一样在每个倾听者心中扎根，每个议员、军事领导者、警长和现场急救员又会将其带回自己的领域，使其生根发芽，茁壮成长。我希望它能帮助人们应对紧张和危机，即使面临压力也能做出符合个人道德和目标的决策。也许，就像我丈夫迈克尔那样，一个人可以对于自己的思维拥有更强的意识，获得专注力，从而实现梦想。或者，他可以像那个远渡重洋来找我的消防员那样，学会扩大注意范围，将整体局面和目标放在心里，不至于专注细微的干扰，被不可避免的生活大潮吞没。或者，他可以像沃尔特·皮亚特那样，在伊拉克给我写信，谈论正念练习，指出每日头脑训练可以帮助他在紧张、压力、危机和混乱中坚持最终目标——和平。

人们常说："我现在需要做许多事情。我怎么能做到坐在那里闭目不动呢？"

从企业领导者到社会活动家，从家长到警官，每个人都有这种疑问。我理解他们——我也有同样的感觉。人们想要改变世界，他们想做事，他们想获得满足。为实现这些，我们似乎需要成为永动机。

作为一个曾经认为持续行动比静坐重要的人，我的回答是，如果你想为持续的改变而采取行动，你需要拥有相应的能力，你需要拥有和使用各种资源。

作为人类，我们的注意力系统面对着前所未有的挑战。当今世界似乎具有分散和吸引注意力的内在趋势。数字和科技创新工具使我们可以保持联系，做我们喜欢的工作，在生活中学习和进步，但它们也在持续消耗我们的注意力，使我们远离我们想要和需要做的事情。

当我们进行正念练习时，我们可以学着将注意力保持在当下，关注生活的演进。我们可以远离模拟和规划模式，直接体验生活。我在前言中说过，当前时刻是你可以使用注意力的唯一时刻。你无法将注意力保存起来，供未来使用。注意力很强大，但你需要在当下使用它，而且只能在当下使用它。

我们过去往往认为，注意力主要是一种行动工具，用于限制信息，使我们能够指导头脑做一些事情。现在，通过冥想神经科学和新的注意力科学，我们认识到，要想过上充实而成功的生活，我们不仅要通过集中注意力采取行动，而且要保持开放的注意力，用于留意和观察。我们可以用它来面对我们眼前发生的事情。我们可以抑制判断和编排故事，看清事情的真相。我们不仅可以通过不同框架看待问题，而且可以消除问题的框架，用新的视角看待它们。由此，我们的思想、决定和行为可以更好地符合当前需要，符合我们在宝贵人生中的需要。

这种新的注意力科学的实证基础正在迅速扩展。你在这本书中看到的内容就是这一领域的最新进展。关于正念和其他冥想练习的宝贵价值，我们的研究正在取得令人激动的新突破。这是非常重要的研究方向。我看到了这项工作对于各行业、各阶层人员的影响。能够参与其中，我很激动。

当我在古老的伦敦向议会发表演讲时，我只有一个遗憾：我没能和父亲分享此次经历。在我人生中的每次高峰——获得博士学位，结婚，开设实验室，我的孩子诞生——总会有一块缺失的拼图，那就是我的父亲。

我在前文谈论创伤和诱因时提到，许多人经历过创伤。在我的人生中，一场车祸对我产生了重大影响。它改变了我的人生，因为它带走了我父亲的生命。那天，我们一家人前往约塞米蒂国家公园进行公路旅行。在返程时，一个醉驾司机撞上了我们的车子，把我们撞下山崖，撞到了下面的平地上。5岁的我和13岁的姐姐坐在后座上，躲过了最严重的撞击。坐在副驾驶席上的母亲受了伤，但坐在驾驶席上的父亲就没有这么幸运了。

我对事故的记忆很清晰，但并不连贯。我记得汽车移动的方式，当时我刚刚醒来，看到了发生在眼前的噩梦。我还记得侧翻的汽车和发动机的嘶嘶声。我逐渐意识到，这不是梦。我记得，我们周围非常安静。我可以看到山崖上有人向下张望。他没有跑过来帮忙，这使我非常吃惊。我们后来推测，他可能是醉驾司机。这是肇事逃逸。在我看到他后，他一定逃跑了，因为没有人打电话求救。我可以看到远处的小房子。我知道，我们需要去那里叫救护车。我扶起姐姐，扶着她穿过田野，走向那座房子。

　　我当时只是个孩子，对于大脑的运转方式以及正念对大脑的改变一无所知。这次使我父亲死亡、母亲受重伤的严重事故对我产生了很大影响，促使我走上了研究神经科学的道路。当我刚开始研究注意力科学时，我并不知道我会取得怎样的发现。不过，我隐约知道我在寻找什么：我的目标不只是专注于某个任务、项目或工作，不只是做到更有成效，在工作上表现得更好，或者成为更关注当下的家长和配偶。它与这些事情有关，但它还涉及更多、更重要的事情。**拥有巅峰头脑意味着在面对我们作为人类需要面对的一切时充分投入到生活中，去经历压力和悲伤，快乐和痛苦。**

　　我在这本书开头说过，对于注意力的争夺是对于生活资源的争夺。在我研究注意力和正念科学的几十年里，我所发现的一切都证明了这一点。这是一场战斗——但你可以反复获得这场战斗的胜利。

巅峰头脑练习指南：大脑核心训练

就像本书一直在强调的那样，你想做的几乎一切事情都需要注意力，要把事情做好更需要注意力。大脑的注意力系统是我们的头脑核心。和身体的生理核心类似：

- 它参与我们的大部分活动。
- 它的核心力量决定了我们在世界上生活时感受到的稳定性和灵活性。
- 我们可以通过有效的练习来加强它。

平板支撑、桥式运动和仰卧起坐锻炼的肌肉群略有不同，但它们都可以提高肌肉群之间的协调性，加强核心力量。正念练习的目的是加强和提高不同大脑网络之间的协调性，这些大脑网络可以执行各种注意力功能，包括定向和维持注意力，留意和监督当前有意识的经历，管理目标和行为。更多的重复可以提高这些大脑网络之间的协调性，增强核心力量。在生活中，我们会感觉头脑稳定性和灵活性得到了提高，这将提高我们的效率和完成任务的能力，加深我们的幸福感和目的感。

本书向你介绍了三种加强注意力的练习。第一种练习用于加强专注力，其目的是让你的注意力手电筒光束变得狭窄而稳定。这些练习可以培养你对注意力的控制。你的目标是先将注意力指向特定的目标对象——你的呼吸（寻找你的手电筒），然后指向特定身体感觉（身体扫描），并将其维持一段时间。当你的注意力偏离这个对象时，你要将其拉回来。这些步骤共同构成了这种练习的"注意力组合动作"：专注、维持、留意、重定向、重复。你重复的次数越多，你就越能在这些方面加强注意力。

第二种练习用于持续观察，你要监督和留意自己每时每刻经历的过程和内容。和专注练习不同，在这里，你的注意力应该开放而宽泛。这就是你所尝试的开放式觉察练习。这种练习的挑战也是不同的：你没有特定的注意目标。相反，你要维持稳定的观察——留意、觉察、包容、开放。你要采取观察立场。你允许思想、情绪和感觉出现和消失。

我们发现，当人们用难度较大的开放式觉察技巧进行训练时，他们可以加强这种开放、包容式的注意力。如果经常进行这种练习，你可以更好、更快地认识到，你的思想不是事实。你可以更轻松地去中心化，丢弃故事。经常锻炼身体可以使身体变得强壮。类似地，这种头脑训练可以培养元意识，使你更好地意识到思想、情绪和感觉等意识内容和过程的出现和消失。

长期持续进行这些练习可以改变大脑的运转方式和结构。实际上，你的第一次 12 分钟练习会直接改变大脑的运转方式，但这只能持续 12 分钟。之后，大脑会恢复通常的处理模式。不过，随着时间的推移，当你养成每星期至少五天坚持练习的习惯时，这些新的注意力使用方式会日益成为你的默认模式。这种积累可以带来更好的大脑功能。不过，专注和开放练习在现实世界中是如何为我们提供支持的呢？它们是如何支持巅峰头脑的呢？

心理学家和哲学家威廉·詹姆斯很久以前指出，避免走神的培训是我们可以提供的最佳教育。他还指出："和鸟儿的生活类似，（意识之流）似乎是由飞行和栖息交替组成的。"[149] 巅峰头脑可以平衡和重视飞行与栖息、行动与存在、指向与包容。

你还学习了第三种练习，它强调联结，并且建立在更好的专注式和包容式注意力的基础上。和之前强调观察当前经历的练习不同，联结练习具有规范性：我们要将注意力集中于对自己和他人的良好祝愿上。在这种练习中，我们用注意力重新评估局面，采取他人视角。这种练习用于帮助我们超越我们习惯的存在局限性的注意力使用方式，尝试不同视角：我们认为自己值得接受快乐、安全、健康和轻松的良好祝愿。例如，你可能常常认为自己"太过繁忙"，没有时间进行这种练习。你甚至可能觉得这些祝愿令你感到不适。这种练习试着让我们接受这些祝愿。在练习中，我们还会祝愿他人。这是巅峰头脑的另一个重要特征——建立联结，关心自己和他人。

在这里，根据我们实验室和该领域的最新数据，我列出了一份训练注意力的每周推荐时间表。这些指导基于当前的行为改变科学[150]：从很小的目标开始，将其实现，不错过成功的良好感觉（这是关键），然后重复这一过程。慢慢提高目标，不断将其实现。你会不断获得实现目标的回报感。这是培养习惯的最佳途径——从小处着手，体验成功的感觉。

这里的成功并不意味着你从不走神，或者完全静止不动，或者感到快乐、安宁和放松。相反，这里的成功意味着你投入时间进行练习。完成练习就是成功。为确保完成练习，你可以将其与你每天能够成功完成的其他活动捆绑在一起，比如刷牙、体育锻炼、泡咖啡。研究行为改变和习惯创建的人建议说，当你想在一天中添加新事物时，你应该选择一个"锚活动"。当你进行"锚活动"时，你可以执行你想培养的新习惯。例如，你的锚可以是咖啡："当我打开咖啡机时，我会坐下来进行练习。"

在本书中，当我向你介绍每项练习时，我让你每项练习做3分钟。当你开始培养每天练习的习惯时，我鼓励你将练习时间保持在使你感到舒适的时间长度的一半。当你能够坚持下来时，慢慢增加练习时间。对于正式训练，我建议每天练习12分钟。记住，这不是比赛，应该量力而行，欲速则不达。

这份时间表持续四个星期。我的希望是，到了第四个星期结尾，你会开始感受到练习带来的日常生活的改变，这些结果会激励你坚持下去。不过，下面才是关键：要想获得正念训练的效果，你需要行动。这意味着坚持练习。练习等同于进步。

第一周

我们从"寻找你的手电筒"这一基本练习开始（见表 A-1），它是其他所有练习的基础。这项简单而强大的呼吸意识练习是你的基本技能。

表 A-1　第一周核心练习

第一天	寻找你的手电筒	12 分钟	见第 4 章
第二天	寻找你的手电筒	12 分钟	
第三天	寻找你的手电筒	12 分钟	
第四天	寻找你的手电筒	12 分钟	
第五天	寻找你的手电筒	12 分钟	目标
第六天	寻找你的手电筒	12 分钟	努力实现
第七天	寻找你的手电筒	12 分钟	完美

◉ 这一周关注什么

提醒：在这项练习中，我们将注意力集中到呼吸上，但是不去限制和控制注意力。这不是深呼吸。深呼吸是很有价值的放松活动，但不是我们在此想要做的事情。你不是控制呼吸，而是有意识地实时观察它的进展。你可能发现，你的呼吸在练习中会稍微变慢。或者，你有时会转换到更加深沉的呼吸模式。这没有关系，因为我们说过，这项练习是关注呼吸，而不是控制呼吸。你能注意到呼吸模式的自然变化，这是一个很好的迹象。你在走上正轨。

你还可以超越正式练习，将这种做法尽量融入生活中。将正念元素添加到你本来就要进行的活动中。举例：正念刷牙。如果你在刷牙时思考待办事项，请把你的手电筒拉回来，让它稳定地照射在你的感觉上，包括凉爽清新的牙膏触感、牙刷毛的感觉、手臂肌肉的运动。你可以将正念元素添加到某种现有日常活动中，无须花费额外的时间。

◉ **第一周可能的感受**

许多人说，他们的头脑"太忙了"。我一直在听到这种说法："这行不通，我的头脑静不下来。"不过，请记住：你的大脑不会过度繁忙——你的大脑和其他人没有什么区别。就像我们讨论过的那样，大脑像"思想泵"一样运转，这话一点不假。你的任务不是阻止它，而是与它共存，将你的注意力拉回你所希望的地方。这就是锻炼的内容。

◉ **常见问题**

许多初学者头脑中有许多"正念迷思"。这些想法具有破坏性，令人气馁。下面是几点提醒，可以驳斥你在大众话语影响下可能持有的关于正念的不利预期。

- 你不是在"清空头脑"。这是不可能的，它也不是正念练习的要求。

- 你的目标不是感到平静和放松。正念修习者的形象常常给人带来这种预期。记住，这不是事实。正念是积极的头脑锻炼。

- 你不需要实现特殊状态。你的目标不是体验"极乐"状态。你不需要产生穿越的感觉。实际上，你的目标是更加专注于当前时刻。你不会穿越到其他地方。你会体会到坐在椅子上时髋骨的感觉。你会注意到所有疼痛、所有想移动的渴望、所有偏离当前时刻的现象。你会注意到所有细微感觉，所有愤怒或痛苦的想法。这就是成功。

◉ 第一周的成功是什么样的

做到就是成功。如果你能练习五天，每天练习 12 分钟，你就可以得到一颗金色星星奖励。你的头脑可能产生很奇怪的感觉，你可能每分钟都要睁眼查看时间，这没有关系。你能带着练习的目的坐在椅子上，并且完成练习——这就是胜利。

这个星期，你可能发现自己经常走神。你猜怎么着？这很好。不管你走神的时间有多长，你注意到走神的时刻就是你的胜利时刻。所以，如果你在一次练习中发现自己走神一百次，这说明你非常成功。这是一个重要的新视角：我们所认为的失败其实是胜利。

◉ 第一周技能在生活中的表现

如果你真的能够找到你的手电筒——知道你的注意力每时每刻在哪里——你就可以在谈话或开会走神时意识到这一点，或者注意到自己在生活中出现时空穿越现象的时刻。你会越来越多地注意到这种现象，而且可以把你的手电筒拉回来，就像你在练习中那样。你把注意力拉回来的信心也会得到稳步提升，这对你很有帮助。

第二周

上个星期你找到了手电筒。

现在，我们要移动它（见表 A-2）。

表 A-2　第二周核心练习

第一天	寻找你的手电筒	12 分钟	见第 4 章
第二天	身体扫描	12 分钟	见第 6 章
第三天	寻找你的手电筒	12 分钟	
第四天	身体扫描	12 分钟	
第五天	寻找你的手电筒	12 分钟	目标
第六天	身体扫描	12 分钟	努力实现
第七天	寻找你的手电筒	12 分钟	完美

◉ 这一周关注什么

在这个星期的练习中，你的关注目标是身体感觉。你不仅要让手电筒保持稳定，而且要移动手电筒——你的关注点要平稳扫过整个身体。注意，这个星期的时间表仍然要求你继续进行基本的"寻找你的手电筒"练习，每两天一次。在对各个群体的研究中，我们发现，以这种方式交替练习可以最有效地培养这种核心注意力量。

"寻找你的手电筒"将是一项终生的练习，你不会在"进步中"绕过这项练习。你会不断扩展这项练习——注意到自己每时每刻经历的更加微妙的变化，情绪、感觉和思想的出现，改变关注点的迫切愿望，把注意力拉回来的感觉。随着练习的增加，你的头脑也会变得更加清晰。你进行其他练习并从中受益的能力也会提高。同时，其他练习也会为这项练习带来好处。

你可能会感受到更多的顿悟时刻——在这些时刻，你会突然知道、理解或感受到之前被你忽略的事情。它可能是你的头脑习惯，或者人际关系上的挑战，或者对于事物性质更加基本的理解（比如无常和相互依赖）。

◉ 第二周可能的感受

注意，当你引入"身体扫描"时，你可能会注意到更多的身体疼痛和不适。你最初可能觉得这是缺点。实际上，在训练士兵时，我们在这方面产生了疑问：当他们需要外出经历不适和痛苦时，为什么我们要让他们更加意识到不适和痛苦？不过，当你更加了解自己的身体时，你可以更好地对你注意到的现象进行干预。（如果士兵发现脚疼，他可能会注意到，他需要垫上更厚的鞋垫。这样一来，他可能会成功完成 50 英里的行军，不会把脚扭伤。）你还会注意到，你为疼痛编排的故事会使疼痛变得更加强烈或者持续更长时间。你可以分析疼痛经历，将其分解成不同感觉的起伏转变——紧张感、刺痛感、温热感等。你会更多地将疼痛看作一系列感觉。当你发现走神并返回关于身体感觉的原始数据时，关于身体感觉的故事可能会逐渐消失。

◉ 常见问题

一些人觉得对自己进行身体扫描具有挑战性。如果你觉得指导自己进行身体扫描存在困难或者很容易分心，你可以寻求指导，比如听录音。

你还要提防"追逐快感"的倾向。你上个星期可能有几次很好、感觉很成功的练习经历。不要陷入努力或追逐模式。用于训练注意力的正念练习不会具有指数上升式进步的表现或感觉。通常，"成功"看上去并不像是成功。你感觉失败的练习对你的大脑来说很可能是一次很好的锻炼。

◉ 第二周技能在生活中的表现

不管发生什么事，不管你在工作场所、在家还是在其他地方，你的身体都会出现一系列感觉。紧张、焦虑、喜悦、恐惧、悲伤、激动——每一种情绪都有相应的身体感觉。你会越来越多地注意到这一点。这意味着你可以在产生这些感觉时迅速发现它们，理解它们的含义，并采取行动。例如，我知道，我现在可以更好地意识到我在担忧时产生的感觉。我起初在胸部有感觉。接着，我发现，我常常在担忧时紧绷着下颌。有了这种意识，我可以有目的地放松下颌，关注导致忧虑的问题，至少承认我陷入了想象之中，然后以最好的方式投入当下。当我们更加熟悉自己的头脑和身体时，这些细微的干预可以帮助我们调整前进方向。

请将身体扫描融入每天的生活中。记住，如果将其添加到你无意识执行的任务中，你就不需要花费额外的时间。你可以在从头到脚冲澡时进行身体扫描，或者在刚刚踏进浴室、感受热水在你身上流过时进行身体扫描。不要错过这项练习。

第三周

这个星期，你的关注点变成了注意力本身（见表 A-3）。

表 A-3　第三周核心练习

第一天	寻找你的手电筒	12 分钟	见第 4 章
第二天	思想河流	12 分钟	见第 8 章
第三天	寻找你的手电筒	12 分钟	
第四天	思想河流	12 分钟	
第五天	寻找你的手电筒	12 分钟	目标
第六天			努力实现
第七天			完美

◉ 这一周关注什么

这个星期，"寻找你的手电筒"仍然是你的标准练习。不过，当我们转到"思想河流"练习时，你需要关注自己的头脑。记住，在"思想河流"练习中，你要将自己的头脑想象成河流。一切事物全都漂浮在河面上。你的任务是观察它们，任它们流过。不要伸手抓住任何思想、担忧和回忆。你只需要留意它们，任它们漂过。对去中心化和"观察白板"迷你练习加以利用，以训练自己后退一步、观察自己头脑的能力。如果你发现自己陷入某种思想之中，请回到呼吸上——将其想象成河流中的巨石，你可以将注意力停歇在上面，恢复稳定性。接着，再次开始观察河流。

◉ 第三周可能的感受

不陷入和不精细加工是需要核心力量的积极注意力技能。

随着时间的推移，你可以培养出这种能力。不过，第一次进行12 分钟的正式练习会很难，就好像在你不会做俯卧撑时去做平板支撑一样。情况会好转的。如果你发现自己专注于头脑中泛起的思想、忧虑和回忆，请记住，这种意识就是一种胜利。它是你所产生的元意识。你要把手电筒拉回来，重新指向呼吸，定一定神，然后继续观察思想河流。

◉ 常见问题

你会更加意识到，你常常走神。这可能很不舒服，你可能担心你没有变好，反而在变坏。事实并非如此。你只是在提高意识而已。记住，你一直在走神，但你现在可以更多地发现这一点。这仍然是成功的关键点。

你可能越来越多地注意到头脑中出现的事物，包括正式练习期间和一天中的其他时段，这种感觉有时可能不是很好。你可能意识到"天哪，我经常生气"或者"我沉迷于食物（或者视频游戏），身不由己"。这些事情并不好笑。请换个视角：这是你可以使用的信息。这就像认识新朋友一样。你要友善对待自己，坚定支持自己，就算你有许多怪癖。

◉ 第三周技能在生活中的表现

你逐渐能够问自己："现在正在发生什么？我的头脑在做什么？我到底在担心什么？我为什么会陷入这种思想之中？"

你会注意到，你开始下意识地对自己的思维过程采取更具观察性的立场。你会形成检查自己是否编码了故事、考察这个故事对于你对事件或感受的解读有何影响的习惯。这是巅峰头脑的重要组成部分，你正在实现它的路上：你可以采取宽泛、开放、观察的立场。

你可以在正式练习之外以这种方式"觉察"你的头脑。试试这种方法：在开车、走路或坐地铁时，不要听音乐和播客，不要打电话。坐在那里，任你的头脑自由驰骋。留意它去了哪里，产生了哪些想法。

第四周

你的注意力手电筒向外移动，指向他人（见表 A-4）。

表 A-4　第四周核心练习

第一天	寻找你的手电筒	12 分钟	见第 4 章
第二天	联结练习	12 分钟	见第 9 章
第三天	寻找你的手电筒	12 分钟	
第四天	联结练习	12 分钟	
第五天	寻找你的手电筒	12 分钟	目标
第六天	联结练习	12 分钟	努力实现
第七天	寻找你的手电筒	12 分钟	完美

◉ 这一周关注什么

这个星期的新练习不仅要把你的手电筒指向他人，而且要对你自己发出良好祝愿，即使（或者说特别是）在你走神或者陷入了末日循环中时。在这种练习中，你常常需要记住，这是人类大脑的默认运转模式。当你再次开始练习时，你要友善对待自己。

注意，"寻找你的手电筒"练习仍然穿插其中。这项基本练习可以强化其他三项练习。你要利用这种重要技能专注于身体感觉，留意头脑中出现的事物，练习向自己和他人发出良好祝愿。"寻找你的手电筒"是一项终生的注意力训练项目，它可以促进其他所有练习。

◉ 第四周可能的感受

你可能会发现，每天花费 12 分钟进行良好祝愿使你更具有支持性而不是惩罚性，好奇而不是假正经，期待最好而不是最糟糕的结果。你可能发现，你更容易在分歧中"站在他人立场上看问题"。这就是现实生活中的重新评估和采取他人视角。

◉ 常见问题

你可能发现，这些语句有时很空洞，仿佛你只是在背课文，或者这些词语失去了意义。此时，你应该提醒自己，这是一项专注练习。你应该完全专注于每个语句。你应该放慢速度，理解每个词语，充分体会其含义。如果这些语句很容易使你联想和走神，你可以试着逐个词语地默读这些语句。你的重点是理解和传达良好祝愿，同时不要陷入每个祝愿的故事中。

如果你在向自己传达良好祝愿时感到不适，请记住，这是锻炼的一部分：我们在有意练习这种新视角。留意这种不适，然后继续练习。

你也可能毫无感觉，这很正常。这也是有效的。所以，请继续练习。锻炼的效果可能在很久以后才会出现。下面是一个例子：你将这些语句重复了一两个星期，你感觉好像没什么变化。接着，当你想要提高嗓门，对配偶和孩子发脾气时，你突然停下来，意识到你的目的是让他们快乐，你也许有更好的方式来表达这一点。你可以将反应转变成回应。你最终传达的信息是相同的，但你没有使用过激的语调。

◉ 第四周技能在生活中的表现

最后，和之前一样，将其融入日常生活中。在向他人甚至自己传达良好祝愿时，你不需要闭目静坐。和之前一样，将其添加到日常活动中。你可以在走路时进行这种尝试，随着脚步节奏，静静对自己说："希望我快乐，希望我健康……"向自己或者你认识的人发出祝愿，或者将其传达给你所看到的任何生物。你是否曾在商店或者其他公共场所对你不认识的人感到恼怒？你可以对他说："希望你快乐。"你没有理由把时间浪费在愤怒的想法上。你可能会发现，当你适应他人的心理模式时，你更容易和他人产生共鸣，人际冲突更容易得到解决，你之前忽视的人在你头脑中也会变得清晰起来。

第五周及以后

继续练习（见表 A-5）！

表 A-5　第五周及以后核心练习

第一天		
第二天		
第三天		
第四天		
第五天		目标
第六天		努力实现
第七天		完美

从现在起，时间表由你确定。你现在知道，为了看到注意力系统的改善，你需要每星期练习五次，每次至少练习 12 分钟。不过，各项练习的组合方式完全取决于你。大多数人反映，他们特别喜欢某一项练习。记住，这些练习是相互促进，相互重叠的。它们都是核心锻炼的组成部分。所以，请选择适合你的练习方式。

你可以每天选择不同的练习。你可以在 12 分钟里进行不同的练习。我喜欢在前 12 分钟练习"寻找你的手电筒"和"思想河流"，然后进行简短的"联结练习"。

当你坚持以每次 12 分钟的方式在起居室椅子上或者其他地方练习这些技能时，它们会在你身上产生效果：在你的工作中，在你的人际关系中，在你遇到挑战、想要坚持目标和梦想的生活经历中。如果你感觉这 12 分钟的练习太难，请提醒自己：你的目标不是成为奥运级呼吸跟随专家。你的目标是强化头脑核心，提高注意力的稳定性和灵活性。

　　通过正念训练，你可以运用注意力改变之前无效的生活方式。当你拥有巅峰头脑时，你就有了改写脚本的能力。

◉ 巅峰头脑思维方式

　　与标准思维方式相对应的是巅峰头脑思维方式。这并不意味着标准思维方式没有价值——它仅仅意味着巅峰头脑思维方式可以大大增加你的选择范围。

- 标准观点：为了更好地思考，应该练习思考。
- 巅峰头脑观点：练习对于思考的意识。

- 标准观点：为了更好地集中注意力，应该练习注意力定向。
- 巅峰头脑观点：当你不专注时，练习留意和觉察。

- 标准观点：为了更好地沟通，应该厘清你想说的话。
- 巅峰头脑观点：更好地倾听。

- 标准观点：为了理解自己，应该确定你的身份特征。
- 巅峰头脑观点：摆脱自我视角，以便更加清晰地观察自己和形势。

- 标准观点：为了减少痛苦，应该将注意力转移到其他地方。
- 巅峰头脑观点：练习以非精细加工的方式关注痛苦。不要编排故事。你只需要观察它，留意它随时间的变化。

- 标准观点：为了解你的头脑和情绪波动，应该对其进行分析。

- **巅峰头脑观点**：在出现强烈情绪时关注身体，以便对于正在发生的事情获得更多数据和更好的理解。

- 标准观点：如果某件事情令人无法忍受，应该拒绝和抑制它。
- **巅峰头脑观点**：接受和允许它。

- 标准观点：为了展示你的力量，应该具有侵略性。
- **巅峰头脑观点**：展示关爱和同情。

- 标准观点：为了帮助他人调节情绪，应该控制他们。
- **巅峰头脑观点**：（首先）管好你自己。只有自身平静，才能创造平静。[151]

- 标准观点：为了减少分心，应该消除一切干扰。
- **巅峰头脑观点**：承认干扰会出现。留意它们，练习把注意力拉回来。

致　谢

　　当我读完一本好书时，我常常渴望品味更多文字。在回味中，我会翻到致谢页面。这样做总会为我带来帮助——当看到整座冰山时，我会更加尊重众人为了呈现出吸引我的冰山一角所付出的努力。写作这本书的经历为我带来了不同视角。那些支持我写这本书的人不只是海面下的冰山，而是整个海洋。在我写作本书的整个过程中，他们的指导、鼓励、合作和友谊使我不至于沉入海底。现在，我很想感谢一路上指导、鼓励、挑战和安慰我的各位拥有巅峰头脑的人。

　　首先，我想感谢 Idea Architects 公司的优秀团队：Doug Abrams、Rachel Neumann、Lara Love、Ty Love、Boo Prince 和 Alyssa Knickerbocker。当我找到他们时，我只有模糊的提纲和我想用一本书传达的"中心思想"。不过，他们看到了一座我所提供的"建筑材料"可以建成的大厦，并且鼓励我建造这座大厦。他们充当了我所急需的脚手架，为我提供了指导，确保这本书拥有结实牢固的结构。我发现，为我提供写作支持的 Alyssa Knickerbocker 是一位了不起的人才。她帮助我厘清思路，以便更好地解释复杂概念。她就像氧气瓶一样，帮助我将一生的思想、研究发现和有趣人物的生动故事转化成书中的文字。

　　接下来，我要感谢 HarperOne 公司的 Gideon Weil、Judith

Curr、Laina Adler、Aly Mostel、Dan Rovzar、Lucile Culver、Lisa Zuniga、Terri Leonard、Adrian Morgan 和 Sam Tatum。Gideon 11 年前第一次给我写信，给我留下了深刻印象。他说，我可以考虑写书。这些年，他温柔而持续地照料着我思想和研究的萌芽。大约 10 年后，我们在 2019 年终于正式合作了，对此我很感激。他的毅力、直接而富有洞察力的编辑指导、透明的风格和耐心对我而言具有重要意义。

我要深深感谢四位值得信任的读者，他们对于本书的第一份草稿全文提供了令人信服的有益反馈。感谢 Liz Buzone、Jonathan Banks、Mirabai Bush 和 Mike McConville。

感谢我的家人。我丈夫 Michael 阅读了多份草稿的全文，充当了我的家庭编辑、深夜幕僚、动机教练和正念练习伙伴，并且在我外出工作的许多个夜晚和周末充当了我们家的厨师、司机和警卫。Michael，没有你，这本书就无法成形。Leo 和 Sophie，你们在整个过程中用幽默、耐心和独立自主来鼓励我。你们不知疲倦的好奇心、学习动力和面对选择时的斟酌——包括吃穿和督促人们提高气候危机意识的行动——使我产生了改善注意力的需求。我们家的可爱小狗 Tashi 永远不会阅读这本书，但它每天都在帮助我。它真是条不错的小狗。

我的父亲 Parag 在我构想和撰写这本书的几十年前就去世了。不过，在我写作这本书的过程乃至我的整个人生中，他的清晰头脑和善良性格一直是我的指路明灯。我有幸拥有精神饱满、令人鼓舞、关爱支持我的母亲 Vandana，谢谢你提醒我关注自己。感谢我的姐姐 Toral Livingston-Jha、姐夫 Simon、外甥 Rohan、同辈亲戚 Birju Pandya、公公 Tony 和婆婆

Jeanne，他们为我提供了意见、关爱和支持。谢谢你们每个人。

　　除了亲爱的家人，我还要感谢 Liz Buzone，她温柔地鼓励我暂时停笔，进行我所急需的散步和交谈。我在书中提到了这些活动的影响。拥有你这样一个关心我的朋友是我的幸运。我还想感谢一群我喜爱了近 30 年的好朋友，他们被统称为博格人[⊖]。事实证明，即使从注意力角度看，我们也一直是正确的——抵抗是无效的。

　　我有幸与好友 Scott Rogers 合作开展了几十项大型研究。Scott，你的幽默、创意、善良、包容以及关于正念的丰富知识和实践使我们的合作有趣、充实而成功。谢谢你。

　　我要感谢 Walt 和 Cynthia Piatt 多年来的合作和对我们研究工作的支持。当我初次见到 Walt 时，他将他在海外遇到的许多领导者称为朋友，这使我很吃惊。不过，我后来知道，他会努力理解别人，向他们学习。当他称一个人为朋友时，他是真诚的。谢谢你为理解注意力和正念付出的努力，谢谢你让我理解了军队对领导者及其家属的要求。向你学习是一种荣幸。拥有你们两个朋友是我的荣幸。

　　我对注意力科学的兴趣始于 Patti Reuter-Lorenz 在密歇根大学的实验室。Patti，谢谢你在那段早期岁月指导我，并在我的整个职业生涯中继续充当我信任的导师。你不仅传授我知识，而且同时扮演着强大而成功的学术领导者和母亲的角色。看到你，我觉得我也可以过上同样的生活。你在多年前把我招进实验室，这是我的幸运。同样幸运的是，我在加利福尼亚大

　　⊖　博格人是《星际迷航》中虚构的宇宙种族，他们的口头禅是：抵抗是无效的。——译者注

学戴维斯分校遇到了研究生导师 Ron Mangun。Ron，如果你没有为注意力脑科学打下坚实基础，我永远不会有信心和勇气在这些年里将研究拓展到未知领域。我非常感谢你们两位。

我还要感谢 Richie Davidson。一位记者最近问我，如果 Richie 没有在近 20 年前宾夕法尼亚大学的研讨会结尾说出冥想一词，我是否会考虑研究正念。我的回答是："当然不会。"谢谢你对于我们新兴的冥想神经科学领域的领导，以及你作为社会活动家和科学家所做的工作。

我要感谢 Amy Adler，她在多年时间里耐心地指导我在复杂的现实环境中采取严格而灵活的研究策略。过去 10 年，在我们对各种高要求群体进行研究期间，她提供了科学的指导和明智的建议。她帮助我认识到，我们不仅应该努力推进我们对于注意力和正念用途的了解，而且应该推广我们的研究，以提供给人们急需且可行的解决方案。谢谢你付出时间和精力，对我们的研究工作提出宝贵的建议。我在这本书中引用的应用环境下的许多研究报告得益于你的指导。

在这本书中，我一直在用"我们"一词描述我们实验室的研究。这是故意的，是为了让每位读者意识到，科学是团队项目。我的团队成员是我所遇到的最聪明、最善于合作、具有战略眼光、明智且善良的人，这是我的荣幸。我无法在此提及每一位实习生，但我很重视他们。我要特别感谢 Ekaterina Denkova。在我为了撰写本书而短暂"消失"的那些日子里，你为我们所有实验活动提供了建议、指导和支持。此外，我还要感谢你的巧妙科学见解、诚信以及对科研过程和项目成败的关心。我要感谢 Tony Zanesco，你在斯特朗项目期间短暂加入了团队，并以博士后研究者的身份重新回到我们实验室。谢谢你领导我们在统计学和方法论上做出的众多创新。我还要感谢我们实验室过去和现在的成员，包括 Alex Morrison、Kartik Sreenivasan、Joshua Rooks、Marissa Krimsky、Joanna Witkin、Marieke Van Vugt、Cody Boland、Malena Price、Jordan Barry、Costanza Alessio、Bao Tran Duang、Cindy Ripoll-Martinez、Lindsey Slavin、Emily Brudner、Keith Chichester、Nicolas Ramos、Justin Dainer-Best、Suzanne Parker、Nina Rostrup、Anastasia Kiyonaga、Jason Krompinger、Melissa Ranucci、Ling Wong、Merissa Goolsarran、Matt Gosselin 以及其他许多优秀的研究助理和实习生。

当我决定尝试正念时，我碰巧选择了 Jack Kornfield 的《初学者的冥想书》。Kornfield 是我的第一位冥想老师，对此我很感激。我还要感谢 Sharon Salzberg 和 Jon Kabat-Zinn，他们是我的人生导师。Sharon，谢谢你的爱和友谊。感谢你在本书写作过程中提供的所有支持，包括阅读书后的练习指南和书中的各项练习。你能花时间阅读草稿，并且提供非常有益的指导，对此我很感激。Jon Kabat-Zinn，感谢你开创了正念减压疗法，并为我们的军队正念注意力培训研究担任顾问。当我第一次提出我想向军人提供正念培训，而且可能需要在短短八小时内完成培训时，你抱有怀疑态度。这种可敬的怀疑提供了非常肥沃的土壤，促使我们在这些年里进行了积极而真诚的对话，对此我很感激。我还要感谢你对我们工作的持续关心和支持。

这本书介绍了我们对高要求专业人士和其他人进行的许多研究。感谢所有这些研究的资助者、参与者以及与我们合作的各个组织的领导者。我要特别感谢 Gus Castellanos、John Gaddy、Stephen Gonzales、Margaret Cullen、Elana Rosenbaum、Jannell MacAulay、Michael Baime、Liz Stanley、Jane Carpenter Cohn 和 Tom Nassif。此外，我还要感谢下面几位在我们工作中和具体出书途径上提供的建议：Michael Brumage、Michael Hosie、Dennis Smith 和 Phillip Thomas。

我要深深地感谢 Goldie Hawn、Marshall Ames、Maria Tussi Kluge、Bill Macnulty、Maurice Sipos 和 Ed Cardon，你们不仅与我合作，而且多年来提供了宝贵的支持、智慧和友谊，促成了这本书的成形。

我有幸在书中加入了来自 Jeff Davis、Jason Spitaletta、Walt Piatt、Paul Singerman、Chris McAliley、Sara Flitner、Richard Gonzales 和 Eric Schoomaker 的深度采访和叙述。谢谢你们允许我在书中分享你们的见解和经历。你们在许多方面激励了我。我知道，你们每个人的故事也会激励其他许多人。

在这段充满艰难、令人气馁但最终结果令人满意的经历中，我知道，我需要将我想用这本书传达的一切内容付诸笔端。对我来说，写作这本书是一项要求很高的任务。幸好，我练习过在需要时保持镇静、放慢速度、观察头脑、保持专注和扩大关注范围。我还有其他一些值得信任的工具。不管是白天还是夜晚，每当我需要额外助力时，我都可以随时用这些工具保持前进步伐。这些工具具有各种形式，包括练习、诗歌、散文和音乐。我要感谢迈阿密的安静和暴风雨、诗人 Rumi 以及歌手组合 Polo & Pan。

最后，我要感谢这本书的每一位读者。希望你能从中受益。

注　释

1. 许多研究发现了抽样的参与者在日常生活（Killingsworth and Gilbert, 2010; Kane et al., 2007）和实验任务表现中（Broadway et al., 2015; Unworth et al., 2012）的走神现象。在这些研究中，走神率在 30% ～ 50%，不同的参与者差异很大。我们知道，走神率会随年龄（Maillet et al., 2018）、一天中的时间（Smith et al., 2018）以及研究人员对参与者的询问方式（Seli et al., 2018）发生变化。

Killingsworth, M. A., and Gilbert, D. T. A Wandering Mind Is an Unhappy Mind. *Science* **330**, no. 6006, 932 (2010). https://doi.org/10.1126/science. 1192439.

Kane, M. J. et al. For Whom the Mind Wanders, and When: An Experience-Sampling Study of Working Memory and Executive Control in Daily Life. *Psychological Science* **18**, no. 7, 614–21 (2007). https://doi.org/10.1111/j. 1467–9280.2007.01948.x.

Broadway, J. M. et al. Early Event-Related Brain Potentials and Hemispheric Asymmetries Reveal Mind-Wandering While Reading and Predict Comprehension. *Biological Psychology* **107**, 31–43 (2015). http://dx.doi.org/ 10.1016/j.biopsycho.2015.02.009.

Unsworth, N. et al. Everyday Attention Failures: An Individual Differences Investigation. *Journal of Experimental Psychology: Learning, Memory, and Cognition* **38**, 1765–72 (2012). https://doi.org/10.1037/a0028075.

Maillet, D. et al. Age-Related Differences in Mind-Wandering in Daily Life. *Psychology and Aging* **33**, no. 4, 643–53 (2018). https://doi.org/10.1037/ pag0000260.

Smith, G. K. et al. Mind-Wandering Rates Fluctuate Across the Day: Evidence from an Experience-Sampling Study. *Cognitive Research Principles and Implications* **3**, no. 1 (2018). https://doi.org/10.1186/s41235-018-0141-4.

Seli, P. et al. How Pervasive Is Mind Wandering, Really? *Conscious Cognitive* **66**, 74–78 (2018). https://doi.org/10.1016/j.concog.2018.10.002.

2. 关于注意力容易涣散的原因，人们的解释包括进化生存压力（机会成本：Kurzban et al., 2013；信息搜寻：Pirolli, 2007；注意循环：Schooler et al., 2011）以及学习和记忆信息的好处（去习惯化：Schooler et al., 2011；情景记忆：Mildner and Tamir, 2019）。

Kurzban, R. et al. An Opportunity Cost Model of Subjective Effort and Task Performance. *Behavioral and Brain Sciences* **36**, no. 6, 661 (2013). https://doi.

org/10.1017/S0140525X12003196.

Pirolli, P. *Information Foraging Theory: Adaptive Interaction with Information* (New York: Oxford University Press, 2007).

Schooler, J. W. et al. Meta-Awareness, Perceptual Decoupling and the Wandering Mind. *Trends in Cognitive Sciences* **15**, no. 7, 319–26 (2011). https://doi.org/10.1016/j.tics.2011.05.006.

Mildner, J. N., and Tamir, D. I. Spontaneous Thought as an Unconstrained Memory Process. *Trends in Neuroscience* **42**, no. 11, 763–77 (2019). https://doi.org/10.1016/j.tins.2019.09.001.

3. 正如 Myllylahti (2020) 和 Davenport and Beck (2001) 最近描述的那样，随着越来越多的新闻和社交媒体公司将我们的注意力作为产品出售，越来越多的人开始意识到注意力经济。

Myllylahti, M. Paying Attention to Attention: A Conceptual Framework for Studying News Reader Revenue Models Related to Platforms. *Digital Journalism* **8**, no. 5, 567–75 (2020). https://doi.org/10.1080/21670811.2019.1691926.

Davenport, T. H., and Beck, J. C. *The Attention Economy: Understanding the New Currency of Business*. (Cambridge, MA: Harvard Business Review Press, 2001).

4. 我们关注的与任务相关的信息在神经层面（Posner and Driver, 1992）和感知意识观察层面（Carrasco et al., 2004）被放大。

Posner, M. I., and Driver, J. The Neurobiology of Selective Attention. *Current Opinion in Neurobiology* **2**, no. 2, 165–69 (1992). https://doi.org/10.1016/0959-4388(92)90006-7.

Carrasco, M. et al. Attention Alters Appearance. *Nature Neuroscience* **7**, no. 3, 308–13 (2004). https://doi.org/10.1038/nn1194.

5. 人们认为，注意力在进化过程中会优先处理对生物生存有利的信息。不过，这会导致注意力偏离当前任务。急性和慢性压力都会降低注意力表现，干扰前额叶皮质运转（Arnsten, 2015）。威胁会使走神现象增加（Mrazek et al., 2011），也会劫持注意力（Koster et al., 2004）。负面情绪和重复的负面思维会降低注意力和工作记忆任务的表现（Smallwood et al., 2009）。人们认为，压力、威胁和不良情绪之所以导致心理障碍，是因为它们会劫持处理当前内容的注意力资源，使之无法用于其他形式的信息处理（Eysenck et al., 2007）。

Arnsten, A. Stress Weakens Prefrontal Networks: Molecular Insults to Higher Cognition. *Nature Neuroscience* **18**, no. 10, 1376–85 (2015). https://doi.org/10.1038/nn.4087.

Mrazek, M. D. et al. Threatened to Distraction: Mind-Wandering as a Consequence of Stereotype Threat. *Journal of Experimental Social Psychology* **47**, no. 6, 1243–48 (2011). https://doi.org/10.1016/j.jesp.2011.05.011.

Koster, E. W. et al. Does Imminent Threat Capture and Hold Attention? *Emotion* **4**, no. 3, 312–17 (2004). https://doi.org/10.1037/1528-3542.4.3.312.

Smallwood, J. et al. Shifting Moods, Wandering Minds: Negative Moods Lead the Mind to Wander. *Emotion* **9**, no. 2, 271–76 (2009). https://doi.org/10.1037/a0014855.

Eysenck, M. W. et al. Anxiety and Cognitive Performance: Attentional Control Theory. *Emotion* 7, no. 2, 336–53 (2007). https://doi.org/10.1037/1528–3542.7.2.336.

6. Sun Tzu. *The Art of War* (Bridgewater, MA: World Publications, 2007), 13.

7. Kreiner, J. How to Reduce Digital Distractions: Advice from Medieval Monks. *Aeon*, April 21, 2019. https://aeon.co/ideas/how-to-reduce-digital-distractions-advice-from-medieval-monks.

8. James, W. (1890). *The Principles of Psychology*, vols. 1–2 (New York: Holt, 1890), 424.

9. Todd, P. M., and Hills, T. Foraging in Mind. *Current Directions in Psychological Science* 29, no. 3, 309–15 (2020). https://doi.org/10.1177/0963721420915861.

10. 即使这非常重要，或者他们受到了激励，他们也无法做到这一点。即使他们可以获得报酬，他们也无法做到这一点。即使事情非常重要（Mrazek et al., 2012），激励很大（Seli et al., 2019），即使没有疏忽可以获得奖励（Esterman et al., 2014），注意力疏忽和表现失败仍然可能发生。

Mrazek, M. D. et al. The Role of Mind-Wandering in Measurements of General Aptitude. *Journal of Experimental Psychology General* 141, no. 4, 788–98 (2012). https://doi.org/10.1037/a0027968.

Seli, P. et al. Increasing Participant Motivation Reduces Rates of Intentional and Unintentional Mind Wandering. *Psychological Research* 83, no. 5, 1057–69 (2019). https://doi.org/10.1007/s00426-017-0914-2.

Esterman, M. et al. Reward Reveals Dissociable Aspects of Sustained Attention. *Journal of Experimental Psychology General* 143, no. 6, 2287–95 (2014). https://doi.org/10.1037/xge0000019.

11. 逃避的正式说法是回避。研究发现，它和抑制策略会增加抑郁等心理障碍的症状（Aldao et al., 2010）。正面思维可能有利（Le Nguyen and Fredrickson, 2018），但在急性高压下（Hirshberg et al., 2018）或者在比较长的高压时段（Jha et al., 2020），以增加积极情绪为目标的正面思维会加剧情绪和表现失调。

Aldao, A. et al. Emotion-Regulation Strategies Across Psychopathology: A Meta-Analytic Review. *Clinical Psychology Review* 30, no. 2, 217–37 (2010). https://doi.org/10.1016/j.cpr.2009.11.004.

Le Nguyen, K. D., and Fredrickson, B. L. *Positive Psychology: Established and Emerging Issues* (New York: Routledge/Taylor & Francis Group, 2018), 29–45.

Hirshberg, M. J. et al. Divergent Effects of Brief Contemplative Practices in Response to an Acute Stressor: A Randomized Controlled Trial of Brief Breath Awareness, Loving-Kindness, Gratitude or an Attention Control Practice. *PLoS One* 13, no. 12, e0207765 (2018). https://doi.org/10.1371/journal.pone.0207765.

Jha, A. P. et al. Comparing Mindfulness and Positivity Trainings in High-Demand Cohorts. *Cognitive Therapy and Research* 44, no. 2, 311–26 (2020). https://doi.org/10.1007/s10608-020-10076-6.

12. 许多研究正在积极探索正念练习，比如 Birtwell, K. et al. An Exploration of Formal and Informal Mindfulness Practice and Associations with Wellbeing. *Mindfulness* **10**, no. 1, 89–99 (2019). https://doi.org/10.1007/s12671-018-0951-y.

13. Jha, A. P. et al. Examining the Protective Effects of Mindfulness Training on Working Memory Capacity and Affective Experience. *Emotion* **10**, no. 1, 54–64 (2010). https://doi.org/10.1037/a0018438.

   Rooks, J. D. et al. "We Are Talking About Practice": The Influence of Mindfulness vs. Relaxation Training on Athletes' Attention and Well-Being over High-Demand Intervals. *Journal of Cognitive Enhancement* **1**, no. 2, 141–53 (2017). https://doi.org/10.1007/s41465-017-0016-5.

14. Slimani, M. et al. Effects of Mental Imagery on Muscular Strength in Healthy and Patient Participants: A Systematic Review. *Journal of Sports Science & Medicine* **15**, no. 3, 434–50 (2016). https://pubmed.ncbi.nlm.nih.gov/27803622.

15. 有许多关于无意视盲的研究与著名的"跳舞的大猩猩"类似。

   Simons, D. J., and Chabris, C. F. Gorillas in Our Midst: Sustained Inattentional Blindness for Dynamic Events. *Perception* **28**, no. 9, 1059–74 (1999). https://doi.org/10.1068/p281059.

16. Hagen, S. The Mind's Eye. *Rochester Review* **74**, no. 4, 32–37 (2012).

17. 越来越多的证据表明，患帕金森病（van Eimeren et al., 2009）、阿尔茨海默病（Greicius et al., 2004）和亨廷顿病（Werner et al., 2014）等疾病的人，不仅在死后验尸中被发现受损的结构连接，而且在生前功能性磁共振成像中可见受损的静息态功能活动和连接。

   van Eimeren, T. et al. Dysfunction of the Default Mode Network in Parkinson Disease: A Functional Magnetic Resonance Imaging Study. *JAMA Neurology* **66**, no. 7, 877–83 (2009). https://doi.org/10.1001/archneurol.2009.97.

   Greicius, M. D. et al. Default-Mode Network Activity Distinguishes Alzheimer's Disease from Healthy Aging: Evidence from Functional MRI. *Proceedings of the National Academy of Sciences of the United States of America* **101**, no. 13, 4637–42 (2004). https://doi.org/10.1073/pnas.0308627101.

   Werner, C. J. et al. Altered Resting-State Connectivity in Huntington's Disease. *Human Brain Mapping* **35**, no. 6, 2582–93 (2014). https://doi.org/10.1002/hbm.22351.

18. 我指的是视觉刺激在神经表征上的竞争性相互作用，这是一种得到公认的现象，尤其是当这些刺激涉及相同神经元时（Desimone and Duncan, 1995）。这种现象得到了脑电图记录的证实，比如人类的 N170 成分（Jacques and Rossion, 2004）和非人类灵长类动物的单一单元研究（Rolls and Tovee, 1995）中观察到的的。

   Desimone, R., and Duncan, J. Neural Mechanisms of Selective Visual Attention. *Annual Review of Neuroscience* **18**, 193–222 (1995). https://doi.org/10.1146/annurev.ne.18.030195.001205.

Jacques, C., and Rossion, B. Concurrent Processing Reveals Competition Between Visual Representations of Faces. *Neuroreport* **15**, no. 15, 2417–21 (2004). https://doi.org/10.1097/00001756-200410250-00023.

Rolls, E. T., and Tovee, M. J. The Responses of Single Neurons in the Temporal Visual Cortical Areas of the Macaque When More Than One Stimulus Is Present in the Receptive Field. *Experimental Brain Research* **103**, 409–20 (1995). https://doi.org/10.1007/BF00241500.

19. Petersen, S. E., and M. I. Posner. The Attention System of the Human Brain: 20 Years After. *Annual Review of Neuroscience* **35**, 73–89 (2012). https://doi.org/10.1146/annurev-neuro-062111-150525.

20. Unsworth, N. et al. Are Individual Differences in Attention Control Related to Working Memory Capacity? A Latent Variable Mega-Analysis. *Journal of Experimental Psychology General* **38**, no. 6, 1765–72 (2020). https://doi.org/10.1037/xge0001000.

21. LeDoux, J. E., and Brown, R. A Higher-Order Theory of Emotional Consciousness. *Proceedings of the National Academy of Sciences of the United States of America* **114**, no. 10, E2016–E2025 (2017). https://doi.org/10.1073/pnas.1619316114.

Baddeley, A. The Episodic Buffer: A New Component of Working Memory? *Trends in Cognitive Sciences* **4**, no. 11, 417–23 (2000). https://doi.org/https://doi.org/10.1016/S1364-6613(00)01538-2.

22. "Facts About Your Heart," MetLife AIG (accessed September 10, 2020). https://tcs-ksa. com/en/metlife/facts-about-your-heart.php.

23. Paczynski et al. (2015) 考察了负面和中性干扰对于注意力的影响，发现呈现不相关的负面图像会减弱 N170 注意力效应。值得注意的是，有一个明确的"负面偏差"：和同样极端的刺激性正面信息相比，负面信息对于注意力、感知、记忆、动机和决策等许多功能具有更强的影响［Norris（2019）最近对此进行了总结］。除了 Paczynski et al. (2015) 提出的外部负面刺激对注意力的吸引，越来越多的证据表明，内心生成的负面内容（即具有负面色彩的记忆、思想和负面走神）比正面和中性内容更容易吸引注意力。越来越多的证据表明，具有负面色彩的走神会影响人们在注意力和工作记忆任务中的表现（Banks et al., 2016）。

Paczynski, M. et al. Brief Exposure to Aversive Stimuli Impairs Visual Selective Attention. *Journal of Cognitive Neuroscience* **27**, no. 6, 1172–9 (2015). https://doi.org/10.1162/jocn_a_00768.

Norris, C. J. The Negativity Bias, Revisited: Evidence from Neuroscience Measures and an Individual Differences Approach. *Social Neuroscience* **16** (2019). https://doi.org/10.1080/17470919.2019.1696225.

Banks, J. B. et al. Examining the Role of Emotional Valence of Mind Wandering: All Mind Wandering Is Not Equal. *Consciousness and Cognition* **43**, 167–76 (2016). https://doi.org/10.1016/j.concog.2016.06.003.

24. Theeuwes, J. Goal-Driven, Stimulus-Driven, and History-Driven Selection. *Current Opinion in Psychology* **29**, 97–101 (2019). https://doi.org/10.1016/j.copsyc.2018.12.024.

25. 除了耶基斯和多德森（1908；另见 Teigen, 1994）以及之后的其他许多研究描述的工作表现和压力之间的倒 U 形对应关系，根据 Qin et al. (2009) 的总结，最近的研究表明，驱动蓝斑核等大脑区域活动的去甲肾上腺素等与压力有关的神经递质的精确含量与工作表现之间的关系呈倒 U 形。导致中等水平蓝斑核活动的去甲肾上腺素水平与最优表现相关。不过，当去甲肾上腺素水平导致蓝斑核活动不足或活动过度时，人们的表现会受到影响。这里的重点是，压力不存在好坏，但结果与压力水平有关。和良性压力相比，不良压力常常被简称为压力。只有努力使用注意力和工作记忆才能取得成功表现的任务呈现出这种与压力相关的倒 U 形模式。

Yerkes, R. M., and Dodson, J. D. The Relation of Strength of Stimulus to Rapidity of Habitat-Formation. *Journal of Comparative Neurology and Psychology* **18**, 459–82 (1908). https://doi.org/10.1002/cne.920180503.

Teigen, K. H. Yerkes-Dodson: A Law for All Seasons. *Theory Psychology* **4**, 525 (1994). https://doi.org/10.1177/0959354394044004.

Qin, S. et al. Acute Psychological Stress Reduces Working Memory-Related Activity in the Dorsolateral Prefrontal Cortex. *Biological Psychiatry* **66**, no. 1, 25–32 (2009). https://doi.org/10.1016/j.biopsych.2009.03.006.

26. 这里描述的是人们在持续注意力任务中的表现（Smallwood et al., 2009）。注意，人们用探测情绪和情感干扰的各种任务和方法对注意力、工作记忆和情绪的关系进行了考察。实验中出现的负面干扰（如 Witkin et al., 2020; Garrison and Schmeichel, 2018）以及气质性和失调性负面情绪与注意力、工作记忆任务表现受损之间存在相关性（Eysenck et al., 2007; Gotlib and Joormann, 2010）。另见 Schmeichel and Tang (2015) and Mitchell and Phillips (2007)。

Smallwood, J. et al. Shifting Moods, Wandering Minds: Negative Moods Lead the Mind to Wander. *Emotion* **9**, no. 2, 271–76 (2009). https://doi.org/10.1037/a0014855.

Witkin, J. et al. Dynamic Adjustments in Working Memory in the Face of Affective Interference. *Memory & Cognition* **48**, 16–31 (2020). https://doi.org/10.3758/s13421-019-00958-w.

Garrison, K. E., and Schmeichel, B. J. Effects of Emotional Content on Working Memory Capacity. *Cognition and Emotion* **33**, no. 2, 370–77 (2018). https://doi.org/10.1080/02699931.2018.1438989.

Eysenck, M. W. et al. Anxiety and Cognitive Performance: Attentional Control Theory. *Emotion* **7**, no. 2, 336–53 (2007). https://doi.org/10.1037/1528-3542.7.2.336.

Gotlib, I. H., and Joormann, J. Cognition and Depression: Current Status and Future Directions. *Annual Review of Clinical Psychology* **6**, 285–312 (2010).

https://doi.org/10.1146/annurev.clinpsy.121208.131305.

Schmeichel, B. J., and Tang, D. Individual Differences in Executive Functioning and Their Relationship to Emotional Processes and Responses. *Current Directions in Psychological Science* **24**, no. 2, 93–98 (2015). https://doi.org/10.1177/0963721414555178.

Mitchell, R. L., and Phillips, L. H. The Psychological, Neurochemical and Functional Neuroanatomical Mediators of the Effects of Positive and Negative Mood on Executive Functions. *Neuropsychologia* **45**, no. 4, 617–29 (2007). https://doi.org/10.1016/j.neuropsychologia.2006.06.030.

27. 越来越多的证据表明，与威胁有关的信息会捕获和维持注意力（Koster et al., 2004），干扰工作记忆（Schmader and Johns, 2003），这可能影响正在进行的工作的表现（Shih et al., 1999）。

    Koster, E. H. W. et al. Does Imminent Threat Capture and Hold Attention? *Emotion* **4**, no. 3, 312–17 (2004). https://doi.org/10.1037/1528–3542.4.3.312.

    Schmader, T., and Johns, M. Converging Evidence that Stereotype Threat Reduces Working Memory Capacity. *Journal of Personality and Social Psychology* **85**, no. 3, 440–52 (2003). https://doi.org/10.1037/0022–3514.85.3.440.

    Shih, M. et al. Stereotype Susceptibility: Identity Salience and Shifts in Quantitative Performance. *Psychological Science* **10**, no. 1, 80–83 (1999). https://doi.org/10.1111/1467–9280.00111.

28. Neubauer, S. The Evolution of Modern Human Brain Shape. *Science Advances* **4**, no. 1 (2018). https://doi.org/10.1126/sciadv.aao5961.

29. Gibson, C. E. et al. A Replication Attempt of Stereotype Susceptibility: Identity Salience and Shifts in Quantitative Performance. *Social Psychology* **45**, no. 3, 194–98 (2014). http://dx.doi.org/10.1027/1864–9335/a000184.

30. 除了压力、威胁和不良情绪，许多因素也会影响人们在注意力和工作记忆任务中的表现。Blasiman, R. N., and Was, C. A. Why Is Working Memory Performance Unstable? A Review of 21 Factors. *Europe's Journal of Psychology* **14**, no. 1, 188–231 (2018). https://doi.org/10.5964/ejop.v14i1.1472.

31. Alquist, J. L. et al. What You Don't Know Can Hurt You: Uncertainty Impairs Executive Function. *Frontiers in Psychology* **11**, 576001 (2020). https://doi.org/10.3389/fpsyg.2020.576001.

32. 要想了解关于死亡提醒和表现下降的更多信息，请参考 Gailliot, M. T. et al. Self-Regulatory Processes Defend Against the Threat of Death: Effects of Self-Control Depletion and Trait Self-Control on Thoughts and Fears of Dying. *Journal of Personality and Social Psychology* **91**, no. 1, 49–62 (2006). https://doi.org/10.1037/0022–3514.91.1.49.

33. Stroop, J. R. Studies of Interference in Serial Verbal Reactions. *Journal of Experimental Psychology* **18**, no. 6, 643–62 (1935). https://doi.org/10.1037/h0054651.

34. 和轻微冲突试验相比，试验者在严重冲突试验过后表现改善的模式被称

为冲突适应效应。据说，这源于严重冲突及工作记忆负荷和分心干扰等
其他高认知要求引发的认知控制资源动态正调控。

Ullsperger, M. et al. The Conflict Adaptation Effect: It's Not Just Priming.
Cognitive, Affective, & Behavioral Neuroscience **5**, 467–72 (2005). https://doi.org/
10.3758/CABN.5.4.467.

Witkin, J. E. et al. Dynamic Adjustments in Working Memory in the Face of
Affective Interference. *Memory & Cognition* **48**, 16–31 (2020). https://doi.org/
10.3758/s13421-019-00958-w.

Jha, A. P., and Kiyonaga, A. Working-Memory-Triggered Dynamic Adjustments in
Cognitive Control. *Journal of Experimental Psychology, Learning, Memory, and
Cognition* **36**, no. 4, 1036–42 (2010). https://doi.org/10.1037/a0019337.

35. Wallace, B. A. *The Attention Revolution: Unlocking the Power of the Focused Mind*
(Boston: Wisdom Publications, 2006).

36. "试着给自己定这样的任务：不要去想一头北极熊。然后你就会发现，接
下来的每分每秒，你的脑海中都会浮现出那头北极熊"（"Winter Notes on
Summer Impressions," Fyodor Dostoevsky, 1863）。这句话引出了一项经典
研究，后者发现，抑制反而会提高某种思想的出现频率（Wegner et al.,
1987; 另见 Winerman, 2011; Rassin et al., 2000）。越来越多的证据表明，思
想抑制和表达抑制（努力控制自动情绪反应）会损害工作记忆（Franchow
and Suchy, 2015），影响心理健康（Gross and John, 2003）。

Wegner, D. M. et al. Paradoxical Effects of Thought Suppression. *Journal of
Personality and Social Psychology* **53**, no. 1, 5–13 (1987). https://doi.org/10.
1037//0022–3514.53.1.5.

Winerman, L. Suppressing the "White Bears." *American Psychological Association*
42, no. 9, 44 (2011). https://www.apa.org/monitor/2011/10/unwanted-
thoughts.

Rassin, E. et al. Paradoxical and Less Paradoxical Effects of Thought Suppression:
A Critical Review. *Clinical Psychology Review* **20**, no. 8, 973–95 (2000). https://
doi.org/10.1016/S0272–7358(99)00019–7.

Franchow, E., and Suchy, Y. Naturally-Occurring Expressive Suppression in Daily
Life Depletes Executive Functioning. *Emotion* **15**, no. 1, 78–89 (2015). https://
doi.org/10.1037/emo0000013.

Gross, J. J., and John, O. P. Individual Differences in Two Emotion Regulation
Processes: Implications for Affect, Relationships, and Well-Being. *Journal of
Personality and Social Psychology* **85**, no. 2, 348–62 (2003). https://doi.org/10.
1037/0022–3514.85.2.348.

37. Maguire, E. A. et al. London Taxi Drivers and Bus Drivers: A Structural MRI and
Neuropsychological Analysis. *Hippocampus* **16**, no. 12, 1091–1101 (2006). https://
doi.org/10.1002/hipo.20233.

38. 简单地说，大脑是通过电化学过程运转的，尤其是神经元点亮期间发生
的电化学过程。功能性磁共振成像记录的不是大脑里的电活动，而是伴
随这种电活动的血流量增长。因此，功能性磁共振成像是神经活动的
间接指标。de Haan, M., and Thomas, K. M. Applications of ERP and fMRI

Techniques to Developmental Science. *Developmental Science* 5, no. 3, 335–43 (2002). https://doi.org/10.1111/1467-7687.00373.

39. Parong, J., and Mayer, R. E. Cognitive Consequences of Playing Brain-Training Games in Immersive Virtual Reality. *Applied Cognitive Psychology* 34, no. 1, 29–38 (2020). https://doi.org/10.1002/acp.3582.

    A Consensus on the Brain Training Industry from the Scientific Community. Max Planck Institute for Human Development and Stanford Center on Longevity. News release (October 20, 2014). https://longevity.stanford.edu/a-consensus-on-the-brain-training-industry-from-the-scientific-community-2/.

    Kable, J. W. et al. No Effect of Commercial Cognitive Training on Brain Activity, Choice Behavior, or Cognitive Performance. *Journal of Neuroscience* 37, no. 31, 7390–7402 (2017). https://doi.org/10.1523/JNEUROSCI.2832-16.2017.

    Slagter, H. A. et al. Mental Training as a Tool in the Neuroscientific Study of Brain and Cognitive Plasticity. *Frontiers in Human Neuroscience* 5, no. 17 (2011). https://doi.org/10.3389/fnhum.2011.00017.

40. Witkin, J. et al. Mindfulness Training Influences Sustained Attention: Attentional Benefits as a Function of Training Intensity. Poster presented at the International Symposium for Contemplative Research, Phoenix, Arizona (2018).

41. Biggs, A. T. et al. Cognitive Training Can Reduce Civilian Casualties in a Simulated Shooting Environment. *Psychological Science* 26, no. 8, 1064–76 (2015). https://doi.org/10.1177/0956797615579274.

42. Jha, A. P. et al. Mindfulness Training Modifies Subsystems of Attention. *Cognitive, Affective & Behavioral Neuroscience* 7, no. 2, 109–19 (2007). https://doi.org/10.3758/CABN.7.2.109.

43. Rooks, J. D. et al. "We Are Talking About Practice": The Influence of Mindfulness vs. Relaxation Training on Athletes' Attention and Well-Being over High-Demand Intervals. *Journal of Cognitive Enhancement* 1, no. 2, 141–53 (2017). https://doi.org/10.1007/s41465-017-0016-5.

44. 我们发现了各种群体在高压时段的表现下降模式，包括大学生在学期过程中（Morrison et al., 2014），出征前的海军陆战队员在八个星期的训练过程中（Jha et al., 2010），年轻囚犯（Leonard et al., 2013），以及橄榄球选手在赛季前训练过程中（Rooks et al., 2017）。

    Morrison, A. B. et al. Taming a Wandering Attention: Short-Form Mindfulness Training in Student Cohorts. *Frontiers in Human Neuroscience* 7, 897 (2014). https://doi.org/10.3389/fnhum.2013.00897.

    Jha, A. P. et al. Examining the Protective Effects of Mindfulness Training on Working Memory Capacity and Affective Experience. *Emotion* 10, no. 1, 54–64 (2010). https://doi.org/10.1037/a0018438.

    Leonard, N. R. et al. Mindfulness Training Improves Attentional Task Performance in Incarcerated Youth: A Group Randomized Controlled Intervention Trial. *Frontiers in Psychology* 4, no. 792, 2–10 (2013). https://doi.org/10.3389/fpsyg.2013.00792.

Rooks, J. D. et al. "We Are Talking About Practice": The Influence of Mindfulness vs. Relaxation Training on Athletes' Attention and Well-Being over High-Demand Intervals. *Journal of Cognitive Enhancement* 1, no. 2, 141–53 (2017). https://doi.org/10.1007/s41465-017-0016-5.

45. Lyndsay, E. K., and Creswell, J. D. Mindfulness, Acceptance, and Emotion Regulation: Perspectives from Monitor and Acceptance Theory (MAT). *Current Opinion in Psychology* 28, 120–5 (2019). https://doi.org/10.1007/s41465-017-0016-5.

46. Lampe, C., and Ellison, N. Social Media and the Workplace. Pew Research Center, June 22, 2016. https://www.pewresearch.org/internet/2016/06/22/social-media-and-the-workplace/.

47. Cameron, L. et al. Mind Wandering Impairs Textbook Reading Comprehension and Retention. Poster presented at the Cognitive Neuroscience Society Annual Meeting, Boston, Massachusetts (April 2014).

48. 例如，见 Zanesco, A. P. et al. Meditation Training Influences Mind Wandering and Mindless Reading. *Psychology of Consciousness: Theory, Research, and Practice* 3, no. 1, 12–33 (2016). https://doi.org/10.1037/cns0000082.

49. Smallwood, J. et al. The Lights Are On but No One's Home: Meta-Awareness and the Decoupling of Attention When the Mind Wanders. *Psychonomic Bulletin & Review* 14, no. 3, 527–33 (2007). https://doi.org/10.3758/BF03194102.

50. Esterman, M. et al. In the Zone or Zoning Out? Tracking Behavioral and Neural Fluctuations During Sustained Attention. *Cerebral Cortex* 23, no. 11, 2712–23 (2013). https://doi.org/10.1093/cercor/bhs261.
Mrazek, M. D. et al. The Role of Mind-Wandering in Measurements of General Aptitude. *Journal of Experimental Psychology General* 141, no. 4, 788–98 (2012). https://doi.org/10.1037/a0027968.
Wilson, T. D. et al. Just Think: The Challenges of the Disengaged Mind. *Science* 345, no. 6192, 75–7 (2014). https://doi.org/10.1126/science.1250830.

51. Webster, D. M., and Kruglanski, A. W. Individual Differences in Need for Cognitive Closure. *Journal of Personality and Social Psychology* 67, no. 6, 1049–62 (1994). https://doi.org/10.1037//0022-3514.67.6.1049.

52. Lavie, N. et al. Load Theory of Selective Attention and Cognitive Control. *Journal of Experimental Psychology* 133, no. 3, 339–54 (2004). https://doi.org/10.1037/0096-3445.133.3.339.

53. 警戒递减又叫任务时间效应，是指参与任务的时间延长时表现下降的行为模式。这种现象的原因存在争议，包括资源枯竭、注意力循环和出于机会成本的考量。关于这方面的讨论，参考 Rubinstein (2020) 和 Davies and Parasuraman (1982)。
Rubinstein, J. S. Divergent Response-Time Patterns in Vigilance Decrement Tasks. *Journal of Experimental Psychology: Human Perception and Performance* 46, no. 10, 1058–76 (2020). https://doi.org/10.1037/xhp0000813.

Davies, D. R., and Parasuraman, R. *The Psychology of Vigilance* (London: Academic Press, 1982).

54. Denkova, E. et al. Attenuated Face Processing During Mind Wandering. *Journal of Cognitive Neuroscience* 30, no. 11, 1691–1703 (2018). https://doi.org/10.1162/jocn_a_01312.

55. Schooler, J. W. et al. Meta-Awareness, Perceptual Decoupling and the Wandering Mind. *Trends in Cognitive Sciences* 15, no. 7, 319–26 (2011). https://doi.org/10.1016/j.tics.2011.05.006.

56. 走神可能出现在许多现实背景中，但现实世界的走神率与任务表现和实验室中的走神率在不同个体之间可能并不总是一致的（Kane et al., 2017），自我专注努力、任务要求和其他个体差异可能导致现实生活和实验室背景下走神和工作记忆的不匹配。Kane, M. J. et al. For Whom the Mind Wanders, and When, Varies Across Laboratory and Daily-Life Settings. *Psychological Science* 28, no. 9 1271–1289 (2017). https://doi.org/10.11 https://doi.org/10.1177/0956797617706086.

57. Crosswell, A. D. et al. Mind Wandering and Stress: When You Don't Like the Present Moment. *Emotion* 20, no. 3, 403–12 (2020). https://doi.org/10.1037/emo0000548.

58. Killingsworth, M. A., and Gilbert, D. T. A Wandering Mind Is an Unhappy Mind. *Science* 330, no. 6006, 932 (2010). https://doi.org/10.1126/science.1192439.

59. Posner, M. I. et al. Inhibition of Return: Neural Basis and Function. *Cognitive Neuropsychology* 2, no. 3, 211–28 (1985). https://doi.org/10.1080/02643298508252866.

60. Ward, A. F., and Wegner, D. M. Mind-Blanking: When the Mind Goes Away. *Frontiers in Psychology* 4, 650 (2013). https://doi.org/10.3389/fpsyg.2013.00650.

61. 一些研究显示，工作表现和脑活动模式的缓慢的随时间的波动可能反映了注意力在不同目标之间的依次循环。Smallwood, J. et al. Segmenting the Stream of Consciousness: The Psychological Correlates of Temporal Structures in the Time Series Data of a Continuous Performance Task. *Brain and Cognition* 66, no. 1, 50–6 (2008). https://doi.org/10.1016/j.bandc.2007.05.004.

62. Rosen, Z. B. et al. Mindfulness Training Improves Working Memory Performance in Adults with ADHD. Poster presented at the Annual Meeting of the Society for Neuroscience, Washington, DC (2008).

63. Rubinstein, J. S. et al. Executive Control of Cognitive Processes in Task Switching. *Journal of Experimental Psychology: Human Perception and Performance* 27, no, 4, 763–97 (2001). https://doi.org/10.1037/0096–1523.27.4.763.

64. Levy, D. M. et al. The Effects of Mindfulness Meditation Training on Multitasking in a High-Stress Information Environment. *Proceedings of Graphics Interface*, 45–52 (2012). https://dl.acm.org/doi/10.5555/2305276.2305285.

65. Etkin, J., and Mogilner, C. Does Variety Among Activities Increase Happiness?

Journal of Consumer Research **43**, no. 2, 210–29 (2016). https://doi.org/10.1093/jcr/ucw021.

66. 工作记忆是一种认知系统，它允许短期内将信息保持在高度可获取的状态，并为实现目标而处理这些信息。工作记忆有一些重要模型。例如，巴德利的模型（Baddeley, 2010）强调工作记忆的组成结构，恩格尔的模型（Engle and Kane, 2004）则强调存在个体差异的策略和执行控制（类似于注意力的中央执行系统）在解释工作记忆容量个体差异上起到的作用。

Baddeley, A. Working Memory. *Current Biology* **20**, no. 4, R136–R140 (2010). https://doi.org/10.1016/j.cub.2009.12.014.

Engle, R. W., and Kane, M. J. Executive Attention, Working Memory Capacity, and a Two-Factor Theory of Cognitive Control. In B. Ross (ed.), *The Psychology of Learning and Motivation* **44**, 145–99 (2004).

67. Raye, C. L. et al. Refreshing: A Minimal Executive Function. *Cortex* **43**, no. 1, 134–45 (2007). https://doi.org/10.1016/s0010–9452(08)70451–9.

68. Braver, T. S. et al. A Parametric Study of Prefrontal Cortex Involvement in Human Working Memory. *NeuroImage* **5**, no. 1, 49–62 (1997). https://doi.org/10.1006/nimg.1996.0247.

69. 许多研究用事件相关功能性磁共振成像比较参与者用形容词评判自己和亲密 "他人" 与著名或不著名人物时的激活情况。和著名或不著名人物相比，在评判自己和亲密 "他人" 时，内侧前额叶皮质、后扣带回皮质和楔前叶等默认模式网络的重要节点得到了更强的激活。

van der Meer, L. et al. Self-Reflection and the Brain: A Theoretical Review and Meta-Analysis of Neuroimaging Studies with Implications for Schizophrenia. *Neuroscience & Biobehavioral Reviews* **34**, no. 6, 935–46 (2010). https://doi.org/10.1016/j.neubiorev.2009.12.004.

Zhu, Y. et al. Neural Basis of Cultural Influence on Self-Representation. *NeuroImage* **34**, no. 3, 1310–6 (2007). https://doi.org/10.1016/j.neuroimage.2006.08.047.

Heatherton, T. F. et al. Medial Prefrontal Activity Differentiates Self from Close Others. *Social Cognitive & Affective Neuroscience* **1**, no. 1, 18–25 (2006). https://doi.org/10.1093/scan/nsl001.

70. Raichle, M. E. The Brain's Default Mode Network. *Annual Review of Neuroscience* **38**, 433–47 (2015). https://doi.org/10.1146/annurev-neuro-071013–014030.

71. Weissman, D. H. et al. The Neural Bases of Momentary Lapses in Attention. *Nature Neuroscience* **9**, no. 7, 971–8 (2006). https://doi.org/10.1038/nn1727.

72. Andrews-Hanna, J. R. et al. Dynamic Regulation of Internal Experience: Mechanisms of Therapeutic Change. In Lane, R. D., and Nadel, L., *Neuroscience of Enduring Change: Implications for Psychotherapy* (New York: Oxford University Press, 2020), 89–131. https://doi.org/10.1093/oso/9780190881511.003.0005.

73. Barrett, L. F. et al. Individual Differences in Working Memory Capacity and Dual-Process Theories of the Mind. *Psychological Bulletin* **130**, no. 4, 553–73

(2004). https://doi.org/10.1037/0033–2909.130.4.553.

74. Mikels, J. A., and Reuter-Lorenz, P. A. Affective Working Memory: An Integrative Psychological Construct. *Perspectives on Psychological Science* 14, no. 4, 543–59 (2019). https://doi.org/https://doi.org/10.1177/1745691619837597. LeDoux, J. E., and Brown, R. A Higher-Order Theory of Emotional Consciousness. *Proceedings of the National Academy of Sciences of the United States of America* 114, no. 10, E2016–E2025 (2017). https://doi.org/10.1073/pnas. 1619316114.

75. Schmeichel, B. J. et al. Working Memory Capacity and the Self-Regulation of Emotional Expression and Experience. *Journal of Personality and Social Psychology* 95, no. 6, 1526–40 (2008). https://doi.org/10.1037/a0013345.

76. Klingberg, T. Development of a Superior Frontal-Intraparietal Network for Visuo-Spatial Working Memory. *Neuropsychologia* 44, no. 11, 2171–7 (2006). https:// doi.org/10.1016/j.neuropsychologia.2005.11.019.

77. Noguchi, Y., and Kakigi, R. Temporal Codes of Visual Working Memory in the Human Cerebral Cortex: Brain Rhythms Associated with High Memory Capacity. *NeuroImage* 222, no. 15, 117294 (2020). https://doi.org/10.1016/ j.neuroimage.2020.117294.

78. Miller, G. A. The Magical Number Seven, Plus or Minus Two: Some Limits on Our Capacity for Processing Information. *Psychological Review* 101, no. 2, 343–52 (1956). https://doi.org/10.1037/0033–295x.101.2.343.

79. Lüer, G. et al. Memory Span in German and Chinese: Evidence for the Phonological Loop. *European Psychologist* 3, no. 2, 102–12 (2006). https://doi. org/10.1027/1016–9040.3.2.102.

80. Morrison, A. B., and Richmond, L. L. Offloading Items from Memory: Individual Differences in Cognitive Offloading in a Short-Term Memory Task. *Cognitive Research: Principles and Implications* 5, no. 1 (2020). https://doi. org/10.1186/s41235-019-0201-4.

81. Kawagoe, T. et al. The Neural Correlates of "Mind Blanking": When the Mind Goes Away. *Human Brain Mapping* 40, no. 17, 4934–40 (2019). https://doi. org/10.1002/hbm.24748.

82. Zhang, W., and Luck, S. J. Sudden Death and Gradual Decay in Visual Working Memory. *Psychological Science* 20, no. 4, 423–8 (2009). https://doi.org/10.1111/ j.1467–9280.2009.02322.x.

83. Datta, D., and Arnsten, A. F. T. Loss of Prefrontal Cortical Higher Cognition with Uncontrollable Stress: Molecular Mechanisms, Changes with Age, and Relevance to Treatment. *Brain Sciences* 9, no. 5 (2019). https://doi.org/10.3390/ brainsci 9050113.

84. Roeser, R. W. et al. Mindfulness Training and Reductions in Teacher Stress and

Burnout: Results from Two Randomized, Waitlist-Control Field Trials. *Journal of Educational Psychology* 105, no. 3, 787–804 (2013). https://doi.org/10.1037/a0032093.

85. Mrazek, M. D. et al. The Role of Mind-Wandering in Measurements of General Aptitude. *Journal of Experimental Psychology General* 141, no. 4, 788–98 (2012). https://doi.org/10.1037/a0027968.

86. Beaty, R. E. et al. Thinking About the Past and Future in Daily Life: An Experience Sampling Study of Individual Differences in Mental Time Travel. *Psychological Research* 83, no. 4, 805–916 (2019). https://doi.org/10.1007/s00426-018-1075-7.

87. Sreenivasan, K. K. et al. Temporal Characteristics of Top-Down Modulations During Working Memory Maintenance: An Event-Related Potential Study of the N170 Component. *Journal of Cognitive Neuroscience* 19, no. 11, 1836–44 (2017). https://doi.org/10.1162/jocn.2007.19.11.1836.

88. 视觉工作记忆容量与过滤干扰的效率存在联系。

    Vogel, E. K. et al. The Time Course of Consolidation in Visual Working Memory. *Journal of Experimental Psychology: Human Perception and Performance* 32, no. 6, 1436–51 (2006). https://doi.org/10.1037/0096–1523.32.6.1436.

    Luria, R. et al. The Contralateral Delay Activity as a Neural Measure of Visual Working Memory. *Neuroscience & Biobehavioral Reviews* 62, 100–8 (2016). https://doi.org/10.1016/j.neubiorev.2016.01.003.

89. 最近的研究显示，工作记忆容量与长期记忆指标存在中等到强烈相关（Mogle et al., 2008; Unsworth et al, 2009）。工作记忆可以充当长期记忆的暂存空间，信息可以在此得到处理（即重新排列、组织和整合；见 Blumenfeld and Ranganath, 2006），以实现更加高效的存储。不过，关于是否存在在工作记忆和长期记忆中起到或没有起到独特作用的可分离神经系统，人们还在进行激烈辩论（Ranganath and Blumenfeld, 2005）。

    Mogle, J. A. et al. What's So Special About Working Memory? An Examination of the Relationships Among Working Memory, Secondary Memory, and Fluid Intelligence. *Psychological Science* 19, 1071–7 (2008). https://doi.org/10.1111/j.1467–9280.2008.02202.x.

    Unsworth, N. et al. There's More to the Working Memory–fluid Intelligence Relationship Than Just Secondary Memory. *Psychonomic Bulletin & Review* 16, 931–7 (2009). https://doi.org/10.3758/pbr.16.5.931.

    Blumenfeld, R. S., and Ranganath, C. Dorsolateral Prefrontal Cortex Promotes Long-Term Memory Formation Through Its Role in Working Memory Organization. *Journal of Neuroscience* 26, no. 3, 916–25 (2006). https://doi.org/10.1523/jneurosci.2353–05.2006.

    Ranganath, C., and Blumenfeld, R. S. Doubts About Double Dissociations Between Short- and Long-Term Memory. *Trends in Cognitive Sciences* 9, no. 8, 374–80 (2005). https://doi.org/10.1016/j.tics.2005.06.009.

90. Spaniol, J. et al. Aging and Emotional Memory: Cognitive Mechanisms Underlying the Positivity Effect. *Psychology and Aging* **23**, no. 4, 859–72 (2008). https://doi.org/10.1037/a0014218.

91. Schroots, J. J. F. et al. Autobiographical Memory from a Life Span Perspective. *International Journal of Aging and Human Development* **58**, no. 1, 69–85 (2004). https://doi.org/10.2190/7A1A-8HCE-0FD9-7CTX.

92. 人们常常用定向遗忘范式研究遗忘。Williams, M. et al. The Benefit of Forgetting. *Psychonomic Bulletin & Review* **20**, 348–55 (2013). https://doi.org/10.3758/s13423-012-0354-3.

93. Tamir, D. I. et al. Media Usage Diminishes Memory for Experiences. *Journal of Experimental Social Psychology* **76**, 161–8 (2018). https://doi.org/10.1016/j.jesp.2018.01.006.

94. Allen A. et al. Is the Pencil Mightier Than the Keyboard? A Meta-Analysis Comparing the Method of Notetaking Outcomes. *Southern Communication Journal* **85**, no. 3, 143–54 (2020). https://doi.org/10.1080/104179 4X.2020.1764613.

95. Squire, L. R. The Legacy of Patient H. M. for Neuroscience. *Neuron* **61**, no. 1, 6–9 (2009). https://doi.org/10.1016/j.neuron.2008.12.023.

96. Andrews-Hanna, J. R. et al. Dynamic Regulation of Internal Experience: Mechanisms of Therapeutic Change. In Lane, R. D., and Nadel, L., *Neuroscience of Enduring Change: Implications for Psychotherapy* (New York: Oxford University Press, 2020), 89–131. https://doi.org/10.1093/oso/9780190881511.003.0005.

97. Mildner, J. N., and Tamir, D. I. Spontaneous Thought as an Unconstrained Memory Process. Trends in *Neuroscience* **42**, no. 11, 763–77 (2019). https://doi.org/10.1016/j.tins.2019.09.001.

98. Wheeler, M. A. et al. Toward a Theory of Episodic Memory: The Frontal Lobes and Autonoetic Consciousness. *Psychological Bulletin* **121**, no. 3, 331–54 (1997). https://doi.org/10.1037/0033–2909.121.3.331.

99. Henkel, L. A. Point-and-Shoot Memories: The Influence of Taking Photos on Memory for a Museum Tour. *Psychological Science* **25**, no. 2, 396–402 (2014). https://doi.org/10.1177/0956797613504438.

100. Christoff, K. et al. Mind-Wandering as Spontaneous Thought: A Dynamic Framework. *Nature Reviews Neuroscience* **17**, no. 11, 718–31 (2016). https://doi.org/10.1038/nrn.2016.113.
    Fox, K. C. R., and Christoff, K. (eds.), *The Oxford Handbook of Spontaneous Thought: Mind-wandering, Creativity, and Dreaming* (New York: Oxford University Press, 2018). http://dx.doi.org/10.1093/oxfordhb/9780190464745.001.0001.

101. 关于创伤记忆与其他记忆是否存在差异以及差异机制，目前仍然存在争议。

Geraerts, E. et al. Traumatic Memories of War Veterans: Not So Special After All. *Consciousness and Cognition* 16, no. 1, 170–7 (2007). https://doi.org/10.1016/j.concog.2006.02.005.

Martinho, R. et al. Epinephrine May Contribute to the Persistence of Traumatic Memories in a Post-Traumatic Stress Disorder Animal Model. *Frontiers in Molecular Neuroscience* 13, no. 588802 (2020). https://doi.org/10.3389/fnmol.2020.588802.

102. Boyd, J. E. et al. Mindfulness-Based Treatments for Posttraumatic Stress Disorder: A Review of the Treatment Literature and Neurobiological Evidence. *Journal of Psychiatry & Neuroscience* 43, no. 1, 7–25 (2018). https://doi.org/10.1503/jpn.170021.

103. Kappes, A. et al. Confirmation Bias in the Utilization of Others' Opinion Strength. *Nature Neuroscience* 23, no. 1, 130–7 (2020). https://doi.org/10.1038/s41593-019-0549-2.

104. Schacter, D. L., and Addis, D. R. On the Nature of Medial Temporal Lobe Contributions to the Constructive Simulation of Future Events. *Philosophical Transactions of the Royal Society* 364, no. 1521, 1245–53 (2009). https://doi.org/10.1098/rstb.2008.0308.

105. Jones, Natalie A. et al. Mental Models: An Interdisciplinary Synthesis of Theory and Methods. *Ecology and Society* 16, no. 1 (2011). http://www.jstor.org/stable/26268859.

Johnson-Laird, P. N. Mental Models and Human Reasoning. Proceedings of the National Academy of Sciences of the United States of America 107, no. 43, 18243–50 (2010). https://doi.org/10.1073/pnas.1012933107.

106. Verweij, M. et al. Emotion, Rationality, and Decision-Making: How to Link Affective and Social Neuroscience with Social Theory. *Frontiers in Neuroscience* 9, 332 (2015). https://doi.org/10.3389/fnins.2015.00332.

107. Blondé, J., and Girandola, F. Revealing the Elusive Effects of Vividness: A Meta-Analysis of Empirical Evidences Assessing the Effect of Vividness on Persuasion. *Social Influence* 11, no. 2, 111–29 (2016). https://doi.org/10.1080/15534510.2016.1157096.

108. Maharishi International University. Full Speech: Jim Carrey's Commencement Address at the 2014 MUM Graduation [video]. YouTube, May 30, 2014. https://www.youtube.com/watch?v=V80-gPkpH6M.acce.

109. Andrews-Hanna, J. R. et al. Dynamic Regulation of Internal Experience: Mechanisms of Therapeutic Change. In Lane, R. D., and Nadel, L., *Neuroscience of Enduring Change: Implications for Psychotherapy* (New York: Oxford University Press, 2020) 89–131. https://doi.org/10.1093/oso/9780190881511.003.0005.

110. Ellamil, M. et al. Dynamics of Neural Recruitment Surrounding the Spontaneous Arising of Thoughts in Experienced Mindfulness Practitioners. *NeuroImage* 136, 186–96 (2016). https://doi.org/10.1016/j.neuroimage.2016.04.034.

111. Bernstein, A. et al. Metacognitive Processes Mode3l of Decentering: Emerging Methods and Insights. *Current Opinion in Psychology* **28**, 245–51 (2019). https://doi.org/10.1016/j.copsyc.2019.01.019.

112. Barry, J. et al. The Power of Distancing During a Pandemic: Greater Decentering Protects Against the Deleterious Effects of COVID-19-Related Intrusive Thoughts on Psychological Health in Older Adults. Poster presented at the Mind & Life 2020 Contemplative Research Conference, online (November 2020).

113. Kross, E., and Ayduk, O. Self-Distancing: Theory, Research, and Current Directions. In J. M. Olson (ed.), *Advances in Experimental Social Psychology* **55**, 81–136 (2017). https://doi.org/10.1016/bs.aesp.2016.10.002.

114. Kross, E. et al. Coping with Emotions Past: The Neural Bases of Regulating Affect Associated with Negative Autobiographical Memories. *Biological Psychiatry* **65**, no. 5, 361–6 (2009). https://doi.org/10.1016/j.biopsych.2008.10.019.

115. Hayes-Skelton, S. A. et al. Decentering as a Potential Common Mechanism Across Two Therapies for Generalized Anxiety Disorder. *Journal of Consulting and Clinical Psychology* **83**, no. 2, 83–404 (2015). https://doi.org/10.1037/a0038305.

Seah, S. et al. Spontaneous Self-Distancing Mediates the Association Between Working Memory Capacity and Emotion Regulation Success. *Clinical Psychological Science* **9**, no. 1, 79–96 (2020). https://doi.org/10.1177/2167702620953636.

King, A. P., and Fresco, D. M. A Neurobehavioral Account for Decentering as the Salve for the Distressed Mind. *Current Opinion in Psychology* **28**, 285–93 (2019). https://doi.org/10.1016/j.copsyc.2019.02.009.

Perestelo-Perez, L. et al. Mindfulness-Based Interventions for the Treatment of Depressive Rumination: Systematic Review and Meta-Analysis. *International Journal of Clinical and Health Psychology* **17**, no. 3, 282–95 (2017). https://doi.org/10.1016/j.ijchp.2017.07.004.

Bieling, P. J. et al. Treatment-Specific Changes in Decentering Following Mindfulness-Based Cognitive Therapy Versus Antidepressant Medication or Placebo for Prevention of Depressive Relapse. *Journal of Consulting and Clinical Psychology* **80**, no. 3, 365–72 (2012). https://doi.org/10.1037/a0027483.

116. Jha, A. P. et al. Bolstering Cognitive Resilience via Train-the-Trainer Delivery of Mindfulness Training in Applied High-Demand Settings. *Mindfulness* **11**, 683–97 (2020). https://doi.org/10.1007/s12671-019-01284-7.

Zanesco, A. P. et al. Mindfulness Training as Cognitive Training in High-Demand Cohorts: An Initial Study in Elite Military Servicemembers. In *Progress in Brain Research* **244**, 323–54 (2019). https://doi.org/10.1016/bs.pbr.2018.10.001.

117. Lueke, A., and Gibson, B. Brief Mindfulness Meditation Reduces Discrimination. *Psychology of Consciousness: Theory, Research, and Practice* **3**, no. 1. 34–44 (2016). https://doi.org/10.1037/cns0000081.

118. Endsley, M. R. The Divergence of Objective and Subjective Situation Awareness: A Meta-Analysis. *Journal of Cognitive Engineering and Decision Making* **14**, no. 1,

34–53 (2020). https://doi.org/10/ggqfzd.

119. 最近的研究显示，忽略目标、工作记忆容量和走神之间存在对应关系。McVay, J. C., and Kane, M. J. Conducting the Train of Thought: Working Memory Capacity, Goal Neglect, and Mind Wandering in an Executive-Control Task. *Journal of Experimental Psychology: Learning, Memory, and Cognition* 35, no. 1, 196–204 (2009). 218.

120. Schooler, J. W. et al. Meta-Awareness, Perceptual Decoupling and the Wandering Mind. *Trends in Cognitive Sciences* 15, no. 7, 319–26 (2011). https://doi.org/10.1016/j.tics.2011.05.006.

121. Krimsky, M. et al. The Influence of Time on Task on Mind Wandering and Visual Working Memory. *Cognition* 169, 84–90 (2017). https://doi.org/10.1016/j.cognition.2017.08.006.

122. 一些研究显示，工作表现和脑活动模式的缓慢的随时间的波动可能反映了注意力对于不同目标的依次循环。Smallwood, J. et al. Segmenting the Stream of Consciousness: The Psychological Correlates of Temporal Structures in the Time Series Data of a Continuous Performance Task. *Brain and Cognition* 66, no. 1, 50–6 (2008). https://doi.org/10.1016/j.bandc.2007.05.004.

123. Krimsky, M. et al. The Influence of Time on Task on Mind Wandering and Visual Working Memory. *Cognition* 69, 84–90 (2017). https://doi.org/10.1016/j.cognition.2017.08.006.

124. 在需要专注和努力的挑战性任务期间，和工作记忆容量较低的参与者相比，工作记忆容量较高的参与者可以更好地把思想保持在任务上，走神也比较少。Kane, M. J. et al. For Whom the Mind Wanders, and When: An Experience-Sampling Study of Working Memory and Executive Control in Daily Life. *Psychological Science* 18, no. 7, 614–21 (2007). https://doi.org/10.1111/j.1467–9280.2007.01948.x.

125. Franklin, M. S. et al. Tracking Distraction: The Relationship Between Mind-Wandering, Meta-Awareness, and ADHD Symptomatology. *Journal of Attention Disorders* 21, no. 6, 475–86 (2017). https://doi.org/10.1177/1087054714543494.

126. Smallwood, J. et al. Segmenting the Stream of Consciousness: The Psychological Correlates of Temporal Structures in the Time Series Data of a Continuous Performance Task. *Brain and Cognition* 66, no. 1, 50–56 (2008). https://doi.org/10.1016/j.bandc.2007.05.004.

Polychroni, N. et al. Response Time Fluctuations in the Sustained Attention to Response Task Predict Performance Accuracy and Meta-Awareness of Attentional States. *Psychology of Consciousness: Theory, Research, and Practice* (2020). https://doi.org/10.1037/cns0000248.

127. Sayette, M. A. et al. Lost in the Sauce: The Effects of Alcohol on Mind

Wandering. *Psychological Science* 20, no. 6, 747–52 (2009). https://doi.org/10.1111/j.1467-9280.2009.02351.x.

128. Brewer, J. A. et al. Meditation Experience Is Associated with Differences in Default Mode Network Activity and Connectivity. *Proceedings of the National Academy of Sciences of the United States of America* 108, no. 50, 20254–9 (2011). https://doi.org/10.1073/pnas.1112029108.

   Kral, T. R. A. et al. Mindfulness-Based Stress Reduction-Related Changes in Posterior Cingulate Resting Brain Connectivity. *Social Cognitive and Affective Neuroscience* 14, no. 7, 777–87 (2019). https://doi.org/10.1093/scan/nsz050.

   Lutz, A. et al. Investigating the Phenomenological Matrix of Mindfulness-Related Practices from a Neurocognitive Perspective. *American Psychologist* 70, no. 7, 632–58 (2015). https://doi.org/10.1037/a0039585.

129. Sun Tzu. *The Art of War* (Bridgewater, MA: World Publications, 2007), 95.

130. Bhikkhu, T. (trans.). Sallatha Sutta: The Arrow. Access to Insight (BCBS edition), November 30, 2013, https://www.accesstoinsight.org/tipitaka/sn/sn36/sn36.006.than.html.

131. McCaig, R. G. et al. Improved Modulation of Rostrolateral Prefrontal Cortex Using Real-Time fMRI Training and Meta-Cognitive Awareness. *NeuroImage* 55, no. 3, 1298–305 (2011). https://doi.org/10.1016/j.neuroimage.2010.12.016.

132. Perissinotto, C. M. et al. Loneliness in Older Persons: A Predictor of Functional Decline and Death. *Archives of Internal Medicine* 172, no. 14, 1078–984 (2012). https://doi.org/10.1001/archinternmed.2012.1993.

133. Alfred, K. L. et al. Mental Models Use Common Neural Spatial Structure for Spatial and Abstract Content. *Communications Biology* 3, no. 17 (2020). https://doi.org/10.1038/s42003-019-0740-8.

   Jonker, C. M. et al. Shared Mental Models: A Conceptual Analysis. *Lecture Notes in Computer Science* 6541, 132–51 (2011). https://doi.org/10.1007/978-3-642-21268-0_8.

134. Deater-Deckard, K. et al. Maternal Working Memory and Reactive Negativity in Parenting. *Psychological Sciences* 21, no. 1, 75–9 (2010). https://doi.org/10.1177/0956797609354073.

135. Franchow, E. I., and Suchy, Y. Naturally-Occurring Expressive Suppression in Daily Life Depletes Executive Functioning. *Emotion* 15, no. 1, 78–89 (2015). https://doi.org/10.1037/emo0000013.

   Brewin, C. R., and Beaton, A. Thought Suppression, Intelligence, and Working Memory Capacity. *Behaviour Research and Therapy* 40, no. 8, 923–30 (2002). https://doi.org/10.1016/S0005-7967(01)00127-9.

136. Dahl, C. J. et al. The Plasticity of Well-Being: A Training-Based Framework for the Cultivation of Human Flourishing. *Proceedings of the National Academy of Sciences of the United States of America* 117, no. 51, 32197–206 (2020). https://doi.org/10.1073/pnas.2014859117.

   Brandmeyer, T., and Delorme, A. Meditation and the Wandering Mind: A

Theoretical Framework of Underlying Neurocognitive Mechanisms. *Perspectives on Psychological Science* 16, no. 1, 39–66 (2021). https://doi.org/10.1177/1745691620917340.

137. Cooper, K. H. The History of Aerobics (50 Years and Still Counting). *Research Quarterly for Exercise and Sport* 89, no. 2, 129–34 (2018). https://doi.org/10.1080/02701367.2018.1452469.

138. Prakash, R. S. et al. Mindfulness and Attention: Current State-of-Affairs and Future Considerations. *Journal of Cognitive Enhancement* 4, 340–67 (2020). https://doi.org/10.1007/s41465-019-00144-5.

139. Hasenkamp, W. et al. Mind Wandering and Attention During Focused Meditation: A Fine-Grained Temporal Analysis of Fluctuating Cognitive States. *NeuroImage* 59, no. 1, 750–60 (2012). https://doi.org/10.1016/j.neuroimage.2011.07.008.

140. Brandmeyer, T., and Delorme, A. Meditation and the Wandering Mind: A Theoretical Framework of Underlying Neurocognitive Mechanisms. *Perspectives on Psychological Science* 16, no. 1, 39–66 (2021). https://doi.org/10.1177/1745691620917340.

Fox, K. C. R. et al A. Functional Neuroanatomy of Meditation: A Review and Meta-Analysis of 78 Functional Neuroimaging Investigations. *Neuroscience & Biobehavioral Reviews* 65, 208–28 (2016). https://doi.org/10.1016/j.neubiorev.2016.03.021.

141. 其他研究团队的一些研究（比如 Lutz et al., 2008；Zanesco et al., 2013; Zanesco et al., 2016）发现了参与更长时间的隐修对于注意力的好处。持续注意反应任务表现中体现的具体好处（Witkin et al., 2018）包括持续注意力表现的改善、自述走神现象的减少、元意识的提高、警惕性的提高（Jha et al., 2007）以及工作记忆编码的改善（van Vugt and Jha, 2011）。这些研究都是在香巴拉山中心进行的。Witkin et al. (2018) 的研究是与我来自纳罗帕大学的同事简·卡彭特·科恩合作进行的。除了考察正念隐修的认知效应的研究，许多研究还考察了其他益处（McClintock et al., 2019）。

Lutz, A. et al. Attention Regulation and Monitoring in Meditation. *Trends in Cognitive Sciences* 12, no. 4, 163–9 (2008). https://doi.org/10.1016/j.tics.2008.01.005.

Zanesco, A. et al. Executive Control and Felt Concentrative Engagement Following Intensive Meditation Training. *Frontiers in Human Neuroscience* 7, 566 (2013). https://doi.org/10.3389/fnhum.2013.00566.

Zanesco, A. P. et al. Meditation Training Influences Mind Wandering and Mindless Reading. *Psychology of Consciousness: Theory, Research, and Practice* 3, no. 1, 12–33 (2016). https://doi.org/10.1037/cns0000082.

Witkin, J. et al. *Mindfulness Training Influences Sustained Attention: Attentional Benefits as a Function of Training Intensity.* Poster presented at the International Symposium for Contemplative Research, Phoenix, Arizona (2018).

Jha, A. P. et al. Mindfulness Training Modifies Subsystems of Attention. *Cognitive, Affective & Behavioral Neuroscience* 7, no. 2, 109–19 (2007). https://doi.org/10.

3758/CABN.7.2.109.

van Vugt, M., and Jha, A. P. Investigating the Impact of Mindfulness Meditation Training on Working Memory: A Mathematical Modeling Approach. *Cognitive, Affective & Behavioral Neuroscience* 11, 344–53 (2011). https://doi.org/10.3758/s13415-011-0048-8.

McClintock, A. S. et al. The Effects of Mindfulness Retreats on the Psychological Health of Non-Clinical Adults: A Meta-Analysis. *Mindfulness* 10, 1443–54 (2019). https://doi.org/10.1007/s12671-019-01123-9.

142. Jha, A. P. et al. Minds "At Attention": Mindfulness Training Curbs Attentional Lapses in Military Cohorts. *PLoS One* 10, no. 2, 1–19 (2015). https://doi.org/10.1371/journal.pone.0116889.

Jha, A. P. et al. Examining the Protective Effects of Mindfulness Training on Working Memory Capacity and Affective Experience. *Emotion* 10, no. 1, 54–64 (2010). https://doi.org/10.1037/a0018438.

143. 军人：

Jha, A. P. et al. Bolstering Cognitive Resilience via Train-the-Trainer Delivery of Mindfulness Training in Applied High-Demand Settings. *Mindfulness* 11, 683–97 (2020). https://doi.org/10.1007/s12671-019-01284-7.

Zanesco, A. P. et al. Mindfulness Training as Cognitive Training in High-Demand Cohorts: An Initial Study in Elite Military Servicemembers. In *Progress in Brain Research* 244, 323–54 (2019). https://doi.org/10.1016/bs.pbr.2018.10.001.

军嫂：

Brudner, E. G. et al. The Influence of Training Program Duration on Cognitive Psychological Benefits of Mindfulness and Compassion Training in Military Spouses. Poster presented at the International Symposium for Contemplative Studies. San Diego, California (November 2016).

消防员：

Denkova, E. et al. Is Resilience Trainable? An Initial Study Comparing Mindfulness and Relaxation Training in Firefighters. *Psychiatry Research* 285, 112794 (2020). https://doi.org/10.1016/j.psychres.2020.112794.

社区和职场领导者：

Alessio, C. et al. Leading Mindfully: Examining the Effects of Short-Form Mindfulness Training on Leaders' Attention, Well-Being, and Workplace Satisfaction. Poster presented at The Mind & Life 2020 Contemplative Research Conference, online (November 2020).

会计：

Denkova, E. et al. Strengthening Attention with Mindfulness Training in Workplace Settings. In Siegel, D. J. and Solomon, M., *Mind, Consciousness, and Well-Being* (New York: W. W. Norton & Company, 2020), 1–22.

144. Jha, A. P. et al. Comparing Mindfulness and Positivity Trainings in High-Demand Cohorts. Cognitive Therapy and Research 44, no. 2, 311–26 (2020). https://doi.org/10.1007/s10608-020-10076-6. 我们发现，正面培训在其他背景下据说具有有利影响，典型背景是正常水平的压力和挑战，尤其是对于烦躁者而言。

Becker, E. S. et al. Always Approach the Bright Side of Life: A General Positivity Training Reduces Stress Reactions in Vulnerable Individuals. *Cognitive Therapy and Research* **40**, 57–71 (2016). https://doi.org/10.1007/s10608-015-9716-2.

145. Jha, A. P. Short-Form Mindfulness Training Protects Against Working Memory Degradation Over High-Demand Intervals. *Journal of Cognitive Enhancement* **1**, 154–71 (2017). https://doi.org/10.1007/s41465-017-0035-2.

146. 为确定正念训练是否存在"最低有效剂量"，我们首先需要考察剂量是否重要。为此，我们研究了是否存在剂量反应效应。剂量反应效应是指反应强度随某种事物剂量的变化模式。在我们的研究中，"剂量"是健康参与者在有资质培训师的正式培训课程时间之外参与正念训练的实际时间，"反应"是他们在正式培训前后在注意力和工作记忆评价指标上的表现。我们在对高压群体的许多研究中观察到了认知任务表现的剂量反应效应。其他许多研究团队在非认知领域也发现了剂量反应效应（Lloyd et al., 2018; Parsons et al., 2017）。和练习较少的人相比，练习较多的人获得的正念训练收益更大。

在正念培训研究中，关于"剂量"的一个重点是，为参与者布置每天的具体练习量并不意味着他们会遵守这些要求。实际上，在对高压群体的研究中，我们发现，人们对练习作业的坚持程度存在很大差异。这意味着通过在实验中指定剂量（为正念训练和对照训练参与者小组布置不同的每日练习量）确定"最低有效剂量"不太可能成功，因为所有练习小组自述的实际练习量可能存在差异。相反，我们选择了数据浮现策略，对参与者自述的实际练习量加以利用。具体地说，我们根据参与者自述的练习量将他们划分成以中值为界的强练习组和弱练习组。接着，我们进行统计检验，以观察这两个小组之间以及它们与各自正面培训对照组和无培训对照组之间是否存在显著性差异，其中对照组也是这些研究的一部分。

在我们最初的研究中（Jha et al., 2010; Jha et al., 2015），我们要求参与者在整整八个星期的培训期间每天练习 30 分钟。完成这一剂量的参与者很少。当我们比较整个培训组（包括练习较多和较少的人）和无培训对照组时，我们没有发现显著性差异。不过，在将培训组分成强练习组和弱练习组后，我们发现，强练习组的表现明显好于弱练习组和无培训对照组。这项研究中的强练习组平均每天练习 12 分钟。我们用这一数字指导接下来的行动。在接下来的大规模研究中（Rooks et al., 2017），我们要求参与者在四个星期的培训期间每天练习 12 分钟（每段指导练习录音持续 12 分钟，我们鼓励参与者在整段录音期间持续练习）。我们再次看到了波动性，一些参与者每个星期只练习一两天，另一些参与者的练习时间要长一些。我们再次发现，整个正念培训组和接受放松培训的对照组之间没有显著性差异。我们将每个培训组分成强练习组和弱练习组。我们发现，在接受正念培训的参与者中，强练习组的表现明显优于弱练习组。而且，强练习正念组的表现明显优于强练习放松组。强练习正念组参与了 12 分钟的练习，每个星期平均练习五天。在随后两项研究中（Zanesco et al., 2019; Jha et al., 2020），我们将练习要求限制在一个星期五天，而不是像之前的研究那样，要求他们在整个培训期间每天练习。而且，我们提供了 15 分钟的录音（而不是 12 分钟），从而将每日剂量略微提升到了 15 分钟，因为我们此时使用了我们迅速培训出来的培训师，而不是专业培训师。在这两项研究中，参与者在很大程度上坚持了练习要求。在培训期结束时，正念培训组的整体表现明显优于无培训对照组。这些研究显示，每个星期练习四五天对认知表现有利。

整体来看，这些研究表明，在高要求时期对健康参与者的注意力和工作记忆有利的最低有效剂量是每个星期五天，每天 12 到 15 分钟。我们承认，为进一步探索这一方案，还需要其他许多研究，这些结果对于其他指标和其他群体类型可能存在差异。不过，通过这一系列研究，我们似乎找到了许多参与者愿意坚持的方案。而且，关于人们愿意投入的练习时间的决定因素（比如性格、之前的生活经历、当前生活要求等），这些研究开启了许多新的有趣的研究方向。例如，在我们最初对于海军陆战队的研究中，我们发现，性格开放、之前有过出征经历的人比其他人更愿意练习。最后，需要记住，任何通过研究得到的方案都是以平均数、趋势和相关等综合统计数据为基础的。因此，任何个体完全有可能在不遵守这种方案或其他基于研究的方案的情况下获得正念训练的有益效果。

Lloyd, A. et al. The Utility of Home-Practice in Mindfulness-Based Group Interventions: A Systematic Review. *Mindfulness* 9, 673–692 (2018). https://doi.org/10.1007/s12671-017-0813-z.

Parsons, C. E. et al. Home Practice in Mindfulness-Based Cognitive Therapy and Mindfulness-Based Stress Reduction: A Systematic Review and Meta-Analysis of Participants' Mindfulness Practice and Its Association with Outcomes. *Behaviour Research and Therapy* 95, 29–41 (2017). https://doi.org/10.1016/j.brat.2017.05.004.

Jha, A. P. et al. Examining the Protective Effects of Mindfulness Training on Working Memory Capacity and Affective Experience. *Emotion* 10, no. 1, 54–64 (2010). https://doi.org/10.1037/a0018438.

Jha, A. P. et al. Minds "At Attention": Mindfulness Training Curbs Attentional Lapses in Military Cohorts. *PLoS One* 10, no. 2, 1–19 (2015). https://doi.org/10.1371/journal.pone.0116889.

Rooks, J. D. et al. "We Are Talking About Practice": The Influence of Mindfulness vs. Relaxation Training on Athletes' Attention and Well-Being over High-Demand Intervals. *Journal of Cognitive Enhancement* 1, no. 2, 141–53 (2017). https://doi.org/10.1007/s41465-017-0016–5.

Zanesco, A. P. et al. Mindfulness Training as Cognitive Training in High-Demand Cohorts: An Initial Study in Elite Military Servicemembers. In *Progress in Brain*

Research **244**, 323–54 (2019). https://doi.org/10.1016/bs.pbr.2018.10.001.
Jha, A. P. et al. Bolstering Cognitive Resilience via Train-the-Trainer Delivery of Mindfulness Training in Applied High-Demand Settings. *Mindfulness* **11**, 683–97 (2020). https://doi.org/10.1007/s12671-019-01284-7.

147. 关于正念减压（Kabat-Zinn, 1990）、缓解紧张和症状的正念认知疗法
（Segal et al., 2002）以及对于这些疗法对压力和健康的益处的元分析
（Goyal et al., 2014），有许多文献。
Kabat-Zinn, J. *Full Catastrophe Living: How to Cope with Stress, Pain and Illness Using Mindfulness Meditation* (New York: Bantam Dell, 1990).
Segal, Z. V. et al. *Mindfulness-Based Cognitive Therapy for Depression: A New Approach to Preventing Relapse* (New York: Guilford, 2002).
Goyal, M. et al. Meditation Programs for Psychological Stress and Well-Being: A Systematic Review and Meta-Analysis. *JAMA Internal Medicine* **174**, no. 3, 357–68 (2014). https://doi.org/10.1007/s41465-017-0016-5.

148. Nila, K. et a. Mindfulness-Based Stress Reduction (MBSR) Enhances Distress Tolerance and Resilience Through Changes in Mindfulness. *Mental Health & Prevention* **4**, no. 1, 36–41 (2016). https://doi.org/10.1016/j.mhp.2016.01.001.

149. James, W. *Principles of Psychology* (vols. 1–2). (New York: Holt, 1890). 243.

150. 从很小的目标开始，将其实现：Fogg, B. J. *Tiny Habits: The Small Changes That Change Everything* (New York: Houghton Mifflin Harcourt, 2020). http://tinyhabits.com.

151. 这句话来自辛西娅·皮亚特，是 2018 年 10 月 4 日沃尔特·皮亚特在和
我的私人谈话中提到的，它指的是在请求和要求别人管理情绪之前管理
个人情绪的需要和价值。